区块链编程

[美] 比娜·拉马穆尔蒂(Bina Ramamurthy) 著

史跃东 译

清华大学出版社

北 京

北京市版权局著作权合同登记号 图字：01-2023-6163

Bina Ramamurthy
Blockchain in Action
EISBN: 9781617296338

图书在版编目(CIP)数据

区块链编程 / (美) 比娜•拉马穆尔蒂 (Bina Ramamurthy) 著; 史跃东译. -- 北京 : 清华大学出版社, 2024. 6. -- ISBN 978-7-302-66481-9

Ⅰ. TP311.135.9

中国国家版本馆 CIP 数据核字第 2024HG7869 号

责任编辑：王 军
装帧设计：孔祥峰
责任校对：马遥遥
责任印制：曹婉颖

出版发行：清华大学出版社
网 址：https://www.tup.com.cn，https://www.wqxuetang.com
地 址：北京清华大学学研大厦 A 座 邮 编：100084
社 总 机：010-83470000 邮 购：010-62786544
投稿与读者服务：010-62776969，c-service@tup.tsinghua.edu.cn
质 量 反 馈：010-62772015，zhiliang@tup.tsinghua.edu.cn
印 装 者：三河市君旺印务有限公司
经 销：全国新华书店
开 本：170mm×240mm **印 张**：18.75 **字 数**：479 千字
版 次：2024 年 6 月第 1 版 **印 次**：2024 年 6 月第 1 次印刷
定 价：98.00 元

产品编号：090580-01

谨以此书献给我的祖母 Thanjavur Avva，

感谢她给予我无条件的爱和关怀，

以及对每个人的慈悲和慷慨。

译者序

当为本书写序言时，我意识到，这已是我翻译的第十本书了，翻译第一本书，已是 2016 年的事了。

区块链技术，算得上是近些年来，整个 IT 领域中风头正劲的技术方向之一。翻译这一领域的作品，从而让更多的人了解、接触区块链，进而提升自己的技术能力，至少从个人的角度来看，也是一件很有意义的事情。

本书全面介绍了区块链的相关技术，涉及区块链的基础知识、以太坊、智能合约、相关的设计原则、链上/链下数据、安全、隐私、Infura 部署、数字资产代币化，以及区块链的未来等内容。可以说，本书是市面上为数不多的能够如此全面而深入地介绍区块链的书籍之一。不仅如此，本书也提供了多个实战化案例，逐步引导读者开始编写代码、进行测试，并最终部署到目标环境。通览本书，相信各位读者都能够了解和掌握自己想要学习的知识。

当然，区块链依然处于不断的演进之中。同时，其他诸如 AIGC 等技术也在绽放光彩。区块链技术和这些新技术交汇融合，又会产生怎样的结果呢？相信研究区块链技术的诸位同仁，也都会有这样的疑问。

为完成本书的翻译，我花了差不多大半年的时间，翻译、审校，并最终定稿。当然，由于本人水平有限，书中出现纰漏也在所难免，恳请读者不吝赐教。

非常感谢我的妻子，在我忙于本书的翻译工作时，是她一直在身后默默付出，不断地支持和鼓励我。

史跃东

2023.11.23 于北京

作 者 简 介

Bina Ramamurthy 博士是纽约布法罗大学计算机科学与工程系的教授。在 2019 年，她被授予纽约州立大学(SUNY)卓越教学校长奖。

她也是布法罗大学区块链项目 Thinklab 的负责人。在 2018 年夏季，她在 Coursera 平台上为全球学员推出了 4 门区块链专业课程。该套课程，在区块链技术的最佳课程榜中排名第一，并且已吸引了超过 14 万名来自全球各地的学员。

她曾担任 4 项美国国家科学基金会(NSF)拨款研究项目的首席研究员，也是纽约州立大学 6 项教学创新技术资助项目(IITG)的联合研究员。她曾经多次在数据密集型和大数据计算领域的知名会议上作为特邀嘉宾进行演讲。她也曾是诸多知名会议的委员会成员，包括高性能计算会议，以及计算机科学教育特别兴趣小组(SIGCSE)。

Bina Ramamurthy 在印度马德拉斯 Guindy 工程学院获得学士学位，在堪萨斯州的威奇托州立大学获得计算机科学硕士学位，之后在布法罗大学获得电子工程博士学位。

致　谢

我要感谢我的家人支持我完成这个具有挑战性的项目，尤其是我的丈夫 Kumar。非常感谢他多年来对我的鼓励和支持。我还要感谢我的女儿 Nethra 和 Nainita 在这个项目中一直支持我，她们是我的啦啦队。

接下来，我想感谢 Manning 出版社的团队：Christina Taylor—我的策划编辑，Deirdre Hiam—我的项目编辑，Keir Simpson—我的文稿编辑，Melody Dolab—我的校对，Kyle Smith—我的技术开发编辑，Ivan Martinović—我的审核编辑，以及以下审稿人员，他们的反馈使得本书的内容极有价值，并在技术上更为合理：Alessandro Campeis、Angelo Costa、Attoh-Okine Nii、Borko Djurkovic、Christophe Boschmans、Danny Chin、David DiMaria、Frederick Schiller、Garry Turkington、Glenn Swonk、Hilde Van Gysel、Jose San Leandro、Krzysztof Kamyczek、Luis Moux、Michael Jensen、Noreen Dertinger、Richard B.Ward、Ron Lease、Sambasiva Andaluri、Sheik Uduman Ali M、Shobha Iyer、Tim Holmes、Victor Durán 和 Zalán Somogyváry。特别感谢技术校对 Valentin Crettza，他运行了代码，并就 Dapp 和代币标准给了我一些有价值的反馈。

还要感谢我所有的学生和研究团队成员，他们对区块链的学习有着极高的热情与坚定的决心，而这一直都是我的灵感来源。

关于本书封面插图

本书封面的标题为“保加利亚女孩”。该插图取自 Jacques Grasset de Saint-Sauveur(1757—1810)的各国服装集，书名为 *Costumes de Différents Pays*。该书于 1788 年在法国出版。书中的每幅插图都是手工绘制和着色的。Grasset de Saint-Sauveur 作品集的多样性生动地说明了 200 年前，世界上各城镇和地区在文化上的巨大差异。人们彼此隔绝，说着不同的方言和语言。无论是在街道，还是在乡下，仅凭他们的衣着，就可以很容易辨别他们住在哪里，他们的职业和社会地位如何。

如今，我们的穿衣方式已发生了很大变化，当时如此丰富的地区多样性现在已消失殆尽。现在已很难区分不同大陆的居民，更不用说是不同的城镇、地区或者国家的居民了。也许，我们是用文化的多样性来换取更个性化的私人生活——当然，也换取了更多样化和更快节奏的技术生活。

在当今这个计算机书籍大同小异的时代，Manning 出版社以两个世纪前地区生活的多样性为基础，将 Jacques Grasset de Saint-Sauveur 的图片作为本书封面，来赞颂计算机行业的创造性及革新性。

前　言

在计算机领域从集成芯片发展到互联网的时代，我很幸运地成为了一名计算机科学家。我设计并开发了一系列的系统，涵盖从点阵打印机驱动程序到分布式系统的容错算法等。我使用过各种高级语言进行编程，从 PL/1 到 Python 等。这些年来，我也一直是一名教育工作者，教授各种技术前沿课程，从网格计算到数据科学等。当然，我目前的兴趣和爱好主要是区块链技术。

我第一次听说比特币，是在 2013 年左右。但当时我忽略了它，认为它不过是加密货币的另一种尝试罢了。2016 年，我开始探索比特币的基础技术：区块链。当然，我也搜索了更多关于区块链的信息，但并没有什么新发现。2016 年 1 月一个寒冷的夜晚，在水牛城的一次聚会上，一位发言者展示了 YouTube 上一些关于区块链的分布式账本魔力的视频，当时我被震撼了。于是我开始阅读比特币的白皮书，参与开发了 Eris 和 Monax 的区块链开源代码。2017 年夏天，我开始在一门关于新兴技术的课程中教授区块链。该课程是印度哥印拜陀的阿姆里塔大学为一批精选的汽车工程师开设的。2017 年 8 月至 2018 年 5 月，我花了近一年的时间，制作并发布了一个包含 4 门课程的 MOOC 专业课程。该课程目前仍继续开设，来自世界各地的注册人员已超过 14 万名。

我为 Coursera 的视频制作提供了大量的内容、视频、原始图表和大约 220 页的脚本。因此，我决定把这些材料整理成一本书。然后，在 2018 年的夏天，我接到了 Manning 出版社技术编辑的电话，于是是《区块链编程》这个图书项目就启动了。这一项目花了两年的时间才完成。我意识到，一个配有实战案例的印刷品项目与 MOOC 是完全不同的——前者更复杂，也更具挑战性。但是现在我已成功让本书面世。我很享受写这本书的每一分钟，这些努力都是值得的。我喜欢思考区块链的概念，喜欢探索它们，发现那些需要解决的有价值的问题，并向读者描述它们。

由于区块链是一门新兴的技术，因此很少有相关的资源能够帮助实践者开始进行这一领域的应用开发。本书正是针对这一需求，涵盖了基于区块链的端到端的 Dapp 开发。我选择使用 Ethereum 这一区块链平台，因为它是开源的。在过去的四年里，诸如用于智能合约的 Solidity 编译器、用于探索的 Remix IDE、用于 Dapp 开发测试的 Truffle 工具套件、用于测试链的 Ganache 和 Rposten、用于智能合约云端部署的 Infura，以及 MetaMask wallet 等工具，都为我的团队提供了极大的帮助。这些工具协同工作，能够提供无缝的学习和原型设计环境。

我希望你阅读本书时能够像我创作本书时一样充满激情！

关 于 本 书

《区块链编程》是设计和开发基于区块链技术的去中心化应用程序(Dapp)的全面资源，这些资源将帮助你入门智能合约和区块链的应用开发。本书也提供了充分的技术细节帮助你理解区块链，而不必去研究那些理论材料。

智能合约和 Dapp 的设计与开发，将通过 7 个应用来说明，每个应用都侧重于区块链的某个方面。本书介绍了一些重要工具(Remix、Ganache、MetaMask、Truffle、Ropsten 和 Infura)和技术(加密和数字签名技术)，以展示 Dapp 在以太坊测试链上的开发和部署。区块链技术的核心思想——信任与完整性、安全与隐私、链上和链下数据，以及操作——都通过实例进行了详细介绍。本书将使用 150 多个带注释的图表和截图来解释区块链的相关概念。

本书不仅为 6 个 Dapp 提供完整的代码库(区块链应用开发人员的宝贵资源)，还以循序渐进的方式讲解了智能合约和 Dapp 的开发。书中给出的标准目录结构和单网页的用户界面将帮助你快速配置、迁移，以及与 Dapp 进行交易。当然，你可能会发现有些章节比较冗长，这是因为要通过一个 Dapp 介绍新的区块链概念，再通过第二个 Dapp 进一步解释这些概念。某些特殊的技术如链下和链上数据、设计原则，以及最佳实践等，都将为你探索区块链技术提供清晰的路线图，以实现强大的智能合约和 Dapp 开发。

本书读者对象

《区块链编程》适合那些想了解区块链技术和“开发智能合约及去中心化应用”的程序员。任何想要入门区块链编程的程序员(无论是初级程序员还是高级程序员)，都可以阅读和运行书中的应用。希望全面了解区块链用例的商业人士，以及从业者都可以从本书所描述的各种应用和 Dapp 中学习。本书非常适合为本科生或者研究生教授区块链技术的教育工作者。此外，自学者(例如，有一定编程背景的高中生)通过阅读本书和练习其中的例子，也能学会区块链编程。

本书的组织方式：路线图

本书内容分为 3 部分，共 12 章。

第 I 部分，第 1~4 章，包括区块链基础知识和智能合约的设计与开发。

第 1 章介绍区块链的 3 个维度——去中心化、去中介化和分布式不可变账本，并提供一个关于区块链的高层次概念视图。

第 2 章对以太坊区块链上的智能合约进行了介绍，应用设计原则来开发智能合约，使用 Solidity 语言来编写智能合约，在基于网络的 Remix 集成开发环境中部署智能合约，并与这些智能合约进行交易。本章开发了一个去中心化的计数器智能合约 Counter.sol 和航空联盟智能合约 ASK.sol。

第 3 章介绍向智能合约代码添加信任与完整性的技术。本章介绍代表数字民主中投票的投票智能合约 Ballot.sol，并进行渐进式开发。

第 4 章介绍带有智能合约逻辑和基于 Web 用户界面的去中心化应用(Dapp)的设计与开发。介绍基于 Node.js 的 Truffle 工具套件，以用于开发和运行智能合约及网络应用。Ballot 应用(Ballot-Dapp)用来说明基于 Truffle 的开发步骤，以及如何在本地 Ganache 测试链上进行部署。

第Ⅱ部分，第 5~8 章，介绍端到端的 Dapp 开发，以及其他的区块链特定功能，如链上数据、安全和隐私。

第 5 章介绍区块链编程背景下的安全和隐私。并对密码学和 hash 算法与技术进行了高层次的探讨。这些概念都将通过一个盲拍智能合约 BlindAuction.sol 来说明。

第 6 章介绍链上和链下数据的概念，这是区块链编程所特有的。盲拍和 ASK 智能合约将被扩展到 Dapp(BA-Dapp 和 ASK-Dapp)中，以展示链上和链下数据开发。此外，也对定义、发布和访问区块链事件及日志进行了说明。

第 7 章重点介绍以太坊的 web3 API，它使网络应用能够访问底层的区块链服务。也介绍了区块链的旁路通道的概念，说明 web3 在微支付通道(MPC)应用中的使用情况，该应用被部署在大规模塑料清理应用(MPC-Dapp)中。

第 8 章探讨在公有云基础设施 Infura 上部署智能合约的相关内容。Infura 是一个 web3 供应商，也是 Ropsten(主网和 IPFS)等公共区块链的网关。Infura 和 Ropsten 上的公有部署，通过部署 MPC 和盲拍智能合约得以展示。

第Ⅲ部分，第 9~12 章，扩展你对以太坊 Dapp 生态系统的认知，内容包括代币、以太坊标准、自动测试，以及实际应用开发的路线图等。

第 9 章是关于数字资产的代币化。RES4-Dapp 是为房地产代币设计的，是一个基于代币 ERC721 的以太坊标准进行开发的房地产代币。

第 10 章主要关注测试脚本的编写，并介绍如何使用 Truffle 这一基于 JS 的测试框架来编写测试脚本并运行。自动测试脚本的编写是基于本书中已介绍的 3 个智能合约：计数器、ballot 和盲拍。

第 11 章提供前面探讨的所有概念、工具和技术的端到端的路线图，并将它们汇总为一个教育资格认证的应用：DCC-Dapp。

第 12 章展望充满挑战的未来，并探讨了许多可以发挥个人才能并做出贡献的绝佳机会。

此外，本书还提供两个附录来协助你完成设计过程。

附录 A 回顾如何使用统一建模语言(UML)进行设计表示。该附录展示了智能合约设计中用到的结构、行为、交互的建模和简图。

附录 B 记录书中用来指导区块链应用开发的设计原则。

一般而言，本书的第 1~8 章应按顺序阅读。第Ⅲ部分的各章，则可以随兴趣阅读。例如，第 10 章关于测试的内容可以在第 5 章之后的任意时间段阅读。我鼓励你这么做。

想要精通智能合约设计和Dapp开发的开发人员，应该尝试运行书中各章的示例，边实践边体验边学习。

关于代码、彩图、Links文件的下载

本书包含了许多源代码示例，包括代码清单和正文中的代码文本。书中有6个完全可用的Dapp，以及大量用来解释各种概念的代码段和智能合约。在本书的代码清单中，当代码较长时，有些行会使用“……”省略号进行表示，以达到简洁的效果。不过，完整的代码可以在本书附带的代码库中找到。此外，许多代码清单中也都会有代码注释，以强调重要概念。

本书示例的源代码以及各图的彩色图片，可通过扫描封底的二维码下载。

另外，要说明的是，读者在阅读本书时会看到一些有关链接的编号，形式是数字编号加方括号，例如[1]，表示读者可扫描本书封底的二维码下载Links文件，在其中可找到对应章节中的[1]所指向的链接。

目　　录

第I部分

区块链编程入门

区块链技术将作为信任层，成为现有计算机系统的一部分。因此，本书的第 I 部分首先概述了作为去中心化(Decentralized)的基础设施、去中介化(Disintermediator)协议以及分布式(Distributed)账本技术的区块链：区块链技术的 3 个 D。这 3 个 D 借助被称为智能合约的基本编码元素，共同构建去中心化应用的信任机制。这一部分着重介绍智能合约的渐进式设计和开发，讲解设计图和设计原则，以指导智能合约的设计。首先，你将学习如何使用 Solidity 语言编写智能合约，并使用基于网络的 Remix IDE 进行部署和测试。然后，你将学习在智能合约中编写信任和完整性规则的代码。最后，我会介绍 Truffle 工具套件，并对其安装进行详细说明。你将在本书中始终使用 Truffle 命令来部署和测试智能合约。

第 1 章讲解关于区块链的基础知识。第 2 章介绍智能合约的基本编码元素，以一个计数器(Counter.sol)应用和一个用于座位交易的航空公司联盟(ASK.sol)为例进行说明。第 3 章通过一个数字民主投票应用来说明智能合约的验证和确认技术。第 4 章演示如何使用 Truffle 套件将智能合约迁移到测试链 Ganache 上，并使用 Web UI 进行测试部署(Ballot-Dapp)。

第1章 区块链基础知识

本章内容：

- 理解区块链
- 发现去中心化的系统基础设施
- 探索分布式账本技术
- 分析信任协议
- 以真实场景推动区块链应用

2008年下半年到2009年初，世界金融市场的中心化系统(由银行和投资公司等大型中介机构支持)出现了一些问题并开始崩溃。随着金融市场的崩溃，人们对这些系统的信任受到侵蚀，恐慌情绪在全世界蔓延。就在此时，一个神秘人(或多人)向世界介绍了一个点对点去中心化的数字货币系统(无中央权力机构或者管理机构)的工作模型，称为比特币。该系统中的信任中介，是通过后来被称为区块链的软件实现的。区块链为货币转移提供了基于软件的验证、确认、记录和完整性要素。

尽管比特币似乎是在2009年突然出现的，但实际上，自计算机诞生以来，人们一直在寻找一种可行的数字货币。比特币使用的区块链技术，建立在人们40多年来对密码学、哈希、点对点网络及共识协议等方面的扎实科学研究基础之上。图1-1简要描述了区块链技术的发展史，包括它的创新性、涉及的强大的科学基础，以及它对现代网络系统的变革性影响。

学完本章后，你将知道区块链和去中心化应用的基本概念，如交易、区块、区块链、节点、节点网络，以及将所有这些元素联系在一起的协议。组件如此众多，足可见区块链确实是一个复杂的系统。因此，了解这些基本概念对于学习第2~11章的区块链应用的设计和开发必不可少。

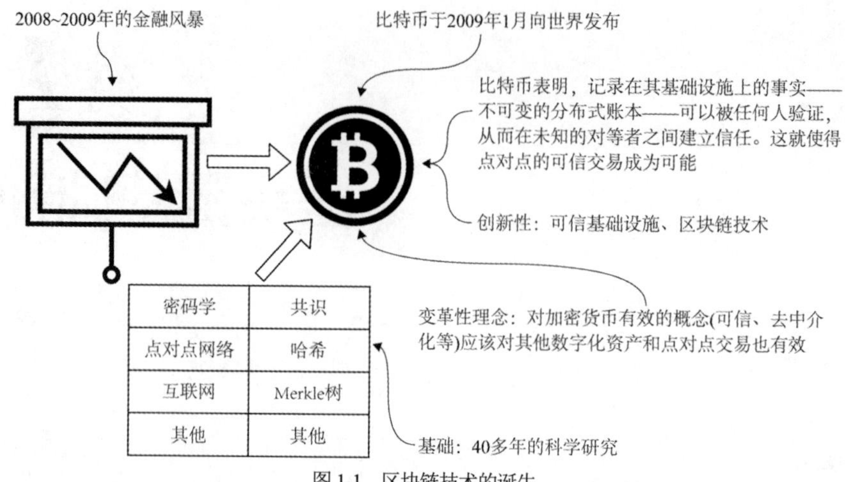

图 1-1　区块链技术的诞生

1.1　从比特币到区块链

人们最初对区块链技术感到兴奋，是因为这可能会实现数字货币的任意点对点转移，并且这种转移可以跨越人类创造的边界(如国家边界)转移给世界上的任何人，而不需要任何诸如银行这样的中介机构。不仅如此，当认识到这种点对点的能力还可以应用到其他非加密货币类型的交易时，人们的这种兴奋感就更强烈了。这些交易涉及各种资产，如产权、契约、音乐和艺术、秘密代码、企业之间的合同、自动驾驶决策，以及人类日常活动产生的诸多人工制品等。一条交易记录，也可以包含基于区块链协议和应用的其他细节。

定义　记录在区块链上的交易包含点对点的消息，该消息指定了所执行的操作、用于区块链的数据参数、消息的发送者和接收者、交易费用，以及记录的时间戳。

比特币自推出以来，一直在持续运行。在撰写本书时，根据区块链图表(网址见链接[1])，每天进行的比特币交易超过 20 万笔。面对比特币的成功，人们不禁要问：“既然可以交易数字货币，为何不能交易其他数字资产？”该问题在 2013 年左右才有所进展，即在另外一个流行的区块链——以太坊(网址见链接[2])上增加代码的执行环境。后者的创新之处在于，可以将验证、确认和记录等操作，扩展到其他数字资产及相关的交易和系统上。因此，通过为其他(非货币)点对点交易提供基于软件的中介服务，区块链可以在实施去中心化系统中发挥关键作用。

下面介绍区块链的例子，以帮助你了解交易、区块和区块链的概念。这个例子将帮助你直观地了解区块链的背景信息，以及接下来的章节中要探讨的问题。这些章节将探讨以太坊公共区块链(网址见链接[3])的交易和区块。图 1-2 显示了交易，它代表两个对等参与者账户(From 和 To)之间的交易(Tx 和交易#)信息。这些 Tx 会使区块链区块中的消息得到记录。

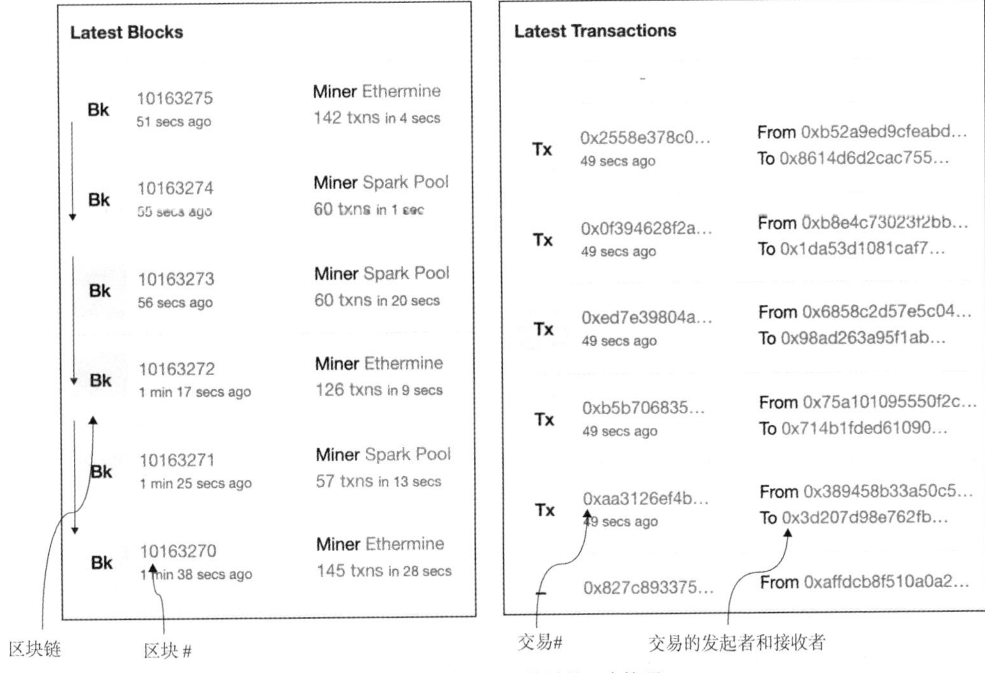

图 1-2　以太坊公共区块链的一个快照

图 1-2 还显示了 Tx 的区块。每个区块(Bk)都由一组交易组成，并由区块号码标识。区块#10163275 有 142 个 Tx，而区块#10163274 则有 60 个 Tx。当你访问该网站时，可能会看到一组不同的区块，但是你可以随时搜索一个特定的区块号码(如#10163275)并验证区块的数量。该区块将拥有同图 1-2 所示的**相同数量**的 Tx，这体现了区块链技术的不可变性。这些区块被连接起来就形成了一个链，即区块链。

1.2　什么是区块链

区块链是一种技术，用于在对等参与者的去中心化交易系统中建立可信机制。区块链的目的是验证和确认由参与者发起的交易，然后执行交易，并记录这些操作的证据，以及对等参与者的共识。如图 1-3 所示，基于区块链的可信基础设施存在于一个更大的系统中。区块链基础设施包含用于特定目的软件：大量(通常是未知的)点对点参与者之间的可信中介。图 1-3 的左侧是一个执行常规操作的分布式(客户/服务器)系统。该系统可能会发送包含数据的消息，这些数据将被验证和确认，并记录在区块链上(图 1-3 的右侧)，以便在更大的系统中建立信任。在区块链编程中，不需要替换现有系统，而是通过验证和确认的代码来增强可信中介。

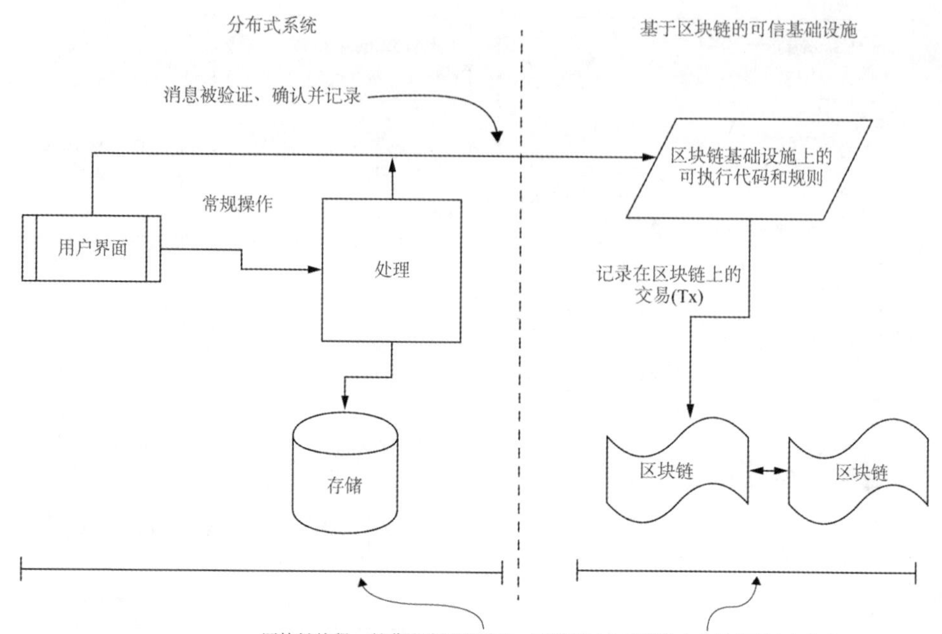

图 1-3 区块链编程的上下文

为帮助你进一步了解区块链编程，下面研究一下比特币和以太坊的区块链栈。如图 1-4 所示，这些栈代表了短暂的区块链历史中常见的两种模型。比特币只有钱包应用，而以太坊则有被称为**智能合约**的可编程代码(详见第 2~4 章)。

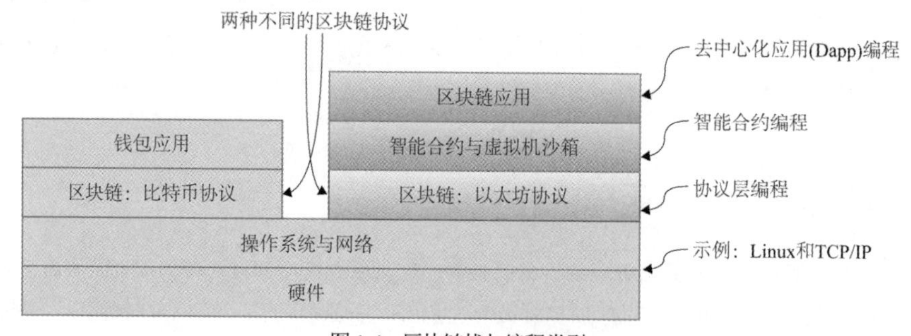

图 1-4 区块链栈与编程类型

图 1-4 也显示了编程的三个层次：

- **协议级编程**——涉及区块链本身的部署和运行所需的软件。这些软件类似于操作系统或者网络软件。如果你是一个系统程序员和管理员，那你将在这个层次上编程。本书不涉及协议级编程。
- **智能合约级编程**——是指智能合约或者规则引擎编程。也就是在这个层次，你需要对验证和确认的规则进行设计和编程，并指定要记录在底层区块链上的数据和消息。智能合约是代表用户应用程序对区块链进行驱动的引擎。在第 2~4 章，你将深入学习智能合约的设计、开发和测试。

- **应用级编程**——涉及使用区块链协议之外的网络(或企业或移动)应用框架以及用户界面设计概念进行编程。第 5~11 章将详细介绍网络编程，以链接到底层的智能合约，并演示如何在区块链上部署端到端的去中心化应用(Dapp)。

定义　**Dapp** 是包含应用程序逻辑的 Web 或者企业应用，用于调用实现可信中介的区块链功能。

Dapp 嵌入了重要的代码元素——智能合约。对于任何给定的智能合约，智能合约代码的精确副本都通过特殊交易传输，并部署在区块链网络的参与者节点上。

定义 **智能合约**是一段不可变的可执行代码，它代表 Dapp 的逻辑。智能合约中定义的数据变量和函数对应了在区块链上执行去中心化应用(Dapp)的验证、确认和记录规则的状态及操作。

1.3　区块链编程

在从顺序编程到结构化编程，再到函数式编程、面向对象编程(OOP)、网络及数据库编程，以及大数据编程的演变过程中，程序员们常常要经历编程方法、组件，以及架构的转变(如面向类和对象的 OOP，以及用于大数据处理的 Hadoop 和 Map Reduce 等)。同样，区块链编程也是一次范式转变。

有 4 个基本概念在区块链编程中扮演着重要角色。在开始第 2 章的编程之前，需要了解这些概念，同进行 OOP 编程之前需要学习类和对象的概念一样。区块链扮演的 4 个关键角色如下：

- **去中心化基础设施**——用于支持区块链协议、智能合约和应用(Dapp)的特殊的计算硬件和软件栈。该基础设施的主要组成部分是计算节点和连接节点的网络(见 1.3.1 节)。
- **分布式账本技术**——基础设施的上一层便是账本。交易和数据会同时记录在所有利益相关者的账本上。账本是分布式的，因为所有的利益相关者都会记录相同的事实；账本也是不可变的，因为每个区块都要链接到前一个区块的签名，使其不可篡改(见 1.3.2 节)。
- **去中介化协议**——去中心化系统的参与者将遵循相同的区块链协议进行连接，并相互沟通和交易。该协议是一套供所有人遵循的规则。例如，以太坊和超级账本(Hyperledger)是两种不同的区块链协议(见 1.3.3 节)。
- **信任推动者**——在一个由参与者构成的去中心化系统中，没有像银行这样的中央机构或者中介机构。因此，你需要一个特定的基础设施，它能够在没有任何中介的情况下，自动实现治理、证明、合规等规则。区块链软件就承担了这一角色(见 1.3.4 节)。

1.3.1　去中心化基础设施

区块链基础设施本质上是去中心化的，如同连接城市的铁轨或者道路。你可以把要部署的 Dapp 想象成在轨道和公路上行驶的火车或者汽车。当你的脑海里有了这样的画面时，就可以进一步探讨基础设施了。具体的技术细节和应用编码将在后面的章节中展开。本章旨在了解区块链基础设施在支持去中心化系统方面发挥的关键作用。

什么是去中心化系统？它是一种分布式系统，在该系统中

- 参与者进行对等通信。

- 参与者可以控制他们的资产，无论是数字资产还是其他资产，如音频文件、数字健康记录，或者一块土地。
- 参与者可以根据自己的意愿加入或者离开系统。
- 参与者可跨越典型的可信边界(如在一所大学或者一个国家中)进行操作。
- 决策由分散的参与者做出，而非由任何中央机构做出。
- 中介是通过使用诸如区块链这样的自动化软件来实现的。

让我们来探讨一下区块链的架构要素，以满足去中心化系统的独特需求。

区块链节点、网络和应用

下面以空中交通为例。航班有自己的出发地和目的地，而中途停留的机场和经停点则构成了航空公司的网络。类似地，区块链节点将托管作为交易端点的计算环境，并执行其他功能，如对交易进行中继和广播。

定义 节点是对去中心化系统参与者的区块链软件、硬件(用于安装区块链软件的机器或硬件)的统称。

图 1-5 显示了单个区块链节点的逻辑架构。一个节点可以支持多个账户，代表去中心化网络中对等参与者的身份。一个 256 位的数字代表一个账户，相比之下，传统的计算机地址大小才 64 位！

定义 **账户**代表交易实体的唯一标识。账户是发起交易的必要条件。

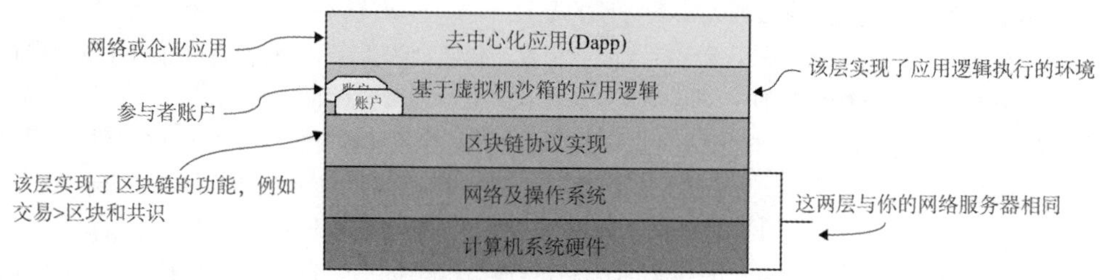

图 1-5 区块链节点及应用栈

区块链节点将托管图 1-5 中的栈表示的元素。它是区块链应用开发的基础。

让我们从底层开始向上走。较低的两个层，代表大多数计算机系统的标准硬件和软件。再往上一层是区块链协议层：它包含区块链的各个组件，但不会在这一层进行编程。再往上一层托管的是应用逻辑。这一层用于解决数据的访问控制和编写用于验证、确认和记录的代码等。顶层是面向用户的界面，在这里完成网络(或企业)编程，例如使用 HTML、JavaScript 和相关的框架。这些元素构成了 Dapp 及其用户界面(UI)层。

区块链应用并非单用户应用，它与手持游戏或所得税计算器这样的应用不同。它通常会通过其节点网络来连接大量参与者。其中每个节点都可以托管多个账户，以识别其服务的不同客户。一个节点也可以托管一个以上的 Dapp，比如，托管去中心化的供应链管理系统和去中心化的支付系统等。

图 1-6 显示了一个由 3 个节点组成的网络。该网络广播以下内容：

- 由用户发起的交易。
- 因为交易而形成的区块。

这些交易和区块构成了网络的有效负载，在经过验证和确认之后，最终记录在分布式账本上。

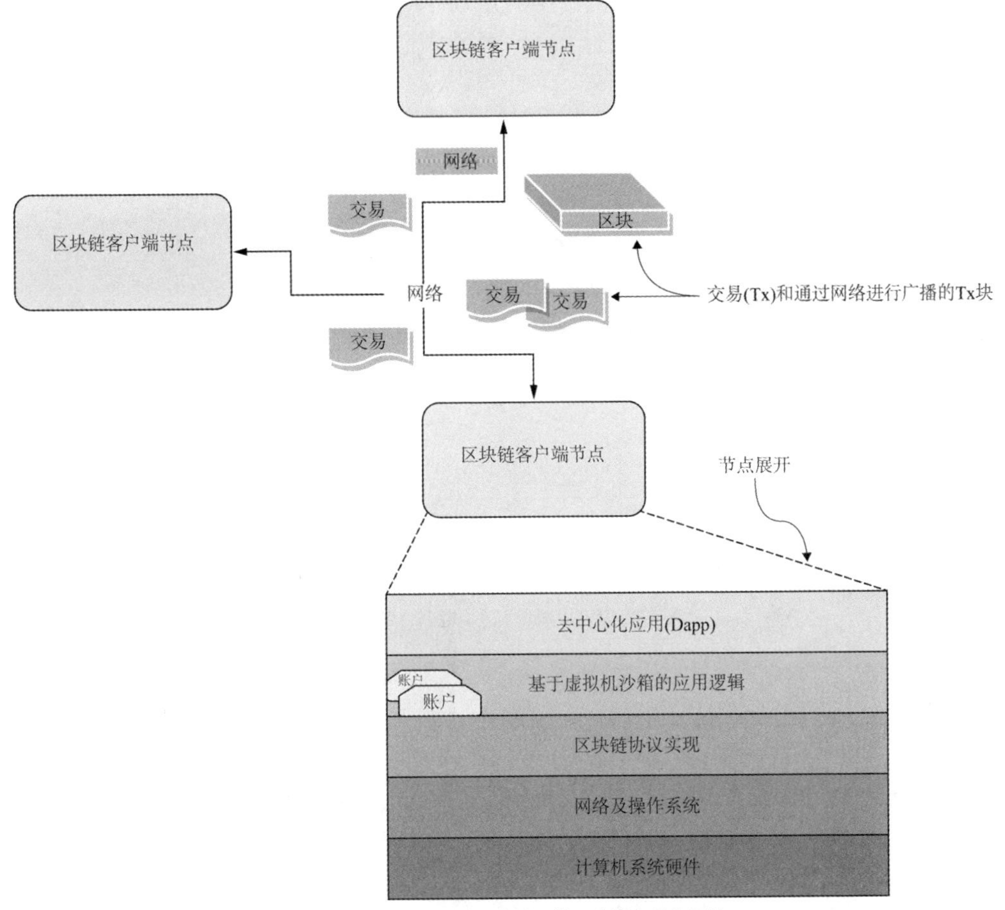

图 1-6　由节点组成的区块链网络，广播交易和区块

网络标识符用于标识一个区块链网络中的节点。例如，网络 ID #1 是以太坊的主要公共网络。网络 ID #4 则是一个名为 Rinkeby(网址见链接[4])的公共网络，以此类推。在网络上部署智能合约时，需要使用标识符来表明要使用的网络。特定网络上的参与者将共享一个统一的分布式账本，以记录交易细节。

智能合约将被部署在一个沙箱环境中，例如一台区块链节点托管的虚拟机(VM)。智能合约的语法类似于 OO(面向对象)语言中的类。它包含数据、函数和函数执行规则。调用智能合约函数会生成记录在区块链上的交易，如图 1-7 所示。如果任何验证或者确认规则失败，则函数调用将被还原。但如果执行成功，生成的交易(Tx)将被广播到网络上进行记录。图 1-7 显示了如何将函数调用转化为记录在区块链上的操作。

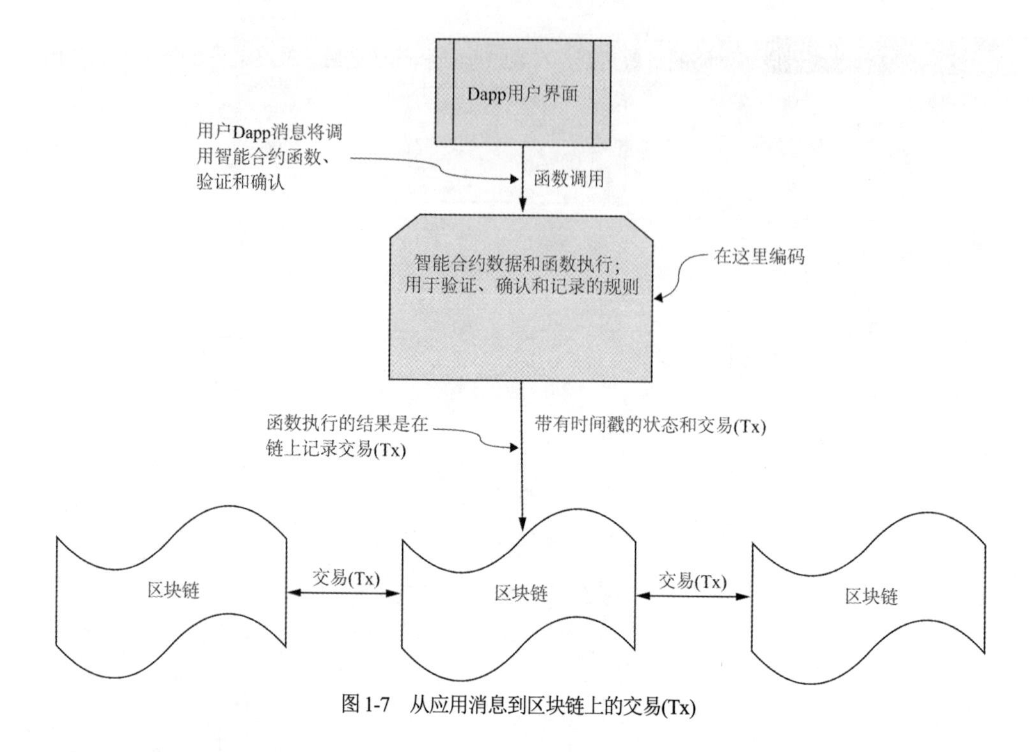

图 1-7　从应用消息到区块链上的交易(Tx)

1.3.2　分布式账本技术

现在，你已了解了基础设施，接下来我们专注于基础设施所支持的技术。这种区块链的核心技术被称为分布式账本技术(distributed ledger technology，DLT)。在本节中，我们将深入了解这项技术，包括以下内容：

- 区块链 DLT 由什么组成
- 用于记录交易区块的 DLT 的物理结构
- 应用程序如何使用 DLT 实现其预期目的：验证、确认以及进行不可变记录，从而实现可信
- 用于 DLT 完整性的共识算法(高层次)

交易、区块和区块链

应用程序会启动交易并执行智能合约代码。例如，一个简单的账户之间的加密货币转移，将生成一个“发送”交易。生成的交易将通过区块链网络进行广播，然后收集并记录在分布式不可变账本中。代码清单 1.1 展示了一个用于初始化两种交易的函数调用的伪代码示例。Tx1 用于转移加密货币。Tx2 是将特定应用的资产所有权从一个所有者转移到另一个所有者，可能是为了完成资产的出售等。还可观察到 transferOwnership 函数使用了 onlyByOwner 规则，这意味着只有该账户的所有者才可以执行此函数。这样的规则对于区块链控制的自治系统是必要的。在第 3~5 章，你将学习如何针对这样的规则进行编码。

代码清单 1.1 两个初始化交易函数的伪代码

将加密货币从一个账户转移到另一个账户

无加密货币交易，当前的所有者即为该交易的隐含发送者

```
/Tx1: */ web3.eth.sendTransaction(fromAccount, toAccount, value);
/Tx2: */ transferOwnership(newOwner);

function transferOwnership onlyByOwner (account newOwner)..
```

onlyByOwner 规则用于验证发送者是否为所有者；如果不是，Tx 将恢复到之前的状态

知道了交易是如何在网络上生成和广播的，接下来让我们了解一下如何在区块链中记录交易。一组交易构成一个区块，而一组区块，就构成了区块链。如图 1-8 所示，该过程如下：

(1) 网络上的交易会被验证、确认和汇总，节点从交易池中选择一组交易来创建一个区块。

(2) 参与的节点使用一个共识算法，需要集体同意或者达成共识。然后将单个一致性的区块附加到现有链上。

(3) 链上当前主导区块的哈希值或者特征值将被添加到新附加的区块上，从而形成一个链式链接。

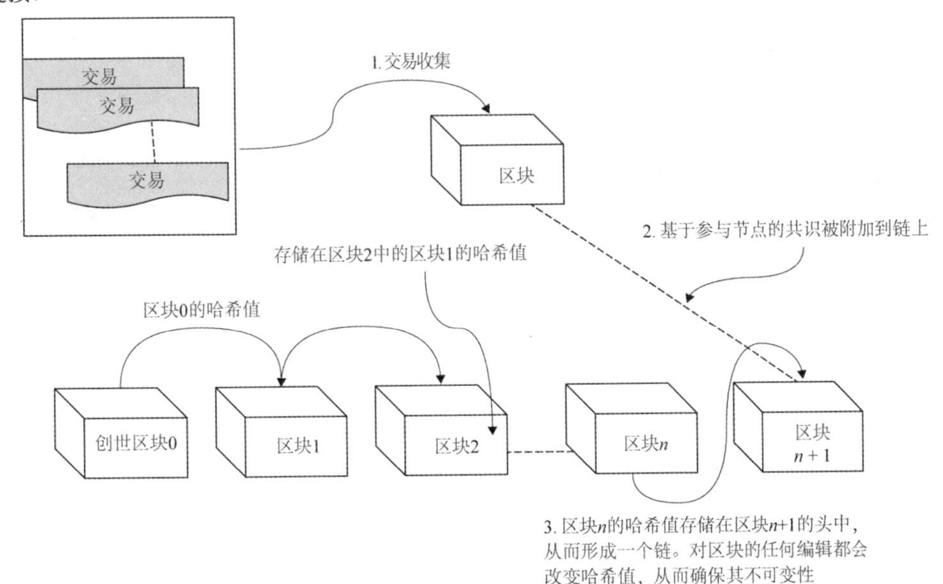

图 1-8 从交易到区块，再从区块到区块链

如图 1-8 所示，区块链是一个只能进行附加的分布式不可变账本。它从一个称为创世区块(genesis block)的单一块开始创建。区块链上的每个利益相关者的节点，都有一份与始于创世节点的区块链完全相同的区块链副本。因此，区块链 DLT 是：

- **分布式的**，因为区块链协议确保每个分布式节点都有一份相同的区块链副本。
- **不可变的**，因为每个新创建的区块，都通过区块链头的哈希值链接到现有的区块链上，如图 1-8 所示。

此时，只要知道区块 n 的特征签名值存储在区块 $n+1$ 中，以确保其不可变性即可。对任一节点上的区块数据进行有意或无意的更改，都会改变区块的哈希值，并使得该节点失效(第 5 章有更多关于哈希值及相关计算的介绍)。区块链的区块都存储在参与节点的本地文件系统中，如图 1-9 所示。每个节点上的区块链，都是记录交易和该区块中相关数据的分布式账本。图 1-9 描述了这样一个事实：每个节点都有一个区块链的精确副本。

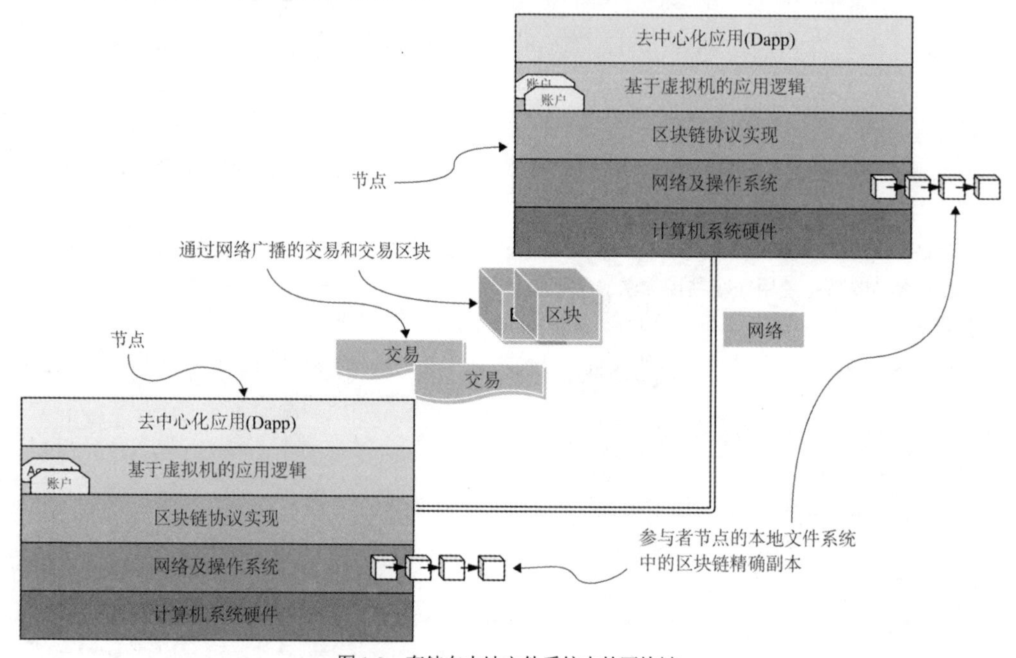

图 1-9　存储在本地文件系统中的区块链

在撰写本书时(2020 年)，比特币创建(或挖矿)的时间——也就是交易(Tx)确认时间——约为 10 分钟一个区块。而在以太坊上，区块确认需要 10~19 秒。然而，信用卡交易的确认时间，则不到 1 秒。回想一下 10 年或者 20 年前你的互联网连接速度。毫无疑问，区块链技术在其发展的早期阶段，也经历过类似的情况。区块链协议层的开发者社区，正致力于通过各种共识算法，在网络层使用中继技术等，来不断改善交易(Tx)的确认时间。

1.3.3　去中介化协议

就像任何交通基础设施一样，区块链基础设施也有必须遵守的规则。如果司机不遵守交通规则，那么混乱和交通堵塞就会随之而来。通过协议或一整套规则，就能规范区块链的结构和运作机制。区块链协议定义了如下内容：

- 区块链的结构(交易、区块和区块链)。
- 加密、哈希和状态管理的基本算法和标准。
- 实现共识和一致区块链的方法。
- 处理导致账本内容不一致的异常情况的技术。
- 区块链代码的执行环境，以及在此环境下保持一致性、正确性和不可变性的规则。

要知道，区块链的结构和对其执行的操作都不是任意的，而是在协议的指导下进行的。协议的实现，为应用程序的编写打下了基础。

以太坊区块链协议引入的代码执行框架，在去中心化领域中打开了一个新世界。智能合约就是以太坊协议的核心和主要贡献。

图 1-10 所示的栈对比了比特币和以太坊区块链。比特币区块链是用来转移加密货币的，它也很好地完成了这一工作。它只有一些用于启动交易的钱包应用。以太坊则支持智能合约和一个名为以太坊 VM(EVM)的虚拟机沙箱(智能合约在其上运行)。然后，智能合约反过来又实现了应用的去中心化操作。

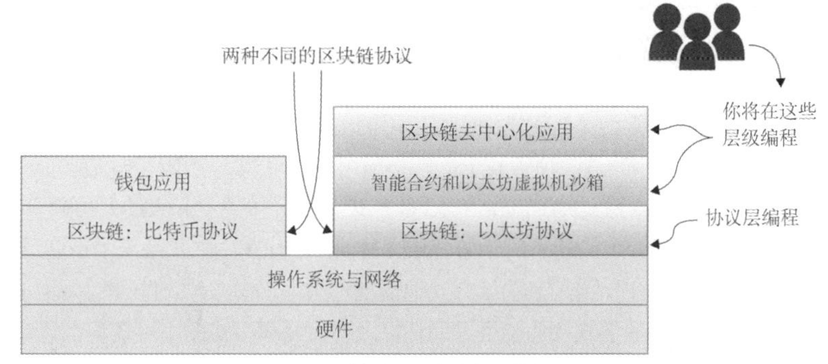

图 1-10 比特币与以太坊协议栈的对比

目前，存在很多区块链(如 EOS、ZCash 和 IOTA 等)，它们具有不同的协议，预计它们最终将被合并。本章的目的是让你对区块链的各种特征有一个大致的了解，而不依赖于任何特定的技术。这些高层次的知识，将帮助你成为更好的区块链设计师和开发者。在第 2~11 章中，你将按照以太坊区块链协议进行智能合约和 Dapp 的编程。

1.3.4 信任推动者

信任是商业和个人交易的关键，无论这些交易是贸易、商业、法律、医疗、婚姻、人际关系还是金融。假定有一个需要转移 100 万美元的商业交易。你有一个安全的转账渠道，但你不确定能否信任相关各方。通常，你会使用一个中介机构，如银行，来确定交易各方的凭证。但是在一个去中心化的系统中，没有人来检查身份，也没有银行来验证证书。你需要一些其他机制——软件机制。区块链通过在互联网上实现信任层来满足这一需求，从而扮演了类似信任中介的角色。3 个 D(去中心化的基础设施、分布式账本技术和去中介化协议)共同构成了系统中的信任机制。

注意：在一个去中心化的系统中，信任中介是通过去中心化基础设施(1.3.1 节)、DLT(1.3.2 节)以及去中介化协议(1.3.3 节)来实现的。

图 1-11 显示了基于区块链的信任协议的演变过程，当然，这还没有成为互联网的技术标准。

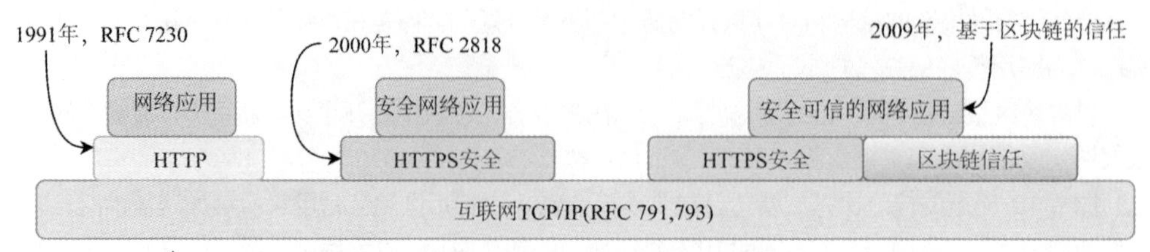

图1-11 互联网和基于区块链的信任层演变过程

互联网的建立，起初是为了在科学家之间分享研究成果。它实现了计算机之间的连通性和网际互连。后来，超文本传输协议(Hypertext Transfer Protocol，HTTP)被引入作为网络的基础协议。该协议在1991年成为技术标准，并通过Web应用开启了许多商业活动。

注意，在当时，安全并非该标准的一部分。随着数字化程度的提高以及在线活动的普及，网络欺诈和安全漏洞威胁日益严重。安全就成为网络应用的关键。2000年，HTTP加入了安全部分，被改进成为HTTPS标准。这一改进，使得安全的网络应用成为可能。全球标准则是通过互联网工程任务小组(IETF)的正式征求意见文件(RFC)——RFC 7230、2818等建立起来的。2009年推出的区块链，则是在互联网的安全层旁边构建了一个信任层。目前，信任在集中式系统中是通过特别的方式(如验证证书、推荐系统以及评论/评级等)结合其他情况下的人工参与(如机场和杂货店的收银台)来实现的。而区块链，则通过基于软件的验证、确认以及对交易和事实的不可变记录，实现了Dapp的信任层。

接下来，让我们看一些引人注目的去中心化场景，这些场景均可以从区块链的DLT及其信任层中受益。

1.4 激励场景

本节将探讨日常活动可能会遇到的多个系统问题。例如常见的负责预算支出和费用管理的大大小小的组织：政府和非政府机构(NGO)、慈善机构、救灾机构等，所涉及的一个重要问题，就是问责制。例如，分配的金额是否被用于指定的项目或服务？是否实现了预期的效果？支出是否浪费？是否由正确的人进行了授权？在救灾工作中，能展示资金的流向吗？过程是否透明？能否收集正确的数据来证明工作的有效性？相信你也能想到其他类似的问题。

下面将探讨其中一些问题，以及如何在区块链基础设施中使用智能合约来解决这些问题。

1.4.1 自动化与一致性数据收集

联合国大会的可持续发展目标规定了联合国项目的宗旨。你的组织可能也有类似的目标，并希望通过分配预算来实现这些目标，也希望通过各种报告和数据收集机制来跟踪目标和相关费用。这些都是去中心化场景的例子。在这些场景中，许多集中式计算机系统之间会进行交互，但往往效率不高。对于联合国的很多干预措施的有效性，往往没有足够的证据予以证明。例如，缺乏数据或者数据收集方法(如调查)无效，那么此时可以将感兴趣的条目记录在DLT账本中。例如以下条目：

- 为每个机构分配的资金和支付日期。

- 从机构转给实际的资金使用者的起始日期和金额。
- 项目完成日期及状态。

启用智能合约的代码可以帮助组织在资金拨付和使用时，自动收集数据。在这种情况下，Dapp 的用户界面就会是一个直观的移动应用，它能够调用智能合约函数，在区块链的账本中记录分布式的、不可变的操作副本。所有的利益相关者(例如，联合国机构、地方市政当局和非政府组织)都将自动获得一个一致的账本副本。

1.4.2　及时共享信息

另一个例子涉及美国政府机构中的一个重要问题，该问题是由分析 9•11 灾难的专家发现的：缺乏信息共享，该案例表明 FBI 的总部和地方办公室(尤其是明尼阿波利斯的一个办公室)之间缺乏信息共享。而一旦构建了区块链，分支办公室的任何更新都将自动更新总部的账本。这样，这些信息将随时可用，并可能阻止恐怖分子登机。

由于缺乏与 FBI 中心数据库的信息共享，2017 年得克萨斯州教堂发生 24 人被杀的重大刑事案件。如果区块链上的智能合约支持分布式账本，并允许用户正确访问数据，就有可能阻止枪手，从而避免这场大屠杀。这些例子充分说明了及时共享信息的重要性。共享规则、条件和严重性级别都可以被编入智能合约，而智能合约会将相关的元信息记录在区块链的分布式账本中。

1.4.3　可验证的合规性

让我们来看看智能合约的另一个潜在用途。医疗保健是一个庞大的领域，有许多与法律和法规相关的要求。而基于区块链的合规性、溯源和治理可以解决这一领域的一系列低效率问题。例如 HIPAA(健康保险可携性和责任法案)，该法案旨在保护病人和其他健康数据的隐私及保密性。医疗机构或者个人，若违反该法案，可能面临 1000 美元到 25 万美元的罚款。因此，跟踪医疗数据的处理情况，符合所有人的最佳利益。

可以将 HIPAA 规则的遵守情况编入智能合约，并自动记录在利益相关者的区块链节点上，从而防止任何不必要的敏感数据泄露。企业可以确保可验证的合规性。而区块链提供了一种向监管机构证明合规性的机制。

1.4.4　可审计的行为出处

在医疗保健和灾难恢复等其他业务中，还需要证明是否在适当时机采取了行动和干预措施。你一定听说过这样的案例：医生在正确的时间下达诊断检查往往能阻止病人过早死亡。在该领域的一位专家讲述的一个特殊案例中，医生确实下达了检查命令，但是该命令被其他人取消了。该案件最终上诉至法庭。医生需要证明自己的说法——如果命令被顺序地记录在分布式账本上，那就会很有帮助。此时，智能合约就可以用来作证，表明医生确实在正确的时间下达了检查命令。

由智能合约创建的分布式账本，可以在很多情况下提供随时访问所采取行为的审计跟踪，以获得其出处。我相信也可以想到一些自己组织中的例子，比如一些重要的承诺，均可通过存储在利益相关者的区块链基础设施中的审计跟踪来证明。

1.4.5 治理指南

让我们来看看卫生保健领域的另一个用例。例如，阿片类药物在美国猖獗滥用造成灾难性后果。智能合约可以用来防止阿片类药物被分配给滥用者，同时确保那些确实需要药物的病人能够获取。在这种情况下，药品分配的治理规则，可以编入卫生保健系统的所有利益相关者(包括医生、病房，以及管理机构)共享的智能合约中。这种基于区块链的治理方法，可以很容易地推广应用到任何受控物质和药品上。

1.4.6 行为的归属

在许多情况下，如研究机构和业务流程中，知道谁做了什么，以及系统中某行动的操作权限属于谁是非常重要的。假设一个偏远农村地区的病人因急诊被救护车送到一家大型医院救治，那么医疗运输流程中产生的费用，医疗保险公司应如何支付以及支付给谁？实际上，从打出求救电话，到病人得到治疗所采取的行动，均可以记录在利益相关者的账本上。然后支付结算可通过管理费率和服务方的收费规则自动计算。所有这些信息，都可以在智能合约中进行编码。

通过实施合规性、治理、溯源和信息共享规则，并在区块链上记录必要的细节，智能合约可以将传统的分布式系统转变为一个去中心化的系统。

1.4.7 大型流行病管理

在我写完本书时，百年一遇的 COVID-19 大型流行病突然袭击了我们，席卷了全球。因此，我们每个人都经历了这么一个去中心化的星球级难题。每个人和每个社区都是孤立的，因而造成了一个去中心化的世界。

虽然区块链很适合解决这类情况下的许多问题，但是我觉得它非常适合执行一项缓解这种烈性疾病传播的关键任务：追踪接触者。根据美国疾控中心(CDC)的说法，接触者追踪可通过测试和追踪受影响病人的来源和途径从而确定病例。这种任务类似于追踪比特币加密货币，即追踪其一小部分从而确定其来源。这种对加密货币的追踪会被自动记录到区块链的 DLT 上。因此，区块链基础设施和 DLT，连同智能合约代码，可以为流行病中的接触者追踪提供一个创新的解决方案。

区块链可以发挥作用的另一个领域，就是透明地管理万亿美元援助计划的资金和资源分配。大型流行病的一个重要结果就是去中心化的世界，人们自行管理各种状况。区块链基础设施非常适合解决这种环境下的诸多问题。

1.5 回顾

计算机系统正在向去中心化系统发展，如图 1-12 所示。在该进展中，区块链为去中心化网络的运行提供了必要的信任层。这些去中心化系统，可与集中式系统，以及其他分布式系统共存，从而为创新的行星级用例提供强大的环境。

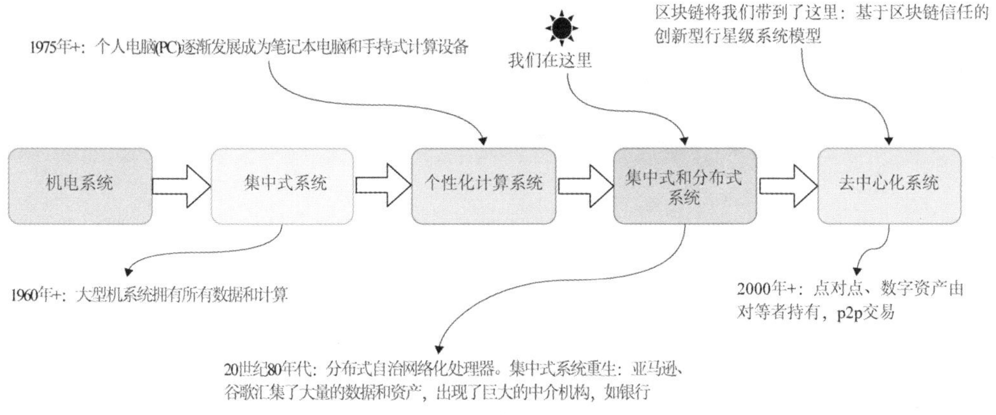

图 1-12　向去中心化系统发展

想象你要学习驾驶。在开始学习前，你应该了解一些汽车的细节信息——油门、刹车和离合器等重要部件及其功能——以及交通规则。区块链编程也是类似的。在本章中，你通过了解区块链背后的激励因素、其结构组件和操作细节，以及信任的开创性解决方案，学习了如何驱动区块链机器。此外，本章还探索了区块链支持 3 个 D 的手段：去中心化、去中介化和分布式不可变记录。

当你学会开车后，你可以去任何地方。同样，本章介绍的基础知识也将为你铺平道路，为你解决问题、设计和使用区块链提供明智的方法，从而帮助你构思创造性的用例，并发现这一技术的新应用领域。

在第 2~11 章，你将学习如何使用区块链来解决问题，如何设计、开发和测试智能合约和 Dapp。你将了解开发区块链解决方案的设计原则，并了解如何判断区块链解决方案何时可行，何时不适用。此外，你还将知道如何突破应用领域，以及如何转变许多应用领域正在进行的数字化和自动化工作。

1.6 本章小结

- 计算系统正在从分布式、集中式系统向去中心化系统发展，在这种系统中参与者进行对等交易，并超越通常的信任边界进行操作。
- 区块链通过提供信任层、基础设施和管理区块链操作的协议，使得去中心化操作成为可能。
- 区块链支持去中心化、去中介化，以及用于记录有关正在执行的应用程序相关信息的分布式不可变账本。

- 区块链协议定义了管理参与者的规则、计算节点、连接节点的网络、节点上的去中心化应用栈，以及交易、区块和区块链。
- 以太坊区块链应用栈支持称为智能合约的计算框架，并为其提供执行环境。
- 通过在众多领域应用区块链技术，开发突破性的去中心化应用机会巨大，从而可以颠覆和创新正在进行的数字化工作。
- 企业需要思想领袖、设计师和开发人员来推动这种创新。从物联网(Internet of Things, IoT)到网络的各个级别的应用开发人员，都必须了解区块链。为你提供区块链知识，并使你掌握相关的设计和开发技能，正是本书的首要目标。

第2章 智能合约

本章内容：

- 了解智能合约
- 应用设计原则开发智能合约
- 用 Solidity 语言进行智能合约编码
- 使用 Remix IDE 运行智能合约并进行交易
- 为两个用例设计、开发和测试智能合约

智能合约是区块链技术的一个重要组成部分。它在将加密货币框架转变为可信框架方面发挥了重要作用，从而使得广泛的去中心化应用成为可能。本章将详细介绍智能合约的概念、设计和开发，并探讨可执行代码在区块链中的威力。

从结构上看，**智能合约**是一段独立的代码，类似于面向对象程序中的类。它是一个具有数据和函数的可部署的代码模块。函数可用于验证、确认和记录发送的消息等目的。现实世界中的合约一般包括规则、条款、法律、要执行的规定、标准、突发事件，以及日期和签名(用于溯源)等条目。同理，区块链中的智能合约将实现合同约定，以解决去中心化问题。它既是一个规则引擎，也是一个“守门人”。所以，智能合约的设计需要仔细全面地考虑。以下是从代码方面对智能合约进行的说明。

定义 **智能合约**是一段写在区块链上的可执行代码，目的是以数字化的方式实施、验证、确认和执行应用的规则和条款。智能合约允许在没有第三方的情况下执行可信的交易。这些交易是可追踪且不可逆的。

在本章，你将学习一套完整的设计原则，这些原则将指导你学习设计和开发智能合约及区块链编程。之后，你将应用这些设计原则，为一个简单的用例(去中心化的计数器)，以及一个更大的用例(去中心化的航空联盟)设计智能合约。为了以代码的形式实现设计，需要准备以下内容：

- 一个区块链平台。
- 一种面向智能合约的编程语言。
- 一个合适的环境，用来进行开发、编译、部署和测试。

可以将以太坊(网址见链接[1])区块链作为平台，使用一种名为 Solidity(网址见链接[2])的特殊语言来编写智能合约。然后，在一个名为Remix(网址见链接[3])的集成开发环境(integrated development environment, IDE)中部署代码，并运行测试。这3种技术提供了多功能的开发环境，有助于你快速积累区块链编程的经验。从第6章开始，你将从初始环境迁移到生产环境，这样，就能够开发端到端的Dapp并将其部署到公共区块链上。

在完成本章的学习后，你就能够分析问题，并设置智能合约的解决方案，然后使用Solidity将其实现，并将其部署在Remix IDE提供的测试区块链上。此外，你还将学习一些区块链编程的最佳实践。

2.1 智能合约的概念

智能合约是对比特币区块链协议支持的基本信任进行改进的一段代码。它增加了可编程性，进而支持除加密货币之外的数字资产交易。智能合约解决了区块链面向特定应用时需要进行验证和确认的问题。它为通用的应用打开了区块链的信任层。下面我们详细探讨一下智能合约。

这里我选择讨论一个以太坊的智能合约的定义，是因为以太坊是一个较为普遍的主流区块链。此外，它也被用作很多其他行业区块链的参考实现，如用于大型金融交易的摩根大通Quoram区块链(网址见链接[4])，用于商业应用的r3 Corda(网址见链接[5])等。回顾第1章的层次结构图，与图2-1类似，这里稍做修改，以包括智能合约和应用逻辑的细节。智能合约部署在沙箱环境中，与区块链上的其他参与者一样，由一个160位的账户地址进行识别。它在区块链节点上的虚拟机(VM)内执行，并由账号识别，如图2-1所示。

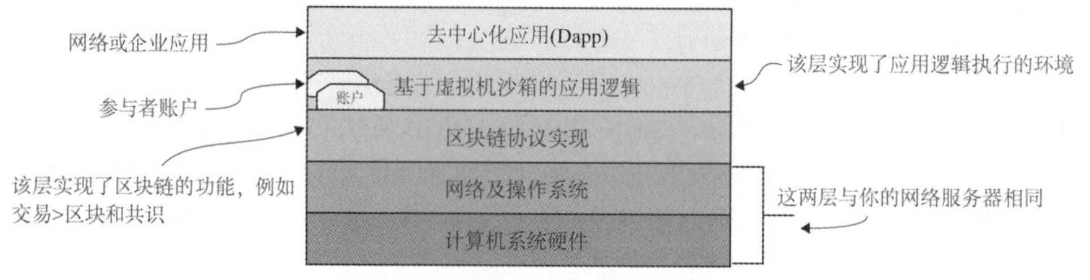

图2-1 区块链应用栈及其层次结构

2.1.1 比特币交易与智能合约交易

让我们比较一下比特币交易和智能合约交易，如图2-2所示，从而了解货币交易和非货币交易之间的区别，以及应用函数调用之间的差别。如你所见，在比特币中，所有的交易都与发送数值(Tx(sendValue))有关。在支持智能合约的区块链中，交易会被嵌入一个由智能合约实现的函数中。在图2-2中，该函数是一个投票智能合约。这些函数分别是validateVoter()、vote()、count()，以及declareWinner()。通过调用这些函数，一系列交易将被记录在区块链上(Tx(validateVoter)、Tx(vote)，以此类推)。这种在区块链上可任意部署应用逻辑的能力，大大增强了智能合约的适用性，不必局限于简单的加密货币转账。

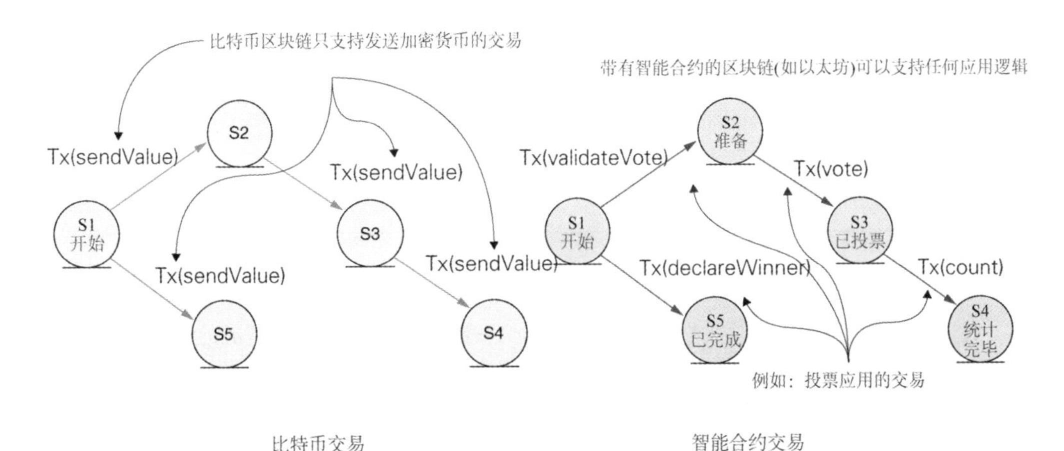

图2-2 加密货币交易与智能合约交易的比较

2.1.2 智能合约的功能

智能合约充当了区块链应用的大脑。与人类的大脑一样，智能合约负责许多重要功能，包括：

- 代表业务逻辑层，用于验证和确认特定应用的具体条件。
- 允许指定区块链上的操作规则。
- 有助于在去中心化网络中实施资产转移政策。
- 嵌入可由参与者账户或者其他智能合约账户通过消息或函数调用的函数。这些消息及其输入参数，以及发件人地址和时间戳等额外的元数据，都会随交易一起记录在区块链的分布式账本中。
- 充当基于区块链的去中心化应用的软件中介。
- 通过指定区块链函数的参数，增加了区块链的可编程性和智能化。

由于具有上述这些关键功能，智能合约确实是去中心化区块链应用中的核心组件。

2.2 智能合约的设计

下面通过一个简单的示例来探索智能合约的设计。该示例将带你了解从问题陈述到代码部署的整个过程。在这个例子中，你将设计一个去中心化的计数器。计数器是日常应用中的常见元素。表2-1列出了使用计数器的各种系统类型。其中，旋转门用于计算进出游乐园的人数。股票市场指数会根据集中式系统中的股票业绩上升或者下降。一个国家的贸易逆差波动取决于代表各个贸易部门的不同实体的分布式报告。我们所处的世界，也是一个去中心化系统的绝佳示例，世界人口由全球的出生和死亡人数决定。可以花几分钟来思考一下这些例子。

表 2-1 不同系统中的计数器示例

系统类型	计数器示例
手动系统	游乐场内用于计数的旋转门
集中式系统	股票指数
分布式系统	国家的贸易逆差
去中心化系统	世界人口

计数器是一个简单但功能强大的用例，也能够说明智能合约的发展。你可能一开始就想编程，但是你需要抵制住这种诱惑，首先要进行合约设计。在开发代码之前，拥有正确的设计是很重要的。此外，设计表示是独立于智能合约的编程语言的，因此可以为不同的实现方式提供统一的设计蓝图。

智能合约是通过交易部署在区块链上的，它会被永久地记录在区块链上，不可逆转，不可更改，并且是区块链的一部分，如设计原则 1 所述。

设计原则 1 在测试链上编码、开发和部署智能合约之前，应先进行设计。然后在将智能合约部署至生产区块链之前对其进行彻底的测试，这是因为在智能合约被部署后，它是不可变的。

设计过程的目标是定义智能合约的内容。具体而言，就是定义

- 数据
- 操作数据的函数
- 操作的规则

设计原则 2 通过定义应用程序将要服务的系统用户来初始化设计过程。

设计原则 2 定义系统的用户和用例。用户是产生操作和输入的实体，并从你将要设计的系统中接收输出。

2.2.1 计数器用例图

下面应用上述设计原则，并用标准的统一建模语言(Unified Modeling Language，UML，网址见链接[6])工具开始设计计数器的用例图和类图。许多高级开发人员可能对 UML 的设计很熟悉，初级开发者也不必担心，可以参考附录 A 中的 UML 描述来创建这些图。

UML 用例图有助于你思考问题，并确定如何使用智能合约——更具体地说，是智能合约的函数的用法。图 2-3 只显示了其中的一个角色，该角色(简笔人物)代表一个将使用计数器的去中心化应用。

首先，我们思考以下计数器的函数：

- initialize()初始化一个值。
- increment()增加一个值。
- decrement()减少一个值。
- get()访问计数器的值。

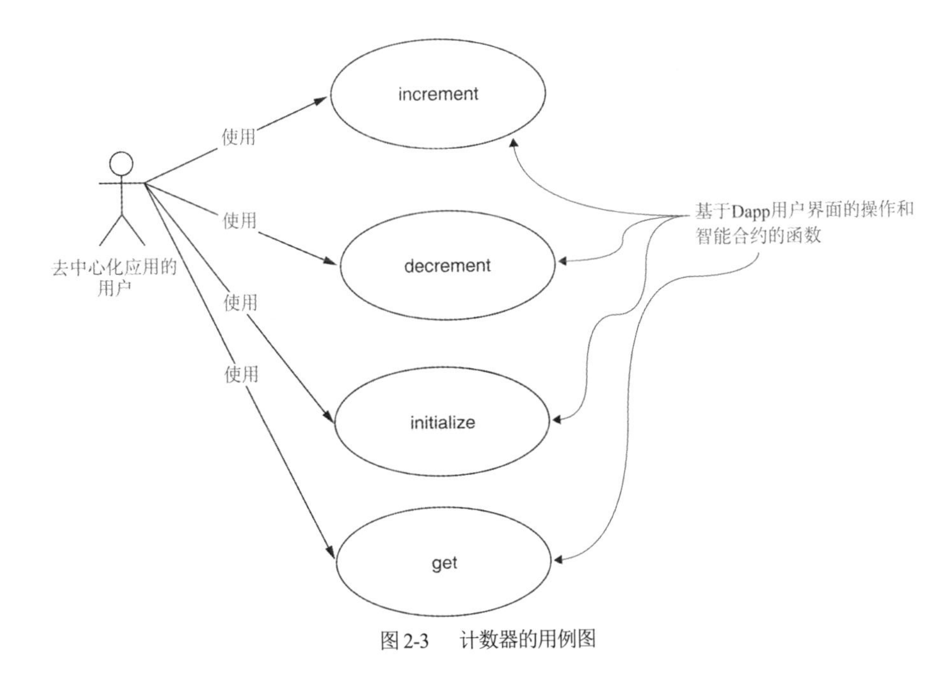

图 2-3　计数器的用例图

图 2-3 清晰地表达了智能合约的意图。它可作为设计过程的一个很好的起点，为你的团队成员和对该问题感兴趣的利益相关者提供讨论对象。此外，它也为设计过程的下一步提供了系统的引导。注意，用例设计的这一步骤取决于问题本身涉及的规则，不需要你指定任何代码或者系统依赖项。

接下来，将探讨由谁来使用这些函数，规则(如果有的话)是什么。

2.2.2　数据资产、对等参与者、角色、规则和交易

现在，你已创建了用例图。下一步是阐明问题中基于区块链的组件的各属性分别对应什么。这一步骤称为**数据资产分析**，如设计原则 3 所述。

设计原则 3　为你将要设计的系统定义数据资产、对等参与者及其角色、要执行的规则，以及要记录的交易。

对于这个去中心化计数器问题，应用设计原则 3 会得到如下条目：

- **要跟踪的数据资产**——计数器的值。
- **对等参与者**——用来更新计数器值的应用程序。
- **参与者的角色**——更新计数器的值并访问。
- **要应用于数据和函数且要验证和确认的规则**——本例中没有。
- **要记录到数字账本中的交易**——initialize()、increment()和 decrement()。

注意，你可以决定只记录改变计数器值的函数或者交易。因此，并非智能合约中指定的所有函数都会导致交易被记录在区块链的分布式账本中。比如 get()函数是为了查看计数器的值，你可能不希望它的调用也被记录在区块链上。可通过将其定义为一个仅查看(view-only)的函数来设置这一特性。视图函数的交易将不会记录在区块链上。

2.2.3 从类图到合约图

在设计过程的这个步骤中，你将定义 UML 类图，作为设计计数器问题解决方案的指导。类图定义了解决方案的各种结构元素。它借鉴了前两个步骤(创建用例图和数字资产分析)中发现的条目。图 2-4 左侧显示的是传统面向对象编程(object-oriented programming，OOP)的典型 UML 类图，包含如下 3 个部分：

- 类名
- 数据定义
- 函数定义

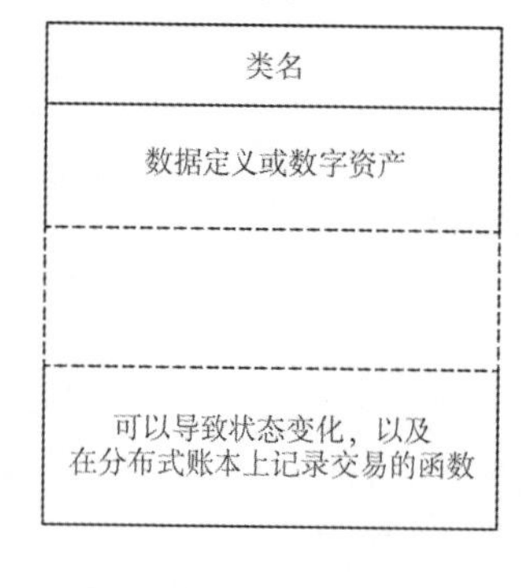

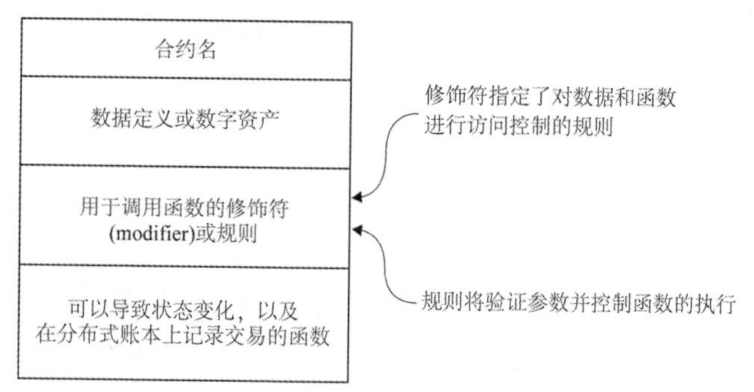

图 2-4 类图与合约图模板的对比

图 2-4 右侧的智能合约图包含了一个额外组件：访问函数和数据的规则。该组件将智能合约图和传统的类图区分开来。设计原则 4 涉及合约图。

设计原则 4 定义一个合约图，其中规定合约的名称、数据资产、函数，以及函数执行和数据访问的规则。

在计数器这一简单用例中，并没有使用任何条件或规则。这很好，因为这里不需要规则，这只是一个用来说明设计过程的简单示例。计数器的合约图如图 2-5 所示。这里将使用驼峰式书写惯例来表示合约各个组件(数据变量和函数)的标识符。该图显示合约的名称为 Counter，唯一的数据元素是一个名为 value 的整数，还有一些从图 2-3 用例图中复制过来的函数。除了 3 个函数——initialize()、increment()和 decrement()，合约图中还包含 constructor()和 get()函数。constructor()函数被调用时，将在区块链基础设施支持的虚拟机沙箱中部署智能合约代码。如果该函数有参数，还会对合约的状态进行初始化。get()函数是一个工具性函数，用于返回计数器的当前值。它也是一个视图函数，当它被调用时，没有交易被记录。

将图 2-5 中的图概念化是智能合约设计中的一个重要步骤。图 2-5 中的这种表示方法，与常规的面向对象的类设计没有多大区别。你可通过使用 diagrams.net(网址见链接[7])或者其他任何你熟悉的 UML 工具来创建该合约图。合约图是一个很方便的组件，用于与利益相关者和开发团队进行设计讨论。

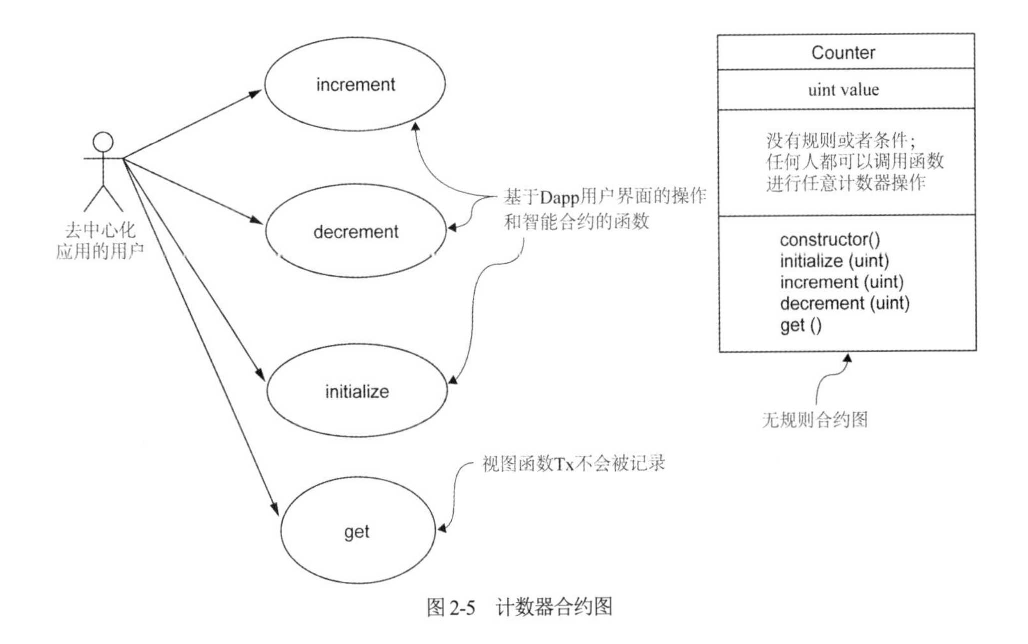

图 2-5 计数器合约图

2.3 开发智能合约代码

现在，你已准备好用高级语言来开发智能合约代码。虽然有很多语言可供选择，如 Java、Python 或者 Go，而且这些语言都是通用语言，具有丰富的语法和语义，有大量的支持库。但是对于智能合约的开发而言，你需要一种为区块链操作定制的有限语言。Solidity 就是这样一种语言。以太坊基金会引入了这种语言，Hyperledger 等其他区块链平台也支持该语言。在本节，你将使用 Solidity 编写智能合约代码。

重要的是要明白，区块链编程并非是把传统高级语言编写的代码移植或者翻译为 Solidity。一方面，编写合约代码，就是编写面向区块链记录的精确指令。智能合约代码不会用到通用语言的全部语法和语义。另一方面，也需要在语言中建立起特定的面向区块链的特性，以处理诸如账户地址、规则规范，以及交易冲销等问题。此外，智能合约代码应在一个受限的沙箱环境中执行，以保证区块链各节点之间的一致性。这些都是使用特殊语言来实现智能合约的理由。总之，Solidity 是一种专为智能合约开发而设计的定制语言。

在对计数器智能合约进行编码之前，我们先探讨一下 Solidity 语言的一些特点。

2.3.1 Solidity 语言

Solidity 是一种面向对象的高级语言，用于实现智能合约，它还受到 C++、Python 和 JavaScript 的影响。Solidity 是静态类型的，支持继承、库和用户自定义类型；它也为开发区块链应用提供了很多有用的特性。由于它的语法和语义与你可能知晓的语言类似，因此这里不再讨论 Solidity 的语言元素，但是我们会在后面使用代码片段时，对其进行介绍和解释。下面将使用 Remix 集成开发环境编写、编辑、编译、部署和测试模拟区块链上的代码。

2.3.2　计数器的智能合约代码

在本节中，你将根据图 2-5 所示的设计图开发智能合约的代码。Solidity 的完整代码如代码清单 2.1 所示。第一行指定了该代码使用的语言版本。必须包含该指令，以确保你使用的编译器版本与代码中使用的 Solidity 语言版本匹配。在此示例中，你将使用 Solidity 0.6.0 版本。这里使用 pragma 指令指定版本号。在该指令之后，开始用 contract 关键字和合约名称(即 Counter)定义合约代码。

代码清单 2.1　计时器智能合约的 Solidity 代码(Counter.sol)

```
pragma solidity ^0.6.0;
// imagine a big integer counter that the whole world could share
 contract Counter {
    uint value;
    function initialize (uint x) public {
        value = x;

    }

    function get() view public returns (uint) {
            return value;
    }

    function increment (uint n) public {
       value = value + n;
       // return (optional)
    }

    function decrement (uint n) public {
       value = value - n;

    }
}
```

计数器值的共享数据

计数器的函数

注意　在完成本书时，Solidity 的最新版本为 6.0。因此本书以该版本为准。在你阅读本书时，对于后继版本，需要对代码进行一些微小的改动。

接下来，定义智能合约中的数据组件。Solidity 中的数据类型，与任何其他高级语言中的数据类型都类似。在本例中，uint(无符号整数)数据类型用于定义存储计数器值的标识符。注意，区块链领域中的 uint 类型与主流计算中的整数有显著区别：它是一个 256 位的值，而不是通用语言中的 64 位。uint、int、int256 和 uint256 是它们之间的别名。

函数是通过 function 关键字和函数的名称，后跟参数类型和名称，以及包含在大括号内的函数体来定义的。你可以在代码清单 2.1 中看到 initialize()、get()、increment()和 decrement()这 4 个函数的定义。你还会注意到，这里没有显式的构造函数的定义。在这种情况下，会使用默认的构造函数来部署合约。

所有的函数都被声明为 public，因此具有公共可见性(而非私有)，这意味着区块链上所有的有效参与者(或账户)都可以调用这些函数。除非有明确的值需要返回，否则函数定义可以将 return 语句作为结束，return 语句是可选的，如 get()函数。initialize()、increment()和 decrement()接收一个值作为参数，函数体使用该参数值来更新变量值。而在幕后，每个函数的调用都会被记录为分布式账本上的一个交易。任何值的状态变化也都会被记录下来。

注意，get()是一个“视图”函数，它的调用不会被记录在区块链中，因为它没有改变计数器的状态或值。要创建智能合约，应遵循如下步骤：

(1) 在浏览器中打开 Remix 网络 IDE。

(2) 选择语言 Solidity。Vyper 是另一种支持的语言。

(3) 在 IDE 中，单击左侧窗口顶部的+图标，创建一个新文件。

(4) 在弹出的窗口中，将文件命名为 Counter.sol。.sol 是文件类型，表示程序是用 Solidity 编写。

(5) 在编辑器窗口中输入或者复制代码清单 2.1 中的计数器代码。

2.4 部署和测试智能合约

准备好部署智能合约并探索其工作原理了吗？输入 Solidity 智能合约代码的 Remix 环境，也可用来部署该合约(2.3.2 节)。在开始测试智能合约前，我们先探讨一下 Remix IDE。

Remix

你是否对 Solidity 智能合约的开发环境，Solidity 智能合约的编辑、编译，区块链的设置和配置，在链上部署编译后的代码，以及对代码进行测试感到好奇？Remix 提供了一个很酷的基于网络/云的集成开发环境，且不必安装。不仅如此，它还搭建了一个基于 JavaScript 的模拟测试链环境，你可以在其中部署你的智能合约代码并进行测试。此外，这个一体化的环境，还允许你将测试过的应用部署到 Remix 支持的测试链之外的外部区块链上。

2.4.1 Remix IDE

Remix IDE(见图 2-6)可通过网址链接[8]直接访问。你可以打开它，然后跟着我们一起探讨它的功能。该版本是截止到 2020 年 2 月份的最新版本。Remix IDE 的布局每年都会发生变化，以优化用户体验，但是其概念都是相同的。

图 2-6 显示了在开发智能合约时要用到的 Remix IDE 的 7 个功能。你可以打开 Remix IDE，查看对应的功能，然后按照相应的说明进行操作。注意，这里从页面底部的设置图标中选择了浅色主题，这样 Remix 更适合打印。

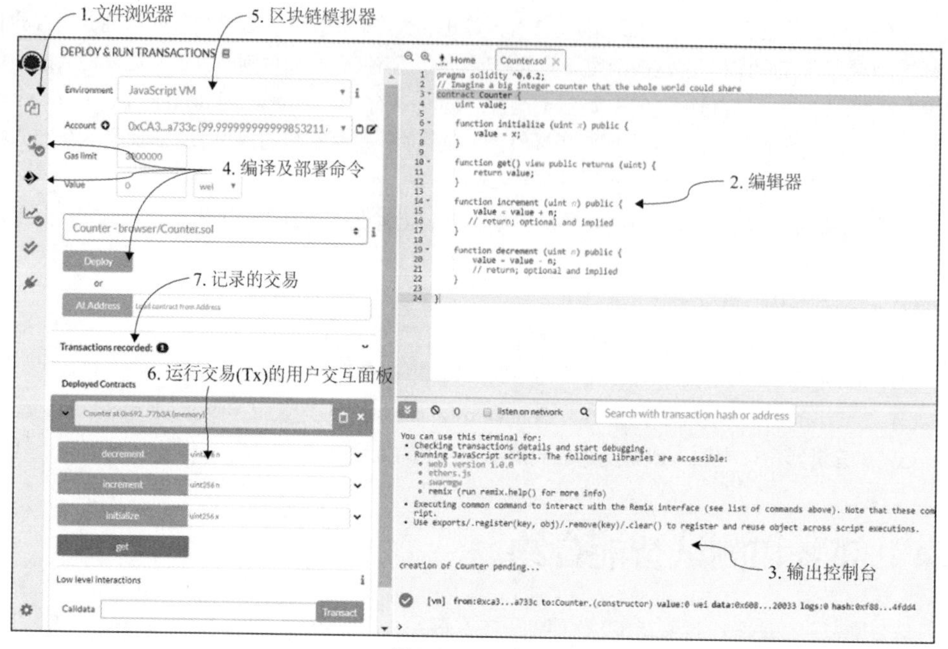

图 2-6 Remix IDE

Remix IDE 的主要功能如下：

1. 左侧的文件浏览器是创建和管理文件的地方，可以在此打开、关闭、创建和删除文件。这些文件会自动保存在 Remix(云)服务器上。也可以将它们同步到你的本地磁盘和文件夹中。

2. 中间的编辑器区域，是输入代码和审查文件的地方，如智能合约的.sol 文件，以及记录交易的.json 文件。它还有一个即时编译器(可选)，可以在你输入代码时指出错误。

3. 输出控制台，位于编辑器窗口的下方，可以在其中查看交易情况，并查看记录的确认，以及任何错误和调试细节。

4. 左侧面板上的工具链提供了一些图标，它们代表编译和部署代码的相关命令。单击 Compile 和 Deploy 图标后，可以单击 Deploy 按钮部署一个智能合约。

5. 区块链模拟器提供了一个执行环境(JavaScript 虚拟机)以及与实时区块链网络的连接。Remix IDE 为测试区块链提供一组账户地址和身份。账户号码用于识别参与者。只有少数(10 个)账户可用于测试目的，但是如果需要，也可以创建更多账户。

6. 左下角的用户交互面板，可以让你与已部署的智能合约进行交互，并运行交易。它公开了所有的公共函数和数据，以及调用这些函数的按钮和输入参数的文本框。此外，调用的输出(如果有的话)会显示在函数按钮下方。

7. 区块链上记录的所有交易都被存储在一个.json 文件中，以便审查。可以在左侧面板的中间看到 Transactions recorded 按钮。

现在，你已准备好对复制到 Remix 中的智能合约代码进行测试。借助简单的 Counter.sol 合约，你不仅能了解智能合约的结构和开发过程，还能熟悉 Remix IDE 的功能。

2.4.2 部署和测试

现在是时候部署和测试 Counter.sol 智能合约了。在 Remix 网络版 IDE 中，可按照如下步骤进行：

(1) 打开文件浏览器，单击黑色+符号(Create new file 图标)。在弹出的框中，输入 Counter.sol 作为合约的名称。然后将代码从 Counter.sol 文件复制到编辑器窗口(如果还没有这样做的话)，并单击 Compile 图标。此时会出现一个 Compile 按钮，单击这个按钮即可编译这个新建的智能合约。也可选中自动编译的复选框来跳过这一步。

(2) 确保环境被设置为 JavaScript VM，并单击命令菜单中的 Run 图标。可以看到，在左侧面板的中间有一个名为 Counter.sol 的横幅。

(3) 你已准备好进行部署和探索了。单击 Deploy and Run Txs 图标。单击左侧面板上的 Deploy 按钮，然后单击 Deployed Contracts 附近的下拉箭头，如图 2-7 所示。你会在屏幕底部看到一个交互面板。

(4) 你已准备好与智能合约进行交互，并查看其运行情况。下面是一个交互样例：在 Initialize 框中输入 456，单击 Initialize 按钮，然后单击 Get 按钮查看数值。在 Increment 和 Decrement 框中输入数值，然后单击 Get 按钮，并重复该操作。

在测试这些操作时，请务必观察 Remix IDE 底部的输出控制台(位于编辑器下方)。你会看到由这些操作(initialize、get、 increment 和 decrement)创建的交易首先显示为待处理，然后显示执行成功。你可通过改变左上角面板的下拉框中的账号来模拟不同的参与者，如图 2-7 所示。

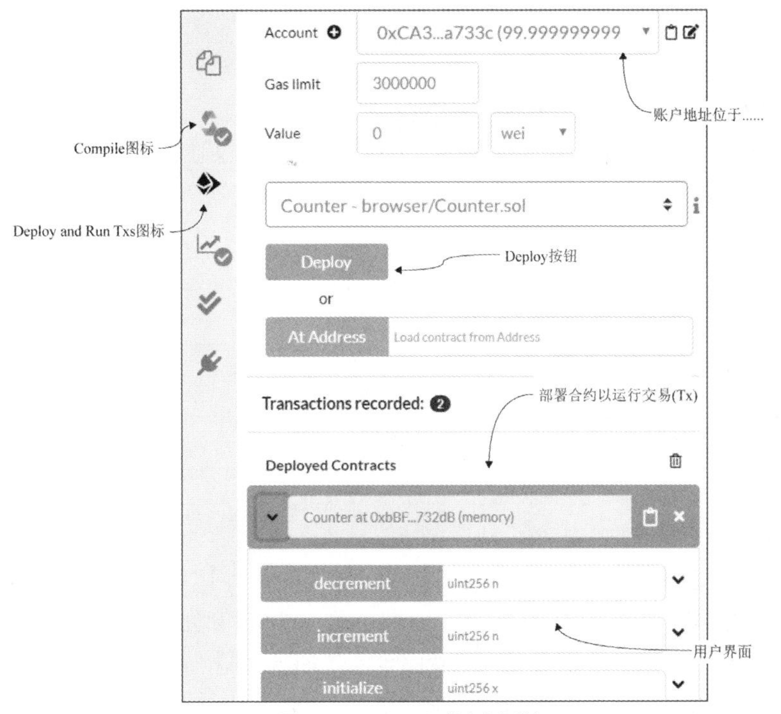

图 2-7 Remix IDE 的左侧面板

现在，你已部署并测试了首个智能合约。这生成了一个快速原型环境——你将在此基础之上构建一个成熟的Dapp。2.5节和2.7节将探索Remix IDE的其他功能，在后面的章节中，你将为更复杂的用例设计智能合约。

2.4.3 关键点

下面回顾一下到目前为止，你在设计过程中所完成的工作，并将其与传统的计数器设计进行比较。

你设计了一个计数器智能合约，它看起来与传统计数器的代码类似。你可能认为它就像一个从命令行运行的普通Java应用，但它是不同的。

当智能合约代码被部署在区块链上时，在该区块链上拥有有效身份的任何人都可以访问它。该身份可以表示一个人或一个计算机程序，可以是来自纽约州奥尔巴尼的参与者，也可以是来自印尼巴厘岛的参与者。只要参与者拥有账号，并且连接到了同一个区块链网络，他就可以访问它。你可能会说，这个应用就像任何网络应用一样，是一个分布式系统。但是一个分布式的网络应用并不会维护一个分布式的不可变账本，而区块链可以，因此，每个参与者都记录了该特定智能合约在区块链上发生的交易列表的相同副本。这些信息会在网络上所有利益相关者的同意(共识)下自动被记录。然后，该不可变账本就可以用来追踪交易的人、时间和内容的来源。因此，区块链的分布式不可变账本实现了未知的去中心化参与者节点之间的信任，为创新型Dapp带来了机会，正如你接下来将看到的一样。

2.5 什么让区块链合约更智能

以下是智能合约的一些很酷的特点，而正是这些特点才让其变得智能。一个智能合约等同于区块链网络中的任意参与者，因为它有

- 名称
- 地址
- 加密货币余额(本例中为以太币)
- 发送和接收加密货币(本例中为以太币)的内置功能
- 数据和函数
- 接收消息和调用函数的内置功能
- 推断函数执行情况的能力

上述方面将智能合约与普通的代码区别开来，从而使其与众不同。智能合约确实是智能的，不同的。在下一个应用程序使用这些特殊功能中的一些功能之前，先来研究一下智能合约的这些特点。

在传统的计算系统中，参与者由用户名和相关的密码来标识。这些元素被用于身份认证。这种<用户名，密码>的组合，在一个去中心化的系统中是行不通的。因为参与者超出了通常的信任边界

(如“大学—学生”，或者“国家—公民”的关系)。一种解决方案是基于加密算法为每个参与者提供唯一标识符(关于该主题的更多内容详见第 5 章)。所有和区块链交互的参与者(包括智能合约)都有唯一标识其身份的账户或地址：

- 以太坊支持两种类型的账户：外部账户(Externally Owned Account，EOA)和智能合约账户。这两种类型的账户都采用长度 160 位(40 字节)的地址来标识。可以在 Remix IDE 中查看账户号码。
- EOA 和智能合约这两种类型的账户，都可以持有以太币余额。因此，每个账户也就有两个隐藏属性：address 和 balance。当然，智能合约中可能找不到这两个属性的明确声明。通过 address(this).balance 就可以得到你在智能合约中的账户余额。
- EOA 或者智能合约账户可以通过发送消息来调用智能合约函数。该消息也包含两个隐藏属性：msg.sender 和 msg.value。如你所见，消息可以带一个参数值。当智能合约中的函数被调用时，该值将被添加到智能合约的余额中。该函数必须用 payable 修饰符声明，才有资格获得资金。

这些概念都体现在代码清单 2.2 所示的 AccountsDemo.sol 智能合约中。复制该合约，并在 Remix IDE 中部署。便可看到图 2-8 所示的屏幕截图。在 Remix IDE 的左侧面板中，你会看到模拟 VM 上的 EOA。也可在左面板的底部，看到智能合约的地址。在 Remix IDE 左侧面板中选择一个账户，在单击 Deposit 按钮前，先在 Value 框中指定一个以太币数值。然后单击 accountBalance、depositAmt 和 WhoDeposited 按钮，来查看 AccountsDemo 智能合约的属性。也可使用不同的账户(EOA)和以太币值来重复该过程。你会发现，智能合约的余额会自动累计更新。多探索一下该智能合约，可以深入了解这些强大的功能。可以看到，智能合约可以自主地接收、保存、计算和发送加密货币！智能合约的这些特点，给我们打开了一个充满机遇的全新世界。

代码清单 2.2　AccountsDemo.sol

```
pragma solidity ^0.6.0;
contract AccountsDemo {

    address public whoDeposited;
    uint public depositAmt;
    uint public accountBalance;

    function deposit() public payable
    {
        whoDeposited = msg.sender;
        depositAmt = msg.value;
        accountBalance = address(this).balance;
    }
}
```

deposit()函数可以接收付款(可支付)

每个函数调用都有一个隐藏的 msg.sender

每个函数调用都会由 msg.sender 发送一个 msg.value

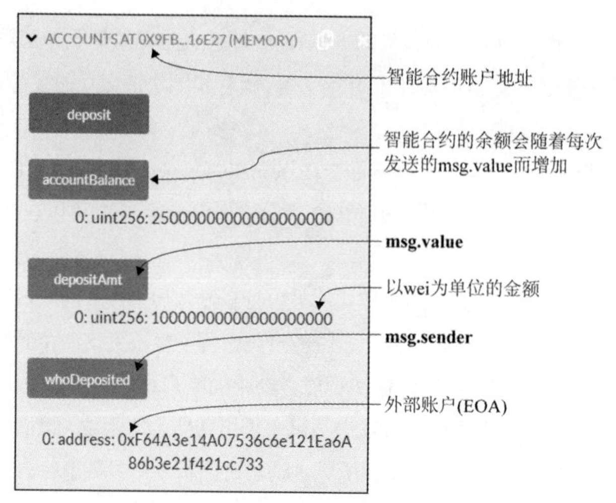

图 2-8 AccountsDemo 智能合约的界面

2.6 去中心化的航空系统用例

下面将目前学到的知识应用到另一个用例上。这里介绍另一个 Dapp 的原因，是强调不同类型账户的重要性，以及区块链编程的另一个重要方面：在区块链上只保留最少量的所需信息。

航空业的航空系统联盟(ASK 而非 ASC)区块链实现了参与的航空公司之间航班座位的点对点交易。这里使用首字母缩写 ASK 来指代本用例。你可以把 ASK 视为一个点对点的市场，在该市场中，并非只有属于代码共享伙伴的航空公司才可以交易航班座位。

2.6.1 ASK 的定义

在这一问题的基本定义中，航空公司的日常业务仍然采用传统的集中式分布系统，并由人工代理来管理该系统。此外，他们也可以参加一个有权限的、去中心化的航空公司联盟。我们将该联盟称为 ASK。该场景是假想的，是专门为本练习设置的。

与传统系统不同的是，航空公司可以根据自己的意愿加入和退出该系统。航空公司加入 ASK 的方式，是交纳预先确定的最低托管费，该托管费用于结算 ASK 交易中的座位费用。该联盟允许航空公司在特定的情况和条件下进行航班座位交易(买卖)。交易的规则可以编入系统，这样便不会有歧义，结果也是确定的。ASK 的问题描述(用例)、问题、基于区块链的解决方案以及优势，在图 2-9 中进行了总结。

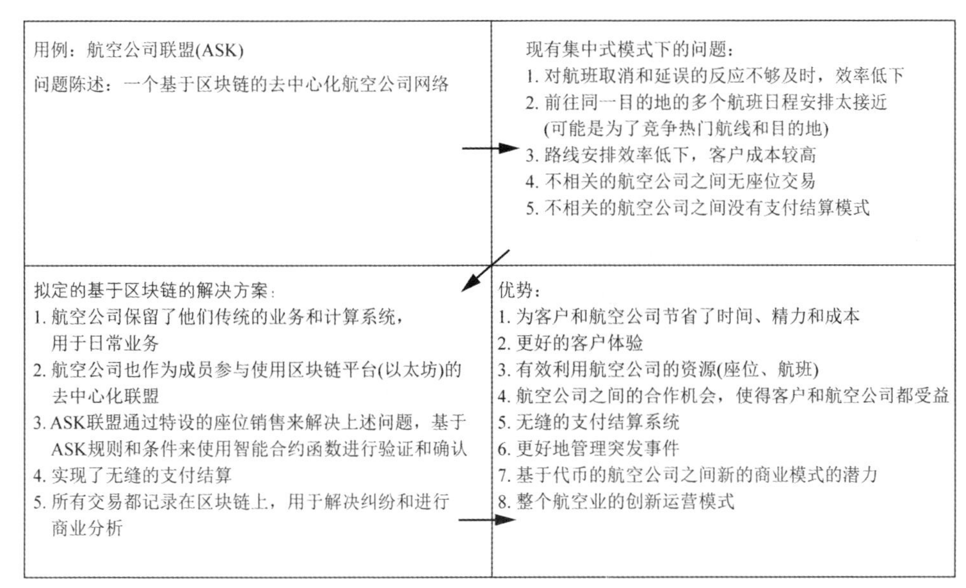

图 2-9 ASK 四边形图：用例、问题、区块链解决方案以及优势

航空公司代表可以主动或者被动地发起交易，以响应客户的需求，或者根据天气等情况来取消需求。在该用例中，你将把范围限制在航空公司之间点对点销售航班座位这一基本操作上。区块链还支持执行商定的参与规则和无缝支付系统，以减轻航空公司传统业务上的竞争劣势。参与的航空公司可以提供安全、标准的 API，可用于对航班座位的可用性进行简单查询。这些查询可能同你在 Kayak 或者 Expedia 等旅游网站(中介)上执行的一样。但是它们之间有一个显著的区别：基于区块链的查询是由软件应用启动的，无中介。应用请求可以直接代表你与航空公司进行交易。

2.6.2 操作顺序

以下是两家航空公司 A 和 B 所遵循的交易步骤，当然，这两家公司不一定互相认识，而且其运作也超出了传统的信任边界。换句话说，他们之间没有传统的商业合作关系，如代码共享和联盟。那么，这两家航空公司是如何信任对方来进行验证和记录交易的呢？

联想一种日常情况：妹妹想找你借 10 美元，并且都是 1 美元的纸币。然后你从钱包里面拿出钞票，数了数，确认有 10 张 1 美元的钞票，递给了她。她把钞票装进口袋，之后离开。她没有再数，因为她信任你。

现在想象一下，如果是在收银台进行同样的交易。你当着收银员的面数出(验证)10 张 1 美元的钞票，然后递给她。此时，收银员会通过再次清点钞票来验证你给她的钞票数量是否正确。为什么？因为你们是两个单独的是实体，彼此并不了解，也无法相互信任。

这就是航空公司 A 和 B 之间的情况，他们彼此不认识。而在 ASK 中，他们就可以依靠区块链通过验证和记录交易来建立信任。除了这两家航空公司，其他利益相关者也可以作为证人验证交易并记录交易。

让我们分析一下图 2-10 所示的操作，以了解区块链在去中心化应用中作为验证者、确认者和记录者所发挥的作用。图 2-10 显示了带有编号的操作序列。按照编号所示的顺序进行操作，即可得到所讨论的操作细节。

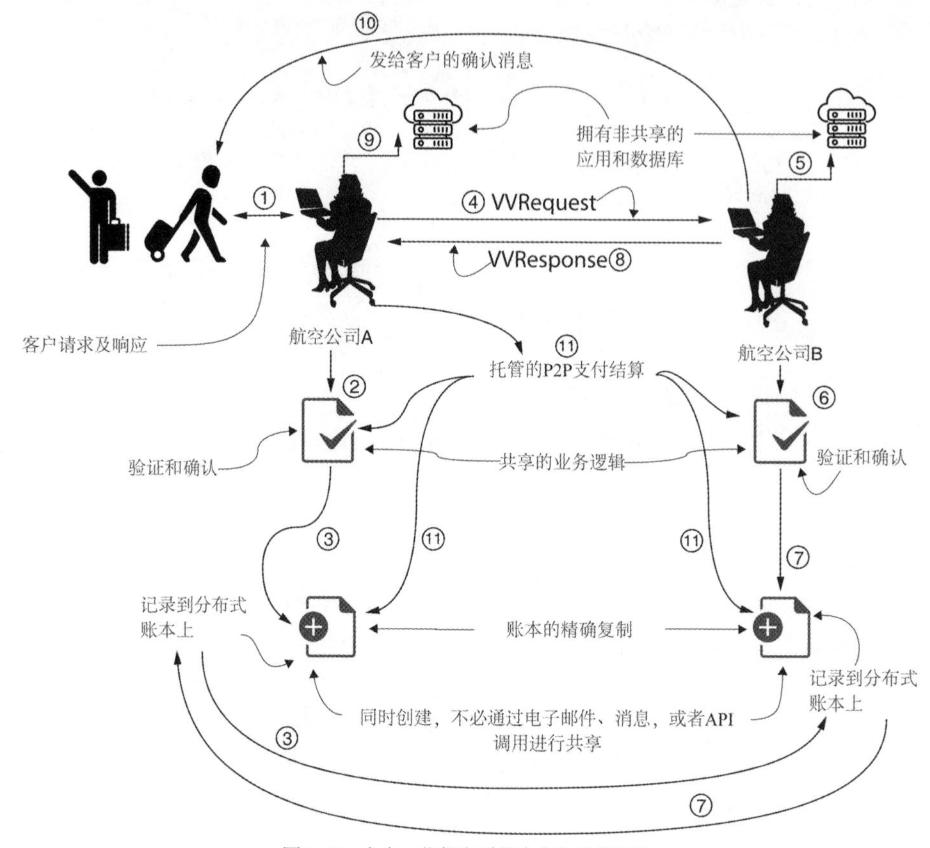

图 2-10 去中心化航空系统中参与者的操作

① 一个客户主动要求改变他们在航空公司 A 持有的航班座位。

② 航空公司 A 的代理或者应用通过 ASK 联盟成员之间的共享智能合约，来验证和确认该请求。

③ 一旦通过验证，请求 Tx 即被确认，并记录在分布式不可变账本中。现在，联盟中的所有人都知道，一个合法的请求已被提出。

④ 在最简单的设计中，航空公司 A 的代理，向航空公司 B 发送经过验证和确认的请求(Verified and Validated Request，VVRequest)。或者，也可使用广播模式，这样许多航空公司都能够收到该请求，然后任意一家都可以响应。

⑤ 航空公司 B 的代理或者应用，检查航空公司的数据库，以检查可用性。

⑥ 航空公司 B 的代理，通过共享的智能合约逻辑进行响应，该逻辑验证并确认了联盟的共同利益和共享规则。

⑦ 一旦通过验证，响应 Tx 就被确认并记录在分布式不可变账本中。现在，联盟中的所有人都知道已发送了一个响应。

⑧ 航空公司 B 将响应(由 VVResponse 表示)发送给航空公司 A 的代理。

⑨ 航空公司A更新其数据库，注意到已做出了改变。

⑩ 航空公司B的代理向客户发送航班座位和其他细节的信息。注意，航空公司B持有该数据资产，并将其直接转移给已知的客户，而不是航空公司A。

⑪ 付款通过点对点的Tx进行结算，使用航空公司参与者在其共享的智能合约中持有的托管账户或者押金。可以将支付结算嵌入系统的其他操作中，但是该支付结算将由共享智能合约处理并记录在账本中。这种结算是由智能合约逻辑自动处理的。

注意，请求、响应和付款结算是由联盟的利益相关者同时记录的。该概念在图2-10的步骤3、步骤7以及步骤11中各用两个例子来进行了说明。图2-10中只有两家航空公司，但你可以将这个仅包含两个参与者的场景，推广至由N个航空公司参与的更大规模的场景。

图2-10分解了一个简化版的操作。同样，你也可以设想这种自动化的验证和确认，以及分布式账本是如何解决航空公司场景中讨论的其他问题的。这些功能可以进一步应用于其他智能合约应用程序和基于代币的支付系统，更多内容详见第10章。

2.7　航空公司智能合约

现在，我们通过应用设计原则1、2和4(设计、用例，以及合约图)，来设计用例模型和合约图。图2-11显示了ASK用例和合约图。这些图将帮助你构建和开发智能合约的代码。

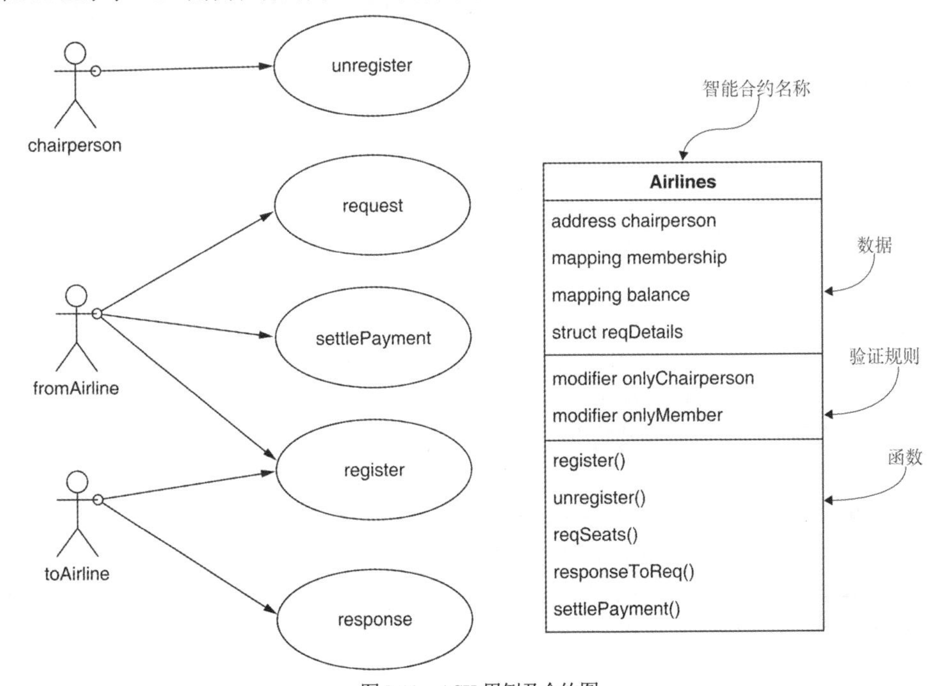

图2-11　ASK用例及合约图

设计原则1　在测试链上编码、开发和部署智能合约之前，应先进行设计。然后在将智能合约部署至生产区块链之前对其进行彻底的测试，这是因为在智能合约被部署后，它是不可变的。

设计原则 2 定义系统的用户和用例。用户是产生操作和输入的实体，并从你将要设计的系统中接收输出。

设计原则 4 定义一个合约图，其中规定合约的名称、数据资产、函数，以及函数执行和数据访问的规则。

使用图 2-11 中的两张设计图，就可以识别出用户、数据资产、规则、角色和函数。

2.7.1 对等参与者、数据资产、角色、规则和交易

现在，让我们应用设计原则 3 来编码智能合约的数据结构和函数。识别参与者、他们的角色、其控制的资产以及相关的交易，是任何标准设计过程中常见的第一步。对于那些并非在同一环境或企业组织中进行操作的用户而言，这一步尤为重要。

设计原则 3 为你将要设计的系统定义数据资产、对等参与者及其角色、要执行的规则，以及要记录的交易。

用户

首先要将系统用户识别为对等参与者。“对等参与者”一词用来强调他们是以点对点的方式进行交互的，不需要任何中介。在 ASK 用例中，代表航空公司行事的代理，就是对等参与者。他们根据客户的请求采取行动，从而解决航班取消等问题。ASK 联盟机构将有一个监督者，你可以称其为联盟的主席。该联盟并不意味着集中化，因为这一监督或者主席的角色，将由联盟成员轮流担任。主席并不管理任何中央数据库。每个航空公司的数据库在其防火墙内部都是安全的。共享数据存储在共享区块链的分布式账本中。

资产

数据资产是指航班座位和对等参与者持有的资金。我们在第 1 章中了解到，去中心化系统的基本原则之一就是对等参与者(而非中介机构)持有自己的资产。

角色

角色如下：

- 代表航空公司的代理，可通过 register()函数，以第三方托管/存款的方式进行注册或者自行注册，注册可以使航空公司成为 ASK 的成员。
- 代理(仅限于成员)可以申请航班座位。
- 代表航空公司的代理，可以检查他们的集中式数据库的可用性，也可以进行响应。
- 如果有座位，对等参与者之间可以进行结算。
- 联盟的主席拥有唯一权限，可取消成员的注册，以及退还剩余的押金。

在一个自动的去中心化系统中，角色的定义是至关重要的，所以你需要确保只有经过授权的参与者才能发起请求。代理既可以是人，也可以是软件应用程序。

交易

一个典型的购买航班座位的过程可能涉及许多操作以及与各种子系统(如数据库)进行交互。我们把那些需要被各方验证、确认和记录的操作称为交易，或简称为 Tx。

规则

图 2-11(2.7 节)所示的合约图，显示了计数器用例中未出现的新元素 modifier。这是智能合约的特殊元素，它代表了守门员规则，用于控制对数据和函数的访问。只有有效的成员(onlyMember)才可以在系统上进行交易，并且只有主席(onlyChairperson)才可以注销任何航空公司。

定义　modifier(修饰符)是一种语言特性，它支持显式指定验证和确认的规则。这些修饰符是进行验证和确认的守门员，因此是专门用来实现信任的。

回顾第 1 章，区块链是一个信任中介，这意味着它能够在其代码(智能合约)中自动完成信任建立的验证和确认过程。修饰符是实现这种信任中介的特性。以下是它的工作方式：

- 可以使用称为修饰符的控制结构指定规则或者条件。Solidity 语言提供了修饰符特性来编码规则。
- 修饰符用于指定谁可以访问函数，以及谁可以访问数据，也可用于数据的统一验证。

ASK 代码展示了智能合约中修饰符的使用，这里有两个修饰符：onlyMember 和 onlyChairperson。你将在第 3 章中了解关于修饰符的更多细节。

2.7.2　航空公司智能合约代码

现在，你可以在 Remix IDE 中输入基本的航空公司智能合约代码(如代码清单 2.3 所示)。如果 pragma 行指定了错误的版本，可通过在 Remix IDE 窗口的右上方部分查看编译器版本来选择正确的版本。

代码清单 2.3　ASK 的智能合约代码(Airlines.sol)

```
pragma solidity ^0.6.0;
    contract Airlines {
    address chairperson;
    struct details{
        uint escrow; // deposit for payment settlement
        uint status;
        uint hashOfDetails;
    }

    mapping (address=>details) public balanceDetails;
    mapping (address=>uint) membership;

    // modifiers or rules
    modifier onlyChairperson{
        require(msg.sender==chairperson);
        _;
    }
    modifier onlyMember{
        require(membership[msg.sender]==1);
        _;
    }
```

航空公司数据结构（struct details）

航空公司账号支付和会员映射（mapping）

onlyChairperson 规则的修饰符

onlyMember 规则的修饰符

```
// constructor function
constructor () public payable {

    chairperson=msg.sender;
    membership[msg.sender]=1; // automatically registered
    balanceDetails[msg.sender].escrow = msg.value;
}

function register ( ) public payable{
    address AirlineA = msg.sender;
    membership[AirlineA]=1;
    balanceDetails[msg.sender].escrow = msg.value;
}

function unregister (address payable AirlineZ) onlyChairperson public {
    if(chairperson!=msg.sender){
            revert(); }
    membership[AirlineZ]=0;
    // return escrow to leaving airline: verify other conditions
    AirlineZ.transfer(balanceDetails[AirlineZ].escrow);
    balanceDetails[AirlineZ].escrow = 0;
}

function request(address toAirline, uint hashOfDetails) onlyMember
➥ public{
    if(membership[toAirline]!=1){
        revert(); }
    balanceDetails[msg.sender].status=0;
    balanceDetails[msg.sender].hashOfDetails = hashOfDetails;
}

function response(address fromAirline, uint hashOfDetails, uint done)
                           onlyMember public{
    if(membership[fromAirline]!=1){
         revert(); }
    balanceDetails[msg.sender].status=done;
    balanceDetails[fromAirline].hashOfDetails = hashOfDetails;
}

function settlePayment (address payable toAirline) onlyMember payable
                                public{
        address fromAirline=msg.sender;
        uint amt = msg.value;
        balanceDetails[toAirline].escrow = balanceDetails[toAirline].escrow
        + amt;
        balanceDetails[fromAirline].escrow =
        balanceDetails[fromAirline].escrow - amt;
        // amt subtracted from msg.sender and given to toAirline
        toAirline.transfer(amt);
        }}
```

合约的函数

payable 函数中 msg.sender 和 msg.value 的用法

合约的函数

合约的函数

合约的函数

智能合约账户向外部账户转移一定金额

让我们来看看该智能合约所引入的新 Solidity 数据类型。这些数据类型包括：

- address 用来表示主席的身份。
- struct 共同定义航空公司的数据，包括押金或存款。
- mapping 将成员的账号地址(身份)映射到他们的详细信息。mapping 就像是一张哈希表。
- modifier 定义了 onlyMember 和 onlyChairperson。你将在第 3 章了解这些内容。

这些数据类型后面就是函数定义：constructor()、register()、request()、response()、settlePayment()和 unregister()。值得注意的是，航空公司必须通过他们现有的系统来执行他们的常规功能和检查。注意这里用到了 2.5 节介绍的 msg.sender、msg.value 及 payable 特性。智能合约只负责处理与其他航空公司的去中心化交互所需的额外功能。

2.7.3 ASK 智能合约部署及测试

在开始使用 Airline 智能合约前，请借助之前 2.3 节讨论的计数器用例，确保你已熟悉 Remix IDE。现在，创建一个名为 Airlines.sol 的 Solidity 文件，并在该文件中输入代码清单 2.3 所示的代码。也可在本章的代码库中找到相应内容。然后，使用菜单上的编译命令进行编译，可以选择 JavaScript VM 作为环境，然后单击 Deploy & Run transactions 图标。现在，你已准备好在 Remix IDE 提供的模拟 VM 上部署和测试该应用了。

主席代表一个合法的对等航空公司，因此可以在 VM 模拟器下面的左侧面板中选择主席的地址，输入托管的以太币 50，然后单击 Deploy and Run transactions 按钮，再单击左侧面板中央的 Deploy 按钮。此时，底部窗格将显示一个已部署完毕的智能合约及其地址，以及一个向下的箭头。当你单击向下的箭头时，就可以展开已部署应用的网络界面，这里会显示所有的公共函数和数据，以方便你交互，也便于你观察函数执行的输出结果。所有这些条目都显示在图 2-12 中(注：该图的彩图可扫描本书封底的二维码下载)。在 Remix IDE 环境中，你会观察到，用户界面的功能都是用不同颜色标记的。

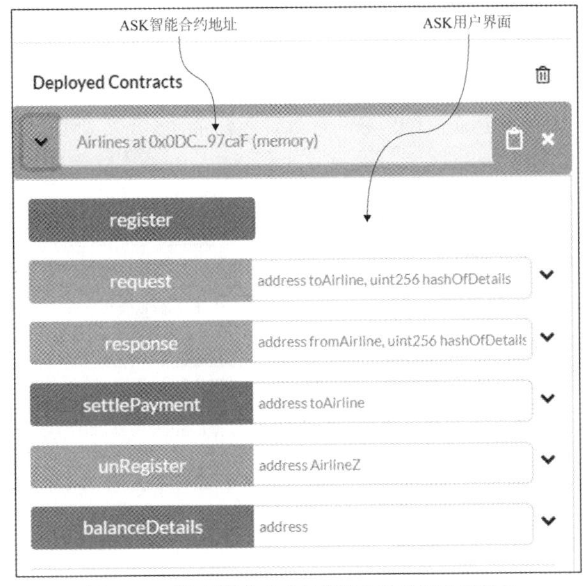

图 2-12　已部署的航空公司智能合约及其用户界面

- 橙色表示无验证规则的公共函数。
- 红色表示有修饰符编码规则的函数。
- 蓝色表示可查看公共函数的访问函数。

注意 用户界面的颜色会不断变化，因此请以实际环境中的颜色为准。

当单击 Deploy 按钮时，将对合约的部署使用构造函数。所创建的交易也会显示在 Remix IDE 控制台中，如图 2-13 所示。

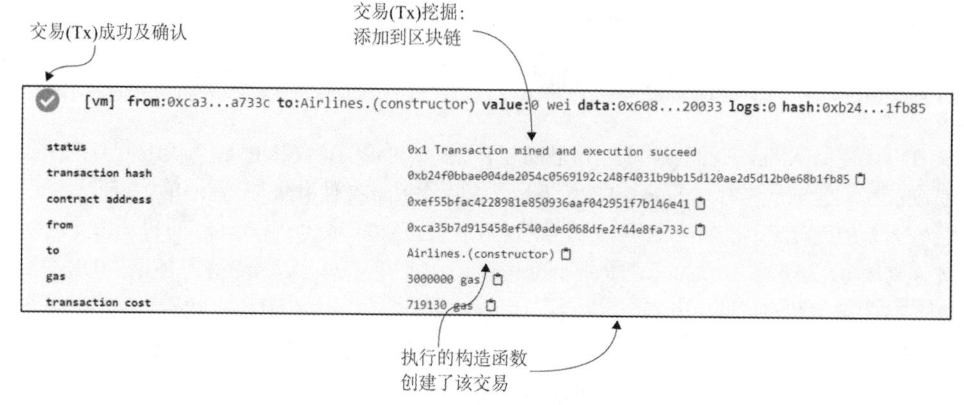

图 2-13 Airline 构造函数的交易(记录和挖掘)

现在已准备好测试其他函数：register()、request()、response()、settlePayment()和 unregister()。可以观察到，模拟 VM 有很多账户可用于测试，这些账户列在左侧面板顶部的账户下拉框中。表 2-2 中列出了一些账户(从下拉框底部开始的 5 个)，以及你为其所分配的角色：ASK 联盟的主席(chairperson)、toAirline 和 fromAirline。

注意 表 2-2 中列出的 5 个账户，曾经是 Remix IDE(2019)之前的版本中仅有的 5 个账户。新版本的 Remix IDE 中则多了 10 个测试账户，并且这些账户是随机的，也就意味着每次重新加载时都是不同的。我选择使用的是 Remix IDE 账户下拉列表底部的 5 个永久账户，但要注意未来的变化，并要做好适应的准备。

表 2-2 航空公司智能合约的账户号码

账户地址或标识符	Airline 智能合约
0xca35b7d915458ef540ade6068dfe2f44e8fa733c	ASK 联盟 chairperson
0x14723a09acff6d2a60dcdf7aa4aff308fddc160c	fromAirline(用于测试航空公司 A)
0x4b0897b0513fdc7c541b6d9d7e929c4e5364d2db	toAirline(用于测试航空公司 B)
0x583031d1113ad414f02576bd6afabfb302140225	其他航空公司
0xdD870fA1b7C4700F2BD7f44238821C26f7392148	另一家航空公司

为进行测试，你只需要前 3 个账户。可以从 IDE 中复制它们，然后将其存储在一个记事本中，这样就可以轻松地在界面中进行复制和粘贴。

测试计划描述

注意 我已经描述了一个测试计划，并附上一个实际说明。如果你是初学者，两者都要回顾。但如果你是高级开发者，选择其一即可。

以下是一个简单的测试计划，用于验证函数在 IDE 中的执行情况：

- **constructor()函数**——该构造函数在合约部署时会被执行。可以将 IDE 左上角区块链模拟器面板的 Value 字段设置为 50 以太币，如图 2-14 所示。选择的账户为 chairperson。该初始化操作的含义：主席存入 50 以太币。现在单击 Deploy 按钮。你会看到，在构造函数执行后，账户余额减少了相应的数额。

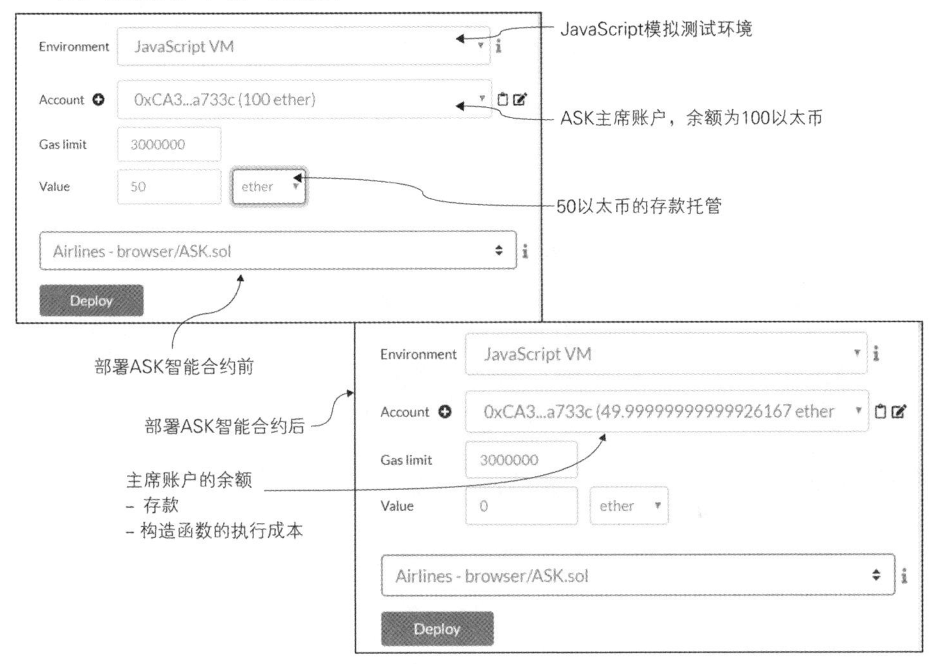

图 2-14　ASK 智能合约部署前后对比

- **register()函数**——任何航空公司都可使用押金自行注册。不过需要确保在面板左上角的账户下拉列表中选择 fromAirline 账户。该函数需要两个参数：账户地址和托管值。账户地址是由 msg.sender 隐式提供的。这里输入托管值为 50 以太币。然后单击 Register 来执行该函数。同样，对 toAirline 也执行该操作。
- **request()函数**——确保在 Account 框中选中 fromAirline 账户。然后，在函数参数框中，粘贴 toAirline 地址并提供任意数字(如 123)来代表链下数据的哈希值。你将在第 5 章中学习链下数据和哈希值。然后单击 Request 按钮。
- **response()函数**——确保在 Account 中选中 toAirline 账户。在函数参数框中，粘贴 fromAirline 地址并提供任意数字(如 345)来表示链下数据的哈希值，第 3 个值用来表示请求是被接受(1)还是被拒绝(0，当然该值是基于座位的可用性)。单击 Response 按钮。

- **settlePayment()函数**——确保在 Account 中选中 fromAirline 账户。在函数参数框中，粘贴 toAirline 地址，并指定要支付的结算金额(例如，2 以太币)。单击 settlePayment 按钮。
- **balanceDetails()函数**——单击 balanceDetails 按钮，以 fromAirline 地址为参数，你可以看到你输入的所有详细信息，但由于支付了座位费，因此代管金额减少了 2 以太币。如果你对 toAirline 地址重复这一过程，会看到它(toAirline)的托管金额多了 2 以太币。这就验证了所有函数都是按预期工作的。该验证在区块链仿真器面板的账户余额中也有反映。
- **unregister()函数**——注销操作只能由 chairperson 完成，因为在将托管金额退回给航空公司之前，可能需要检查一些条件。

测试说明

下面是前面测试计划讨论的测试序列的分步说明。该列表测试了你在(Remix)用户界面中看到的航空公司智能合约的所有条目。具体的执行细节会显示在输出控制台上。你应该能够看到函数是否执行成功(控制台上的绿色复选标记)以及许多其他与交易执行和确认有关的细节。可以按照如下步骤进行测试：

(1) 重启 Remix IDE。该操作将区块链环境重新设置为起点，在学习过程中遇到任何错误都可以重启环境。清空控制台，然后使用控制台左上角的 O 符号(底部面板)。

(2) 将代码清单 2.3(Airlines.sol)复制到编辑器窗口。确保使用了正确的编译器版本(在 pragma 行中指定)。

(3) 在右上角的菜单中单击 Compile，然后单击 Deploy。

(4) 在区块链仿真器面板中配置如下内容，然后单击 Deploy：

a. 环境——JavaScript VM

b. 账户——第一个地址(chairperson 的账户，如 0xca3……)

c. 数值——50 以太币(非 Wei)

详见图 2-14。

(5) 通过单击 Deployed Contracts 旁边的向下箭头来打开智能合约。

(6) (自助)注册航空公司 A 和 B：

a. 设置账户为 fromAirline(航空公司 A)的地址(0x147……)

b. 设置数值为 50 以太币(非 Wei)

c. 单击 Register

d. 对 toAirline(航空公司 B)的地址(0x4b0……)重复这一过程

(7) 从航空公司 A 到航空公司 B 再返回，执行一次请求和响应的交易：

a. 在 Account 框中选择航空公司 A 的地址(0x147……)，在 request()函数的参数框中，粘贴航空公司 B 的地址(0x4b0……)，输入 123 作为哈希值，然后单击 Requset。

b. 在 Account 框中选择航空公司 B 的地址(0x4b0……)，在 response()函数的参数框中，粘贴航空公司 A 的地址(0x147……)，输入 123 表示哈希值，1 表示成功，然后单击 Response。

(8) 测试 settlePayment()函数，在 Account 框中输入航空公司 A 的地址，在 Value 框中输入 2 以太币，在函数的参数框中粘贴航空公司 B 的地址，然后单击 settlePayment。图 2-15 显示了这一步骤完成后的账户余额。

(9) 注销，使用航空公司 B 的地址(0x4b0……)作为参数。chairperson 的地址(0xca3……)必须在

Account 框中被选中，否则，交易将恢复到之前的状态。

(10) 单击 balanceDetails，用航空公司 B 的地址(0x4b0……)作为参数，然后查看账户内的余额。也可以在左上角的面板中检查所有账户的余额。

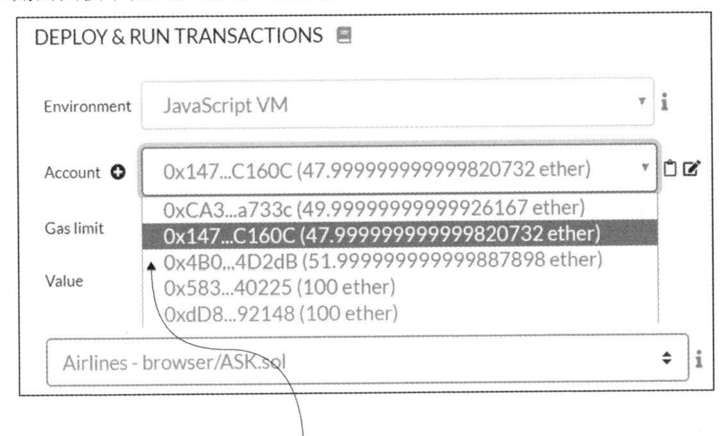

请求/响应/付款交易后各个账户的地址和余额
航空公司A有47.99...个以太币，因为它向航空公司B支付了2个以太币购买座位。
航空公司B有51.99...个以太币。
这些余额出现零头是由于支付了交易服务费

图 2-15　步骤(8)完成后的账户余额

至此，我们结束了对在 Remix IDE 中进行智能合约设计、部署及测试的讨论。请确保你已审查并能理解代码和相关设计。在第 3 章中，我们将进一步扩展智能合约这一区块链核心概念，你将看到如何增强它，使其成为一个完整的去中心化应用(Dapp)。

不可变账本在哪里？

如果你想知道区块链的不可变记录存放于何处，可以单击右侧面板中间的交易记录，然后单击存储的图标(软盘)。编辑器中会打开一个.json 的文件。该文件的内容显示了不可变的记录，记录了交易的时间戳和所有的细节。可以将该文件用于任意数据分析应用程序，以进行验证和审核。

2.8　智能合约设计的重要性

智能合约是不可更改的代码，就好比笔记本电脑、智能手机或计算机中的硬件集成电路芯片。硬件芯片中的代码是被物理地刻录在硅电路中的。智能合约也是如此，当部署智能合约时，它的代码就是最终版，不能被更新，除非内置了特殊的规定。你将在后面的章节中了解相关内容。

我们还看到，所有利益相关者会共享智能合约，这样他们便能够独立地进行确认、验证和达成交易共识，并将交易记录在区块链的分布式不可变账本中。因此，在将智能合约部署到生产环境之前，你必须对其进行完整的设计和测试。虽然智能合约是一个软件模块，但是你无法改变它的内容(不像许多应用和操作系统那样可以每周更新)。智能合约所有的这些特点，都要求你在开始编码前进行精心的设计，然后在编码完成后进行彻底的测试。

对区块链技术而言，智能合约是双刃剑，甚至是软肋。它是一个强大的功能，但如果智能合约设计和编码不当也会造成重大失败。例如，以太坊早期的去中心化自治组织(Decentralized Autonomous Organization，DAO)遭到黑客入侵(网址见链接[9])，最终导致了数亿美元的损失。而最近的 Parity 钱包锁定事件(网址见链接[10])，也导致了资金被代码锁定的问题。DAO 的想法是，通过智能合约向投资者募集加密货币基金，并将其投资于由智能合约决策的各种工具上。在这种情况下，如果智能合约代码中的漏洞被人利用，就可能会导致资金被转移到黑客的账户。在 Parity 钱包案例中，函数的意外删除导致智能合约持有的资金被锁定。前者为黑客行为，后者则是意外事件。从这些备受瞩目的失败事件中总结出的一个重要教训就是，智能合约在部署之前，需要进行细致的设计和测试。这些失误表明了在设计和开发智能合约时遵循最佳实践的重要性。

2.9 最佳实践

现在，你已了解了智能合约的设计和开发，以及区块链应用开发的具体特点，现在是时候来回顾一下相关的最佳实践了：

- **确保你的应用需要区块链功能。**区块链并非所有应用的解决方案。换言之，基于区块链的解决方案和智能合约并非解决所有问题的万能药。那么，它们适合做什么呢？回顾一下第 1 章，区块链解决方案最适合以下场景：
  - 去中心化的情形，这意味着参与者均持有资产，且不必局限于同一个地方。
  - 在没有中间人的情况下进行点对点交易。
  - 在未知的对等人员之间超越信任的边界进行操作。
  - 要求验证、确认并记录在一个普遍使用的、有时间戳的不可变账本中。
  - 拥有规则和政策指导的自主操作。
- **确保你的应用需要智能合约。**要明白，智能合约对链上的所有参与者均可见，并将在所有节点上执行。当你需要一个基于规则、法规或者政策执行的集体协议，并且必须记录决定(及其来源)时，就需要智能合约。智能合约不适用于单节点的计算。它也不会取代你的客户/服务器或者固有的无状态分布式解决方案。智能合约通常是更为广泛的分布式应用的一部分——需要区块链提供服务的部分。
- **保持智能合约代码的简洁、一致及可审计性。**智能合约中指定的状态变量和函数应该各自解决一个问题。不要包含冗余数据或者无关函数。
- **要意识到 Solidity 是经常更新的。**Solidity 依然处于起步阶段，与那些更为成熟的语言，如 Java 相比，其功能和版本的变化要频繁得多。因此，务必将编译器的版本改为与你的智能合约代码匹配的版本。

2.10 本章小结

- 基于区块链的点对点交互，将通过实现可扩展的自动化直接交易来消除中间商的开销。
- 智能合约是区块链上的可执行代码，允许实现加密货币转账以外的其他交易。

- 智能合约的设计流程是，从问题陈述开始，然后是用户和资产分析、用例和合约图设计，以及伪代码编写。
- 应使用特定的高级语言来开发特定区块链的智能合约。在本书中，我们将使用 Solidity 和以太坊区块链。
- 与常规编程不同，区块链上的智能合约需要在特定的区块链环境中进行测试。一个名为 Remix IDE 的一站式集成网络开发环境可用于部署和测试你的智能合约。
- 由于区块链的进步，新的颠覆式商业模式可能会出现，从而最终改善客户的利益和体验，降低成本，并更好地管理紧急情况。这不仅仅是对航空公司而言的，对许多其他面向消费者的企业也是如此。

第3章

信任与完整性技术

本章内容：

- 通过验证、确认和记录来建立信任
- 使用 Solidity 语言特性启用信任
- 使用有限状态机图来描述应用的阶段特征
- 使用 Remix IDE 对智能合约进行渐进式开发
- 测试智能合约的一些技巧

信任和完整性是任何系统的基本要求，但是在一个去中心化系统中，它们尤为重要。因为在这样的系统中，对等参与者的操作，超出了传统的信任界限。在本章中，你将学习如何在基于区块链的解决方案中，添加建立信任和完整性的元素，以支持稳健的去中心化操作。

想象一下，你的邻居想借用你的食品加工机。由于你们之前的互动，你认识并且信任他们，所以你毫不犹豫地与他们分享你的食品加工机。这样的行为，是一个没有中间人的点对点交易。如果你在网上买东西呢？你需要一张信用卡和一个银行账户，或者其他类似的工具来验证你的资质。信用卡公司作为担保方为你和网上供应商之间建立信任创造条件。在这种情况下，信任是根据你的信用等级和其他证书等信息量化的。因此，在供应商和客户之间要想建立信任，至少需要一个中介甚至更多。

这里所述有关信任的案例，只是诸多可能性中的两种而已，从邻居之间简单的点对点交互到复杂的金融系统，信任无所不在。但是，在一个没有组织或者个人作为中介的去中心化系统中，如何解决信任问题？在这样的系统中，谁可以扮演这个角色？区块链当然可以，并且它是个理想的选择，它通过创新的基础设施、独特的协议，以及分布式账本技术，能提供自动化的信任中介。它通过验证、确认以及协议级的共识，并通过其分布式的不可变记录来解决信任和完整性问题。

在本章中，你将学习基于区块链的去中心化系统背景下的信任和完整性。你将学会用其他技术来设计智能合约，以提高在第 2 章中所开发的系统的可信度。通常，实现信任的技术，如访问控制、加密和数字签名等，往往也能解决系统的完整性问题。我们将在本章重点讨论访问控制方面的问题，并在第 5 章探讨加密和哈希技术。

本章介绍了一个新的用于数字民主投票的去中心化应用(Ballot)，以及一个新的有限状态机(Finite State Machine，FSM)设计图。本章还说明了 Solidity 特性的使用，包括修饰符和 require()、assert()

声明来实现验证和确认等。

3.1　信任和完整性的要素

图3-1中的两个四边形图，代表了信任和完整性的构成要素，其中一个显示信任的构成要素，另一个则显示完整性的构成要素。我们可以花几分钟回顾一下图3-1，在进一步探讨相关概念之前，我们先找出信任和完整性的各个组成部分。

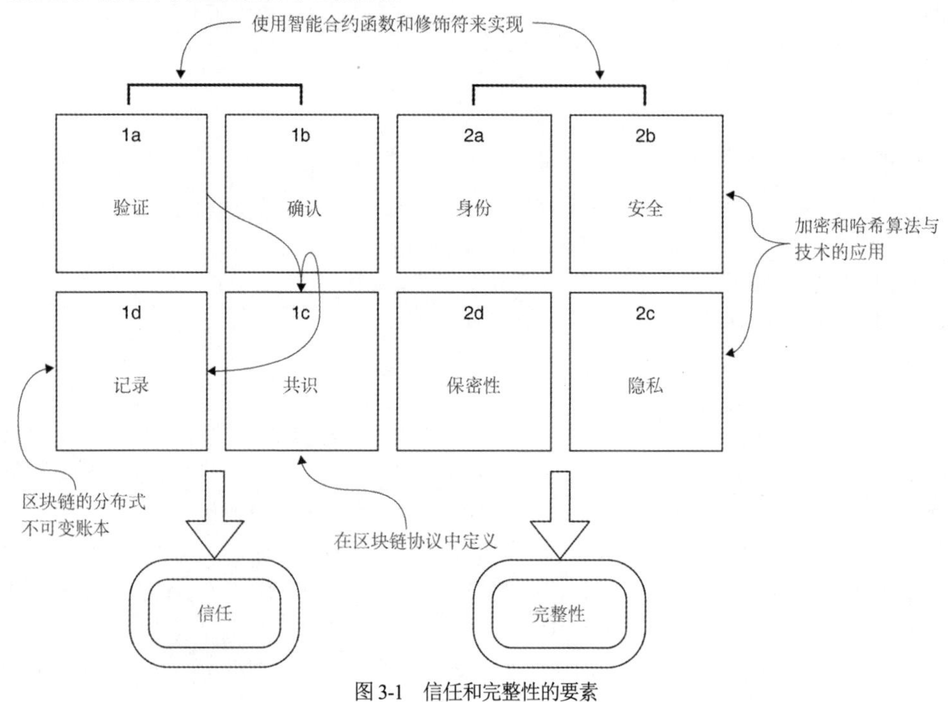

图3-1　信任和完整性的要素

3.1.1　信任

在不同的背景下，信任意味着不同的东西。信任是任何系统成功的基本标准。因此，让我们首先在基于区块链的去中心化系统中定义信任。

定义 信任是对一个系统中对等参与者的可信度的衡量。基于区块链系统的信任，是通过验证和确认相关参与者的数据和交易，以及使用利益相关者的共识对适当的信息进行不可变记录来建立的。

可通过验证和确认来建立信任。这在图3-2中被显示为信任的基本要素(1a和1b)。通常情况下，人们会交替使用验证(verification)和确认(validation)这两个术语。对于智能合约的开发，我们会对这两个术语进行区分。这种澄清有助于更好地设计和开发智能合约。

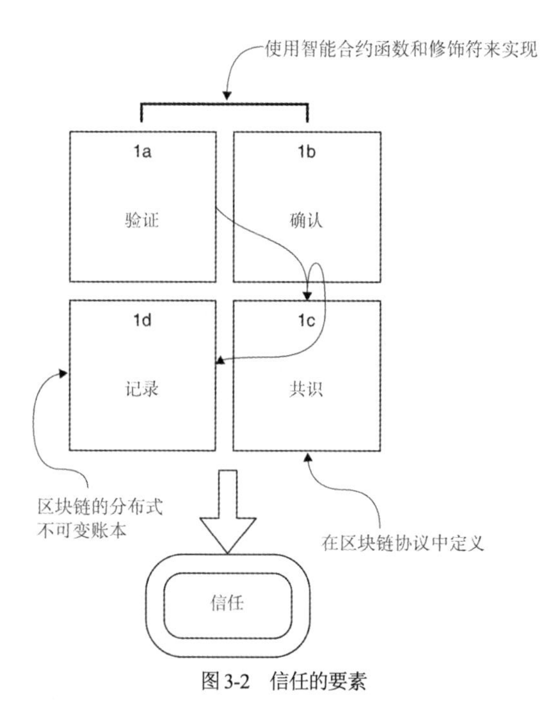

图 3-2　信任的要素

为了便于理解确认和验证之间的区别，让我们借助真实世界中的例子：

- 验证(1a)类似于运输安全管理局(TSA)人员在机场安全检查站检查你的身份。验证是一般规则。
- 确认(1b)类似于航空公司登机口工作人员确认你有一个有效的登机牌。确认是关于特定应用的规则。
- 记录(1d)类似于 TSA 和航空公司的集中式数据库，根据旅客的状态进行更新。就区块链而言，不同之处在于，记录是存在于分布式不可变账本上的，并且使用共识协议(1c)。

可以这样理解，验证是处理问题空间中的一般或者全局需求，而确认则是特定于应用或数据的。在区块链应用中，交易是根据一般性规则及特定于应用的规则和条件进行验证和确认的。

图 3-2 所示的信任四边形图底部的两个单元(1c 和 1d)，即共识和不可变的分布式账本记录，则是区块链协议的责任。共识过程的目的，是确保一套一致的交易(一个区块)会被记录在区块链上。如第 1 章所述，节点构成区块链网络。由共识过程选择的每个区块的精确副本，都被记录在所有的分布式节点上。区块链被认为是不可变的，因为每个节点或利益相关者都有一个副本。没有一个节点可以在其副本与其他节点不同步的情况下发生更改。区块链协议和基础设施决定了信任图的这两个单元(共识和记录)所需的规则和软件。当你在协议层上做开发时，可以只专注于信任的这两个方面。而作为一个应用开发者，你只需要设计应用程序特定的验证和确认(1a 和 1b)。

3.1.2　完整性

完整性决定了参与者的真实性，包括他们所发送的信息、数据和对系统的操作是否真实。

定义　在区块链中，**完整性**意味着要确保数据的安全和隐私，以及交易的保密性。

完整性，如图 3-1 的第二个四边形所示，首先是实现唯一地识别节点上的对等参与者的方法。在一个去中心化的系统中，并没有类似于中心化系统那样的用户名和密码来识别参与者是谁。区块链中的账号地址是为参与者指定唯一身份的简单方法。完整性的要素——身份、安全、隐私，以及保密性(图 3-1，2a 至 2b)——主要是基于私有-公共密钥对的概念。你将在第 5 章中学习如何结合使用密码学和哈希算法来实现参与者数据的安全和隐私性保护。然后，你将在第 7 章中学习保密性(图 3-1，2b)及其在微支付渠道应用中的实现。

在本章中，你将为特定应用的信任和完整性设计智能合约。投票智能合约演示了验证、确认，以及身份和隐私方面的内容。让我们探索如何应用这些功能来解决一个众所周知的民主问题。自从互联网出现以来，数字民主一直都是想要实现的理想。投票也是一个令人兴奋的话题，引起了广泛的兴趣。在这里我们将解决投票问题，从而允许一组去中心化的参与者进行电子投票。

3.2 数字民主问题

数字民主涉及许多方面，从印度的简单数字身份证，到爱沙尼亚的电子居留权等。在本章中，将关注通过数字化实现民主的系统，如基于互联网的通信和信息系统——特别是使用基于互联网的电子投票系统来代替纸质选票或者是机械设备。让我们从问题陈述来开始这一过程。

问题陈述 有这样一个在线投票应用。人们通过投票，从一组提案中选择一个提案。主席可以对投票人进行登记，只有登记的选民才可以对他们选择的提案进行投票(只有一次机会)。主席的投票权重为普通选民的 2 倍(×2)。投票过程需要经过 4 个状态(初始化、登记、投票、完成)，各个操作(初始化、登记、投票、计票)只能在相应的状态下进行。

3.2.1 设计解决方案

我们将应用你在第 2 章中学到的设计原则，这些原则在可以附录 B 中看到。在开始设计之前，请回顾一下这些原则。

以下是解决投票问题的建议步骤：

(1) 运用设计原则 1、2 和 3 设计用例图。然后使用该图识别用户、数据资产和交易。

(2) 运用设计原则 4 设计合约图，以定义数据、修饰符，或者是用于验证和确认的规则及函数。

(3) 使用合约图，在 Solidity 中开发智能合约。

(4) 在 Remix IDE 中对智能合约进行编译和部署，并对其进行测试。

该投票问题让我们有机会添加另一种 UML 设计图：有限状态机(FSM)模型，以表示投票过程的各个阶段。

3.2.2 用例图

让我们使用 UML 用例图来分析选票问题。该图是实现识别用户、资产及交易的设计原则的起点。用例图如图 3-3 所示。主要的角色及其作用如下：

- **主席**可以登记选民，也可以自行登记和投票。

- **选民**可以投票。
- **任何人**都可以请求查看投票过程中的获胜者或结果。

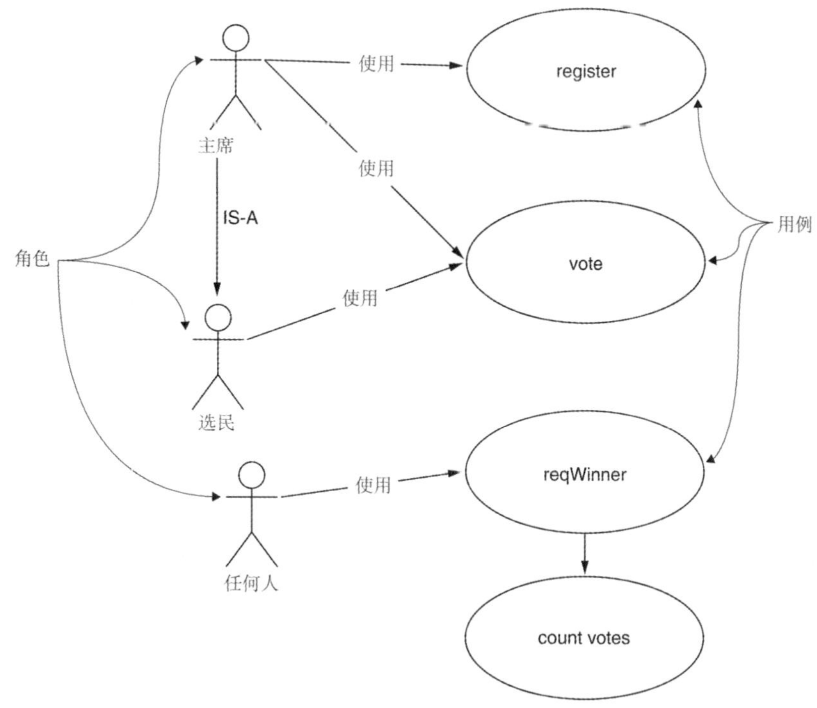

图 3-3 投票用例图

在这个简单的示例中，每次调用 reqWinner()函数，都会计算选票。虽然这种实现方式并不高效，但是你可以暂时保留它。在以后的版本中，可以对该代码库进行改进。这张图还捕捉到了问题的一个需求：主席也是一个选民。IS-A 的专业化关系就显示了这一点：主席是一个选民，如图 3-3 所示。用例是 register、vote 和 reqWinner。计算选票函数是一个内部函数，即图 3-3 中的 count votes。

3.2.3 渐进式代码开发

投票问题的代码开发，将分为四个步骤，采用渐进式开发，以便你学习智能合约的开发过程。同时，这个过程也可以让你通过实例学习 Solidity 语言的特点。开发过程中的 4 个步骤如下：

(1) **BallotV1**——定义智能合约的数据结构，并对其进行测试。

(2) **BallotV2**——添加构造函数和更改投票状态的函数。

(3) **BallotV3**——添加智能合约的其他函数和修饰符，说明如何使用 Solidity 功能实现信任。

(4) **BallotV4**——添加信任元素 require()、revert()，以及 assert()，还有函数访问修饰符。

现在，让我们根据问题陈述和用例分析，列出系统的用户、数据资产和交易。

3.2.4 用户、资产和交易

下面运用设计原则 3。回顾一下问题陈述，我们的目标是让用户通过投票从众多可用的提案中选择一个。根据图 3-3 中的用例分析，投票系统的用户包括：主席、选民(含主席)，以及任何对投票结果感兴趣的人。

在这种情况下，数据资产就是选民要投票的提案。当然，你也需要跟踪选民(无论他们是否投票)及他们投票的权重。回想一下，主席也是一个选民，他的投票算作双倍，即权重=2。让我们以此分析为指导，对确定的两个数据项：选民和提案进行编码，如代码清单 3.1 所示。问题陈述中指定的投票阶段，也被编码为枚举，或者枚举数据类型。枚举，是 Solidity 提供的一种内部数据类型。选民类型和提案类型则使用 struct 结构定义。还定义了一个特殊的选民，主席。mapping 数据结构将选民账户地址映射到了选民的详细信息。数组则定义了正在进行表决的提案(数字)。

代码清单 3.1 数据项(BallotV1.sol)

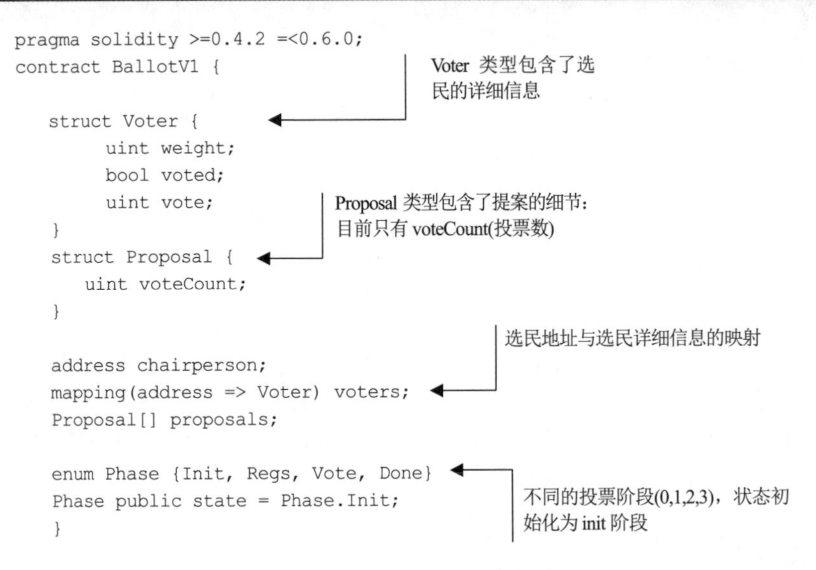
Voter 类型包含了选民的详细信息
Proposal 类型包含了提案的细节：目前只有 voteCount(投票数)
选民地址与选民详细信息的映射
不同的投票阶段(0,1,2,3)，状态初始化为 init 阶段

```
pragma solidity >=0.4.2 =<0.6.0;
contract BallotV1 {

   struct Voter {
        uint weight;
        bool voted;
        uint vote;
   }
   struct Proposal {
      uint voteCount;
   }

   address chairperson;
   mapping(address => Voter) voters;
   Proposal[] proposals;

   enum Phase {Init, Regs, Vote, Done}
   Phase public state = Phase.Init;
   }
```

你可以在 Remix IDE 中输入该代码。这一步可以检查数据项的语法，以及任何公共变量的值。创建 BallotV1.sol 智能合约，然后复制代码清单 3.1 的内容。如果你启用了即时编译器(位于 Remix IDE 的左侧面板)，那么在任何有语法错误的代码旁边，你就能看到一个红色的 X 标记。纠正所有的错误，然后编译代码。你会看到左侧面板中的编译图标上有一个复选，表明编译过程是成功的。要确保将环境设置为 JavaScript VM，然后单击 Deploy & Run Transactions 图标，再单击左侧面板中间的 Deploy 按钮(橙色)。

你应该看到，用户界面上有一个 state 按钮。单击该按钮，可以看到它的值为 0，这是 Phase.Init 的状态值。在代码编辑器中将状态值调整为 Phase.Done，然后重复编译和执行的步骤，并再次单击 state 按钮，此时 Phase.Done 的状态值为 3。如图 3-4 所示，运行了 3 次测试。注意，变量 state 可用于用户交互(测试)，因为它在代码中被声明为公共的。如果你从 state 中移除公共可见的修饰符，那么将无法在用户界面中看到 state 按钮。

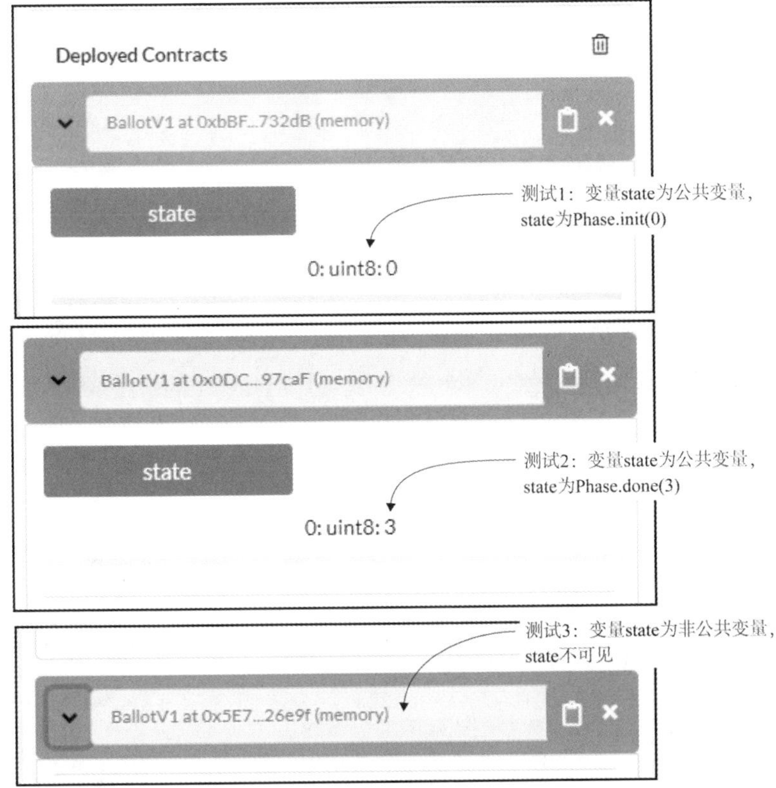

图 3-4　3 次运行时的 Remix 用户界面(state=0，state=3，state 为非公共变量)

现在，你已完成了一个简单的练习，并能确保所有的数据定义没有语法错误的。在此过程中，你还了解了一些关于 Solidity 语言的类型——枚举和数组。并且再次使用了 struct、mapping，以及 public 修饰符。注意，Remix IDE 允许你在添加函数之前先检查数据元素的语法，这有助于代码的渐进式开发。该步骤在你开始函数编码之前测试数据结构很有用。

3.2.5　有限状态机图

图 3-3 中的用例图，只提供了静态的细节，它无法描述投票过程中涉及的动态时间点和状态转换。此外，该图也无法显示操作顺序：先登记期、投票期，之后确定获胜者。现在，你该明白为什么需要另一张描述系统动态的设计图了吗？

为表示系统的动态情况，你可使用 UML 的有限状态机，或称为 FSM 图。FSM 在正规的计算机科学和数学中很常见，但它也是一个通用的 UML 设计图，一张极为重要的图表，因为它代表了智能合约经历的各种状态变化，这些状态的变化取决于时间和其他条件。通常情况下，这些条件和规则是基于现实世界中的合同或过程的各阶段设计的，这就使我们想到了设计原则 5。

设计原则 5　使用有限状态机 UML 图来表示系统动态，如智能合约内的状态转换等。

在投票过程中，首先要对选民进行登记，而且要给出登记和投票的截止日期。在美国的一些州，需要在选举日前 30 天进行登记，而对于现场的选民而言，投票则往往是在 1 天内完成的。如果是

这样的话，那么

- 登记必须在投票前和特定的截止日期之前完成。
- 投票过程的函数按一定顺序执行。
- 投票只在特定时间内开放。
- 只有在投票完成后才能确定获胜者。

让我们运用设计原则 5，用状态图来捕捉动态，如图 3-5 所示，该 FSM 由以下几部分组成：

- 状态，包括一个起始状态和一个或者多个结束状态，习惯用双圆圈表示。
- 转换，从一个状态到另外一个状态。
- 状态转换的输入(T+0，T+10 天，T+11 天)。
- 转换期间有 0 个或者多个输出。登记(Regs)、投票(Vote)、计票(Done)在相应的状态下进行，如图 3-5 所示。

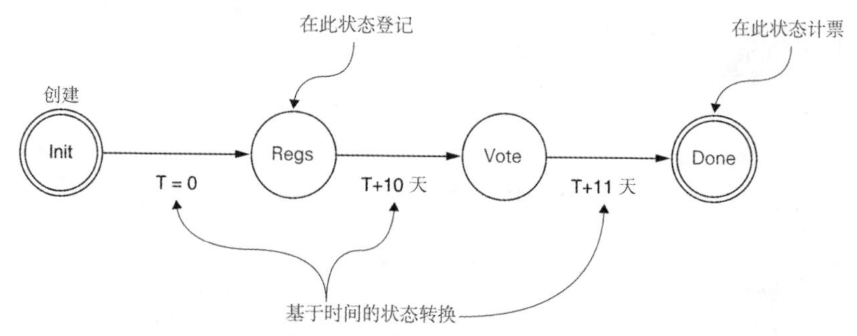

图 3-5 投票状态转换的 FSM 设计

早些时候，我们定义了代表投票问题的 4 个阶段或者状态。这 4 个阶段分别为 Init、Regs、Vote 和 Done。系统在 Init 阶段初始化后开始运行，然后转换到 Regs 阶段，在此阶段可以进行登记。经过 10 天(在本示例中)的登记期后，系统进入 Vote 阶段，投票进行 1 天，然后进入 Done，(投票)完成阶段，此时就可以申请获胜的提案了。在这种情况下，状态转换是基于时间的，或者说是时间驱动的。如图 3-5 所示，T=0，T+10，以及 T+11 限制了每个阶段的持续时间。在对智能合约进行编码以实现信任时，必须捕捉这些用于在投票过程中进行转换的动态规则。

现在，我们将设计图中的表示转换为代码，如代码清单 3.2 所示。该代码清单，BallotV2.sol，包含代码清单 3.1 BallotV1.sol 中的所有内容，并加上了一个构造函数和另外一个函数：changeState()。枚举类型 Phase 用来设置状态变量 state。让我们假设投票过程的主席通过调用参数值为 0、1、2 或者 3(代表 4 个阶段)的 changeState()函数来控制状态转换的时间。

代码清单 3.2 投票阶段解决方案(BallotV2.sol)

```
// include the code from BallotV1.sol, not shown here

enum Phase {Init, Regs, Vote, Done}
    // Phase can take only 0,1,2,3 values: Others invalid

Phase public state = Phase.Init;
```

内部编码为 0、1、2、3

构造函数让合约部署者为主席

```
constructor (uint numProposals) public {
      chairperson = msg.sender;
      voters[chairperson].weight = 2; // weight 2 for testing purposes
      for (uint prop = 0; prop < numProposals; prop ++)
           proposals.push(Proposal(0));
      }
```

提案的数量是构造函数的参数

状态改变函数

```
    // function for changing Phase: can be done only by chairperson
    function changeState(Phase x) public {
       if (msg.sender != chairperson) {revert();}
       if (x < state) revert();
       state = x;
    }
    }
```

只有主席可以改变状态；否则恢复原状

状态必须按照 0、1、2、3 的顺序进行；否则恢复原状

在代码清单 3.2 中，只显示了 BallotV2 的构造函数和 changeState()函数。当你把这段代码复制到 Remix IDE 中时，一定要在前面加上代码清单 3.1 的内容。完整的 BallotV2.sol 的代码可以在本章的代码库中找到。

让我们回顾一下这段代码。起初，state 变量被静态初始化为 Init。通过调用构造函数，账户(msg.sender)被指定为主席。更确切一点，我们可以说主席通过部署智能合约来启动投票过程。提案的数量被初始化，而主席的投票被赋予 2 的权重(一个任意值)。投票阶段的更改受到函数 changeState()的影响。也可强制规定，只有主席才可以将阶段从一个转换到另外一个，并且 Phase 只能从{Init，Regs，Vote，Done}中取值，即取{0,1,2,3}中的值。你想让阶段从 Init 进展到 Done，中间通过 Regs 和 Vote 阶段。让我们探讨一下这一切是如何进行的：

(1) 将 BallotV2.sol 智能合约的代码输入 Remix IDE 中，并检查状态改变函数的功能。

(2) 编译并部署智能合约，单击 Deploy 按钮时将 3 作为参数，这表示一共有 3 个提案可供投票。每次单击 Deploy 时，其右边的方框中的值，都要设置为要投票的提案编号。

(3) 单击用户界面中的 state 按钮，显示 0 作为状态值。

(4) 单击 changeState，使用 1 作为参数，并检查 state 的值，此时显示 Regs 为 1。

(5) 对其他参数值重复上述测试。

也可看到，如果为参数提供的是无效的值，函数就会回退。如果为 changeState()函数提供一个负值作为参数，以太坊 VM 本身就会抛出一个错误。

代码清单 3.2 所示的代码，为任何需要通过状态变化进行转换的智能合约设计提供了一个通用模式。在代码清单 3.2 中，状态转换的规则(用于验证)就像在其他普通的代码中一样，也是使用 if 语句进行声明。最好将规则的定义与函数的实际代码分开，以强调智能合约作为信任中介的作用。这就是我们接下来要做的。

3.2.6 信任中介

通常，有问题的验证、确认以及异常均由执行规则和检查条件来处理。此外，在基于区块链的应用中，你应该回退或者终止任何违反信任(由规则表示)的交易，以防止不良或者未经授权的交易成为区块链不可变账本的一部分。这是区块链编程和传统分布式应用开发的一个关键区别。那么，如何实现这些规则和要求呢？

Solidity 提供了各种语言特性和功能来满足这些信任需求。这些语言特性如下：

- 修饰符用于指定访问控制规则，以验证和管理谁拥有对数据和函数的控制权，从而建立信任和隐私。例如，只有主席才能够注册成员等。这些修饰符也被称为访问修饰符，以区别于函数和数据的可见修饰符(公共和私有)。
- require(condition)声明用于作为参数传递的条件进行验证，如果检查失败，则交易回退。该特性通常用于参数的一般性验证(如 age> 21)。
- revert()语句允许你回退一个交易，可以防止它被记录在区块链上。该特性常用于修饰符的定义。
- assert(condition)声明用于在函数的执行过程中验证变量或者数据的条件，如果检查失败，则回退交易。该特性常用于验证你不希望出现异常的条件，例如在巡航期间对海里的人数进行验证。另一个例子是，如果你的银行账号中没有足够的余额，则停止支付账单。

3.2.7 修饰符的定义及使用

正如你在第 2 章中学到的，修饰符是 Solidity 提供的一种特殊的编程语言结构，用于在智能合约中实现验证和确认规则。让我们首先回顾一下如何定义它们，然后再进一步探讨如何有效地使用它们。

代码清单 3.3 显示了修饰符的语法，有点类似函数定义：

- 有一个带有名称和参数列表的标题行。
- 有一个主体，在一个 require 语句中指定要检查的条件。
- 第三行的后面跟着_;，代表修饰符后面是实际上要使用的代码。该符号代表修饰符所要守护的代码。

代码清单 3.3 修饰符定义语法及示例

```
modifier name_of_modifier (parameters)      ← 修饰符语法
{ require { conditions_to_be_checked};
     _;
}

modifier validPhase(Phase reqPhase)         ← validPhase 规则的实际
{ require(state == reqPhase);                  修饰符定义
    _;
}
```

下一个代码清单显示了一个修饰符的使用实例。这里，它正在验证投票过程的状态是否处于参数 reqPhase 指定的正确阶段。

为何要将修饰符定义与函数定义分开？其实是为了将验证、确认以及异常分离，以便代码能够清晰地阐明智能合约为实现信任和完整性而执行的规则。特殊的关键字 modifier 可以被智能合约审核员(手动或者自动)使用，以确保预先定义所有规则并按预期使用。当代表一个规则的修饰符被定义后，它可以使用任意次数，就像函数调用一样。这种模式，使得你可以轻松地审查应用规则的代码位置。

现在，我们来看看如何在代码中调用修饰符。代码清单 3.4 展示了一个实际的函数 register()，它使用了修饰符 validPhase。修饰符位于该函数的头部。检查条件的传统代码，也在代码清单的第 2 行中，并被注释掉了。你可以看到，相对于这一行(if 语句)而言，修饰符更具优势。对函数头进行的审查表明，在函数执行任何操作之前，都需要检查投票过程的状态(必须是 Phase.Regs)。

代码清单 3.4　使用修饰符

函数头中使用修饰符；如果条件不满足，则交易被回退

```
function register(address voter) public validPhase(Phase.Regs) {
        //if (state != Phase.Regs) {revert();}
        if (msg.sender != chairperson || voters[toVoter].voted) return;
        voters[voter].weight = 1;
        voters[voter].voted = false;
        ...
    }
```

等效的传统代码

使用修饰符作为信任实施者(中介)正是设计原则 6 的内容。

设计原则 6　通过使用修饰符指定智能合约中的规则和条件，可实现信任中介所需的验证和确认。通常，验证会涵盖关于参与者的一般性规则，而确认会涵盖检查特定应用数据的条件。

让我们将所有这些概念放入下一个综合设计表示：合约图。

3.2.8　包含修饰符的合约图

在本节，你将基于目前的分析和设计来开发一张合约图(设计原则 4，参考附录 B)，列出 Ballot 智能合约编程所需的数据结构和函数。在图 3-6 所示的合约图中，你可以看到，在数据定义后的修饰符框中，定义了一个名为 validPhase 的修饰符。在本示例中，我们只定义了一个修饰符的例子，以帮助你理解修饰符的功能。

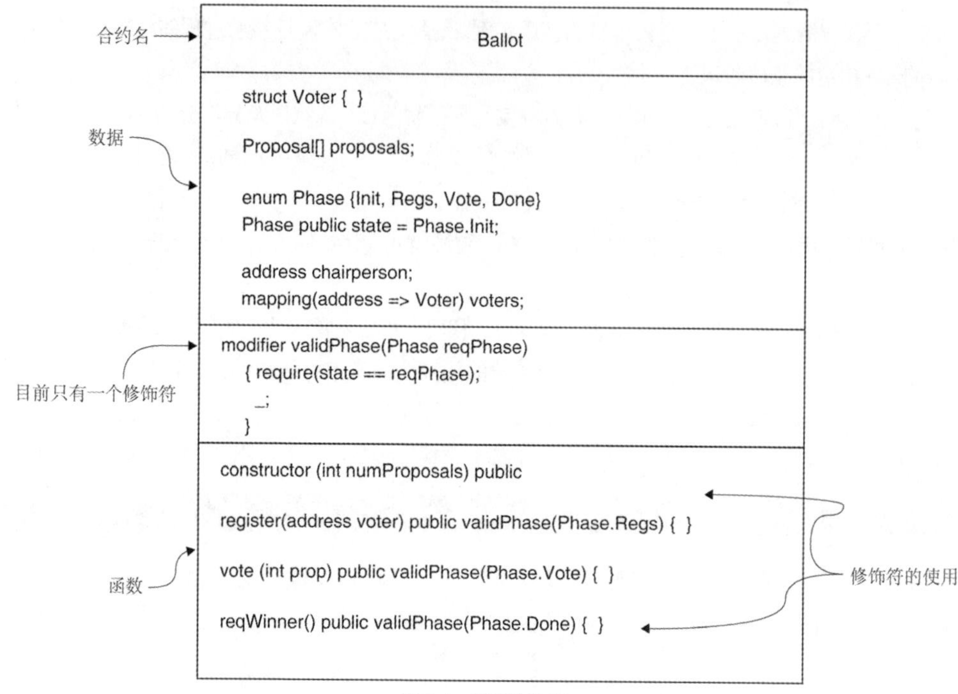

图 3-6 投票合约图

注意，修饰符 validPhase 有一个参数 Phase reqPhase。在合约图的函数一栏中，可以看到 3 个函数的头部重复使用了 validPhase 修饰符。注意，在不同的函数头部中，validPhase 修饰符是通过 3 个不同的实参——Regs、Vote 和 Done 调用的。这说明了修饰符的灵活性和可重用性。在每个函数之前，修饰符都会被应用并使用实参来执行。在修饰符内部，该实参会与投票过程的当前状态进行比较。如果它与函数调用时的状态不匹配，函数调用就被回退。并且不会执行或记录在区块链上。这种确认，就是修饰符的用途所在。

现在，你可以继续根据合约图中指定的细节完成 Ballot 合约的 Solidity 代码。

3.2.9 汇总代码

Solidity 的完整代码如代码清单 3.5 所示。这里只给出了函数的内容，因为我们已在之前的代码清单 3.1~3.4 中回顾了数据和修饰符的定义。在此之前，你只是看到了函数的模板，现在是完整的代码。注意，该段代码包含了 Phase 组件，用以说明状态转换、基于 FSM 的动态设计，以及基于修饰符的确认的用法。

代码清单 3.5 带有修饰符 validPhase 的解决方案(BallotV3.sol)

```
// include listing 3.1 data here

  // modifiers
  modifier validPhase(Phase reqPhase)
    { require(state == reqPhase);
```

```
        _;
    }

  constructor (uint numProposals) public {
      chairperson = msg.sender;
      voters[chairperson].weight = 2; // weight 2 for testing purposes
      for (uint prop = 0; prop < numProposals; prop ++)
         proposals.push(Proposal(0));
      state = Phase.Regs; // change Phase to Regs

  }

  function changeState(Phase x) public {
      if (msg.sender != chairperson) {revert();}
      if (x < state ) revert();
      state = x;
  }


  function register(address voter) public validPhase(Phase.Regs) {
      if (msg.sender != chairperson || voters[voter].voted) revert();
      voters[voter].weight = 1;
      voters[voter].voted = false;
  }

  function vote(uint toProposal) public validPhase(Phase.Vote) {

      Voter memory sender = voters[msg.sender];
      if (sender.voted || toProposal >= proposals.length) revert();
      sender.voted = true;
      sender.vote = toProposal;
      proposals[toProposal].voteCount += sender.weight;


  }
  function reqWinner() public validPhase(Phase.Done) view returns (uint
  ➥ winningProposal) {

      uint winningVoteCount = 0;
      for (uint prop = 0; prop < proposals.length; prop++)
          if (proposals[prop].voteCount > winningVoteCount) {
              winningVoteCount = proposals[prop].voteCount;
              winningProposal = prop;
          }
  }
```

由主席下令更改投票状态

使用 if 语句进行显式验证

在函数头部使用的 validPhase 修饰符

查看函数，Tx 不会记录在链上

storage 和 memory 变量

在 vote 函数中，你会发现一个局部变量 Voter struct。在 Solidity 中，变量可以被定义为 storage(持久的，被存储在区块中)或者 memory(瞬时的，不会存储在区块中)。默认情况下，简单变量是 memory 类型的，它是暂时的，并且不会被记录在区块中。struct 数据结构默认情况下是一个 storage 变量，所以在使用它时需要声明它是 memory 类型还是 storage 类型。在 vote 函数的例子中，我们将其局部变量 Voter struct 定义为 memory 类型，这样它就不会浪费区块中的空间。当你在函数中定义 struct 作为局部变量时，你必须显式地声明它是 memory 还是 storage 类型。

函数说明

这里共有 5 个函数，包括构造函数：

- constructor()——在部署智能合约时调用该构造函数。部署该合约时使用的是主席账号。构造函数将待投票的提案编号作为参数，然后初始化数据元素和投票阶段的状态(从 Iint 到 Regs)。
- changeState()——该函数将投票的状态设置为正确的阶段。它只能由主席执行，而且参数值必须为正确的顺序(1，2，3)。在第一次转换到 register()、vote()以及 reqWinner()之前，只能从主席账户的地址执行该函数。语句 if (x < state) revert();只能简单地推进状态的转换。这里的状态改变只是基础版本，在后面的第 4 章中，会将其改进为通用版本。
- register()——该函数只能由主席执行，否则会回退，不予执行。如果 voted 这一布尔变量为 true，并且 state 不是 Phase.Regs，那么也会回退。
- vote()——该函数只能在投票阶段(Phase.Vote)执行。该规则是由修饰符(规则) ——validPhase (Phase.Vote)强制执行的。你可以观察到对“一人一票”规则和提案编号的确认。投票结束时，状态将被主席变更为 Phase.Done。
- reqWinner()——该函数用于计算票数，并通过其编号来确定获胜的提案。每次调用该函数时，它都会执行计数。在测试期间，这没有问题，因为你可能会调用该函数一到两次。但是对于生产来说，可能要优化它(在未来的设计中，还要把该函数移到链下，或者智能合约代码之外)。注意，该函数是一个用于“查看”的函数，所以它不会被记录在区块链上。

在继续使用 Remix IDE 对 Ballot 进行完整的测试之前，请先回顾一下这些函数的作用。

3.3 测试

智能合约测试是 Dapp 设计中的一个关键步骤。在第 10 章，我们将致力于编写自动化测试脚本。在本章，你将学习关于测试的基础知识，为测试驱动开发奠定基础。

将投票问题的代码加载进 Remix IDE 中，文件名称为 BallotV3.sol，然后对其进行编译。单击 Deploy & Run Transactions 图标，在 JavaScript VM 中，在面板左上方的 Account 框内选择一个账户地址。在 Deploy 按钮的右边，你会看到一个提案编号的输入框。这里输入提案编号(如 3)，然后单击 Deploy。该动作将调用构造函数，并以提案编号(3)作为参数。

现在，你应该已熟悉 Remix IDE 的各个区域了。图 3-7 显示了 Ballot 智能合约测试期间的截图。在测试期间，你可使用左侧面板底部由 Remix 提供的用户界面。你可以在中间面板的底部的输出控制台中看到执行结果，位于代码的下方。在你部署了 Ballot 智能合约并以 3 作为提案编号之后，单击 state 按钮。它应该显示 1，代表 Phase.Regs(映射为枚举中的 1)。在这一阶段，你可以注册账户(选民)。注意，在该特定的解决方案之中，你不会使用 Init 状态，尽管它在问题中已被定义了。

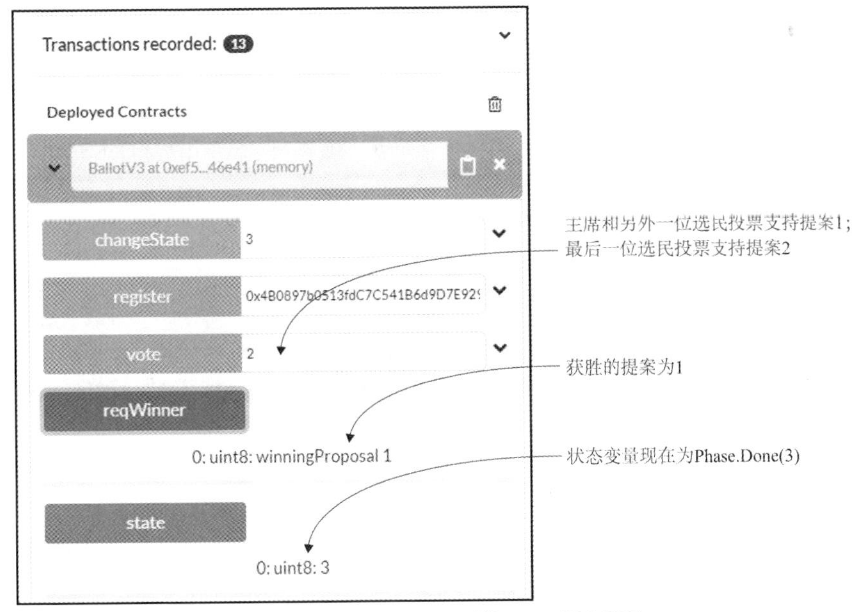

图 3-7 执行 BallotV3.sol 后的 Remix 用户界面

为方便测试，从 Remix 中复制主席和选民的账号(如表 3.1 所示)，并将其保存在方便的地方(如数字记事本)。这些账户是 Remix IDE 中 15 个可用测试账户中最后面的 5 个。由问题陈述(见 3.2 节)以及用例图(见图 3-3)可知，主席也是一个选民，而且他的投票权重为普通选民的 2 倍。

注意 表 3.1 中的 5 个账户曾经是 Remix IDE(2019)以前版本中仅有的 5 个账户。较新版本的 Remix IDE(2020)中额外还有 10 个测试账户，这些账户都是随机的，这就意味着每次重新加载时这些账户都不一样。这里选择使用 Remix IDE 的账户下拉列表底部的 5 个永久性账户。要注意未来版本的变化，并做出相应的调整。

表 3.1 账户及其角色

账户地址	角色
0xca35b7d915458ef540ade6068dfe2f44e8fa733c	主席 &选民(权重=2)
0x14723a09acff6d2a60dcdf7aa4aff308fddc160c	选民(权重=1)
0x4b0897b0513fdc7c541b6d9d7e929c4e5364d2d	选民(权重=1)
0x583031d1113ad414f02576bd6afabfb302140225	选民(权重=1)
0xdD870fA1b7C4700F2BD7f44238821C26f7392148	另一个选民

一个稳健的测试过程应该包含两种不同类型的测试：

- **正面测试**——当给定一组有效的数据输入时，要确保智能合约能够正确地执行，并达到预期效果。
- **负面测试**——当给定无效的数据输入时，要确保智能合约在验证和确认过程中能够捕获到错误，并确保函数可以回退。

3.3.1 正面测试

让我们从正面测试开始，在 Remix IDE 中按如下步骤操作：

(1) 额外注册 3 个选民(之前构造函数已注册了主席)。从账户下拉框中复制并粘贴第 2 个账户号码(0x147...)到 register()函数的参数框中。可以从你的记事本中复制它，或者使用 IDE 中位于账户的右侧的复制按钮。要确保主席的账户(0xca3...)在 Account 框中已被选中，然后单击用户界面上的 register 按钮。记住，只有主席才可以注册选民。

(2) 重复步骤 1，再添加 2 个选民账户。

(3) 使用 stateChange()函数，将状态改为 2 或者 Phase.Vote(在单击 stateChange 按钮之前，请确保主席的账户已在 Account 框中选中)。单击代表公共变量 state 的 state 按钮。如果你看到了数字 2，就可以投票了。

(4) 在 Account 框中选择主席的账户，在 vote()函数的参数框中输入 2。也就是说，主席要对 2 号提案进行投票，然后单击 vote 按钮。

(5) 在 Account 框中，选择在本测试序列步骤 1 中注册的第 2 个账户。在 vote()函数的参数框中输入 1 作为提案编号，然后单击 vote 按钮。

(6) 对另外 2 个选民账户重复步骤 5。现在，你已准备好测试结果了。

(7) 通过使用参数为 3 的 stateChange()函数来改变状态(使用主席的账户)。state 现在应该为 Phase.Done，或者 3。现在你可以调用计数函数 reqWinner()。单击 reqWinner 按钮，此时获胜者应该显示为 1 号提案。

这一步是正面测试的结果。如果你愿意，也可对 Remix IDE 提供的测试链中的所有账户进行详尽的正面测试。

注意 要熟练使用用户界面时可能需要多一点练习，请多一些耐心。另外，你访问 Remix IDE 时显示的账号可能会与这里显示的有所不同。

3.3.2 负面测试

现在，让我继续讨论负面测试。这些测试可能是一个涵盖所有可能的详尽测试列表，也可能是一个仅涵盖最大可能的最小测试集。不妨以下面的测试方案和行动计划为指导开发应用所需的其他测试。这里给出了 3 个有代表性的负面测试方案，以及在 Remix IDE 中执行它们的步骤：

● 使用其他账户(非主席账户)注册一个选民。在 register()函数的常规代码验证中，该交易应该被拒绝。

  从左侧面板的账户下拉列表中，选择一个主席之外的账户(比如 0x147...)。回想一下，第一个账户是主席的指定账户。现在，将表 3.1 第 1 列中的任何一个选民账户复制并粘贴到 register()函数的参数框中，然后单击 register 按钮。这里的函数调用应该会出错，你可以在中央面板底部的控制台中看到。图 3-8 显示了错误和回退的信息。

```
transact to BallotWithModifiers.register errored: VM error: revert.
revert  The transaction has been reverted to the initial state.
```

图 3-8 Remix 控制台中有关 register()函数的错误和回退信息

- 当智能合约处于 Phase.Done 的状态时，一个账户试图进行投票。修饰符 validPhase 应该拒绝该交易。
  通过单击用户界面上的 state 按钮，以确保你处于 Phase.Done 状态。它应该显示本阶段为 3。从左侧面板的账户下拉列表中选择主席的账户(0xca3…)。在 vote()函数的参数框中输入一个数字(0~2)，然后单击 vote 按钮。由于 vote()函数中的修饰符 validPhase 会验证当前是否处于正确的阶段，因此该交易应该会出错并回退。也可在控制台看到该错误。
- 一个账户试图为一个不存在的提案号投票。该交易被 vote()函数的条件拒绝。
  该测试同样与 vote()函数有关。单击用户界面右上角的 X 按钮，关闭当前部署。通过单击 Deploy 按钮并输入 3 作为构造函数的参数来重新部署合约。注册一个账户作为选民，并将状态改为 2 或者 Phase.vote。然后在 vote()函数的参数框中输入一个数字(>=3)，再单击 vote 按钮。因为有效的提案数字为 0、1、2，因此这里会出错，毕竟 vote()函数中的条件是 toProposal >= proposals.length。

这些例子可以让你了解如何测试智能合约。在本示例中，你是在 Remix IDE 提供的界面中手动进行测试，然后在控制台中查看错误。等学习完第 10 章，完成了整个应用栈的开发后，你将学习编写测试脚本，从而将手动测试过程自动化。

3.4 使用修饰符、require()和 revert()

你已学习了如何使用 Solidity 中的修饰符特性来定义一条规则。如果你需要一条以上的规则来执行一个函数，那应该如何处理？你可以将一系列的规则(访问修饰符)应用于一个函数的调用。如果一个条件要在函数的语句执行期间或执行之后被检查呢？此时，你就可使用 require()子句，该子句会在函数中的条件失败时回退函数。Ballot 智能合约中指定的修饰符 validPhase 就使用了 require()子句来检查其内部的条件，如果失败，则回退交易。也可看到，在 vote()函数中使用了 revert()来确认选民是否已投票。

在 Ballot 的例子中，在函数头部使用了一个修饰符来验证系统参数。回想一下，validPhase 修饰符强制要求所有 3 个函数——vote()、register()和 reqWinner()——在调用时都必须处于正确的阶段。现在，让我们再定义一个修饰符，以加强你对修饰符的理解。你可以将其用于同一个智能合约的 register()函数内的验证。修饰符的定义和使用在下一个代码清单中显示。回顾一下问题陈述(见 3.2 节)，只有主席才可以登记其他选民。可借助 onlyChair 修饰符来执行这一规则。

代码清单 3.6 onlyChair 修饰符的定义及使用

```
if (msg.sender != chairperson ..)      ← 该语句将由 onlyChair 修饰符取代


  modifier onlyChair ()                ← 修饰符 onlyChair 的定义
  { require(msg.sender == chairperson);
  _;
}

function register(address voter) public validPhase(Phase.Regs) onlyChair
{                                      ← 在 register()函数的头部使用 2 个修饰符
```

通过在一个以空格分隔的列表中指定多个修饰符，可以对同一个函数应用多个修饰符。修饰符会按照它们的先后顺序进行计算，所以，如果一个修饰符的结果取决于另外一个修饰符的结果，那么你就需要确保以正确的顺序来排列这些修饰符。在 BallotV3.sol 中，使用了访问修饰符 validPhase 和 onlyChair，validPhase 修饰符可能被首先应用。换言之，如果 phase 不正确，你不必检查是谁调用了 register()函数。因此，register()函数的头部变为

```
Function register(address voter) public validPhase(Phase.Regs)onlyChair
```

下面是另一个示例，来自在线购物用例：

```
function buy(..) payable enoughMoney itemAvail returns (..)
```

在检查商品的可用性之前，调用 buy()函数可以验证是否有充足的余额(这里使用了 enoughMoney 修饰符)。如果没有充足的余额，函数就会回退，而不必通过 itemAvail 修饰符检查商品的可用性。

3.5 assert()声明

到目前为止，我们对修饰符的探讨涉及了 Solidity 的 2 个特殊内置函数：require()和 revert()。在这一节中，你将认识另一个特殊的函数，assert()。它会判断在函数的计算过程中，是否满足某个特定的条件。

假设在我们讨论过的投票问题中，你希望至少有 3 张选票才能获胜。你可通过在 reqWinner()函数的末尾使用 assert()子句来执行这一规则。你不仅可以在进入智能合约函数时验证参数，也可以在函数内部的各个计算阶段验证参数。使用 assert(winningVoteCount>=3)将导致最高票数为 1 或 2，或者投票人数少于 3 的情况下函数会回退。

注意 这里使用数值 3 只是为了方便展示。在更现实的情况下，你可以在 assert()函数中检查投票是否占大多数，或者其他一些需要检查的特殊条件。

代码清单 3.7 显示了包含渐进式改进的 Ballot 智能合约代码：添加了另一个修饰符 onlyChair 和 assert()函数。revert()、require()和 assert()与修饰符的结合，以及它们的正确使用，能帮助你通过验证和确认来处理异常情况，从而使得智能合约能够成为强大的信任中介。require()用于替代 if 语句，这就意味着如果条件失败，交易将被回退。如果函数调用被回退，区块链上就不会记录该函数的交易。要知道 revert()能阻止交易发生是很关键的。

代码清单 3.7 包含所有信任规则的代码(BallotV4.sol)

```
// modifiers
modifier validPhase(Phase reqPhase)
  { require(state == reqPhase);
    _;
  }
  modifier onlyChair()
  {require(msg.sender == chairperson);
```

2 个修饰符，包括 onlyChair

```
    _;
  }

constructor (uint numProposals) public {
    chairperson = msg.sender;
    voters[chairperson].weight = 2; // weight 2 for testing purposes
    for (uint prop = 0; prop < numProposals; prop ++)
       proposals.push(Proposal(0));
    state = Phase.Regs;
}

function changeState(Phase x) onlyChair public {     ← 使用 onlyChair 修饰符

    require (x > state );        ← require()代替了传统的 if
    state = x;
}

function register(address voter) public validPhase(Phase.Regs)
                                             onlyChair {    ← 使用 2 个修饰符：validPhase 和 onlyChair

       require (! voters[voter].voted);        ← require()代替了传统的 if

     voters[voter].weight = 1;
     // voters[voter].voted = false;
      }

   function vote(uint toProposal) public validPhase(Phase.Vote) {

   Voter memory sender = voters[msg.sender];    ← 对局部变量使用 memory 而非 storage 类型

      require (!sender.voted);
      require (toProposal < proposals.length);    | require()代替了传统的 if

      sender.voted = true;
      sender.vote = toProposal;
      proposals[toProposal].voteCount += sender.weight;
}

function reqWinner() public validPhase(Phase.Done) view
                        returns (uint winningProposal)
{
     uint winningVoteCount = 0;
     for (uint prop = 0; prop < proposals.length; prop++)
          if (proposals[prop].voteCount > winningVoteCount) {
               winningVoteCount = proposals[prop].voteCount;
               winningProposal = prop;
               }
     assert(winningVoteCount>=3);         ← 使用 assert()
   }
}
```

assert()和 require()函数的相似之处在于，它们都检查条件，并在检查失败时回退交易。可以使用 require()来进行普通的验证，例如检查变量值的限制(如 age>= 18)。require()有时会运行失败，这是合理的。assert()则不然，它是用来处理异常的。你通常期望这个条件不应该失败。例如，要检查一个夏令营的人数，可使用 assert(headcount == 44)。你当然不会希望该检查在半夜执行时失败！更严重的是，assert()的失败，通常要比 require()的回退浪费更多的区块链执行成本，所以要选择合适的时候使用。但是，建议尽量少用 assert()来管理异常。而使用 require()来验证数据、计算和参数值。

此时，你可以将代码清单 3.7 BallotV4.sol 加载到 Remix IDE 中。查看代码，了解所有渐进式改进(修饰符、require()、revert()和 assert())，并探索其工作原理。

3.6 最佳实践

现在，你已了解了区块链应用开发的一些重要特性，现在是时候回顾一下最佳实践：

- 保持智能合约代码简单、一致且可审计。让智能合约中指定的每个状态变量和函数分别解决一个问题即可。不必包含冗余数据或者不相干的函数。通过使用自定义函数修饰符，而非内联代码(if/else)来检查函数执行的前后条件，可以使智能合约具备可审计性。
- 将函数访问修饰符用于
  - 为所有参与者实施数据访问的规则、政策以及规定。
  - 为所有可以访问同一函数的人实施共同规则。
  - 以声明形式确认特定的应用条件。
  - 提供可审计的元素，以允许验证智能合约的正确性。
- 可将 memory 类型作为不必存储在区块链上的局部变量的限定符。memory 变量是瞬时的，不需要存储。示例如代码清单 3.7 所示。
- 以渐进的方式开发智能合约，并且每个步骤都要调试。
- 注意，Solidity 语言会经常更新，以提高性能和安全性。在这种情况下，你需要调整代码以满足最新版本的要求。

3.7 回顾

你在本章中学到的设计过程——创建用例图，识别用户、数据资产和 FSM 状态转换，创建合约图，以及编写智能合约代码——能使你学会系统地分析问题，并提供合适的智能合约解决方案。智能合约的语法类似于面向对象编程中的类，但需要额外注意的是，对于信任和完整性元素，你需要进行特别细致的设计。

此外，你还了解了几种实现这些信任元素的特殊技术，包括通过修饰符实现信任中介，从而使得智能合约中的条件能够得到验证和确认。修饰符也可以通过管理数据和函数的访问控制，来支持隐私、保密性以及(由此而来的)完整性。

3.8　本章小结

- 在一个去中心化系统中，信任和完整性是至关重要的需求，在这样的系统中，参与者的行为超越了传统的信任界限。在一个去中心化系统中，没有人来检查你的证书，例如驾驶执照，也没有系统来验证你的用户名/密码组合以进行身份验证。
- 基于区块链的应用程序开发中的信任，是通过验证和确认来实现的，验证和确认通过 3 个特性：修饰符、require()和 assert()来实现。
- revert()声明将回退函数调用，以防止交易被记录在区块链的不可变账本中，从而防止无效的信息在账本中累积。
- FSM 设计提供了另一个重要的设计图，尤其适合具有状态转换的智能合约设计。
- Remix 网络集成开发环境能够提供一站式网络平台，以开发基于区块链的应用程序，它包含账户号码、交易和记录。在第 6~11 章，你将使用这些知识在桌面环境中开发 Dapp。
- 掌握了设计原则、设计过程，以及信任技术的知识以后，你就可以解决区块链问题，通过各种设计图来表示你的解决方案，并在 Solidity 语言中进行智能合约的开发。你将在第 5~7 章中学习如何使用密码学和安全哈希算法，来进一步加强去中心化应用的信任。

第 4 章

从智能合约到 Dapp

本章内容：

- 设计 Dapp 的目录结构和代码元素
- 使用 Truffle 套件开发 Dapp
- 将 Dapp 前端连接到智能合约上
- 使用支持 MetaMask 的浏览器管理账户
- 部署和测试端到端的 Dapp

在前面的章节中，你设计并开发了区块链应用的核心组件：智能合约。但是智能合约中的编码的逻辑无法单独运行。你需要拥有面向用户的应用来触发智能合约的函数和区块链服务。这些应用将调用智能合约函数，而智能合约函数又会验证、确认，以及将所产生的交易和数据记录在区块链的分布式账本中。在本章，你将接触更大的系统架构，即去**中心化应用**(Decentralized application，Dapp)，并探索和开发 Dapp 相关的技术和工具。回顾一下第 1 章中有关 Dapp 栈及其定义的内容，如图 4-1 所示。

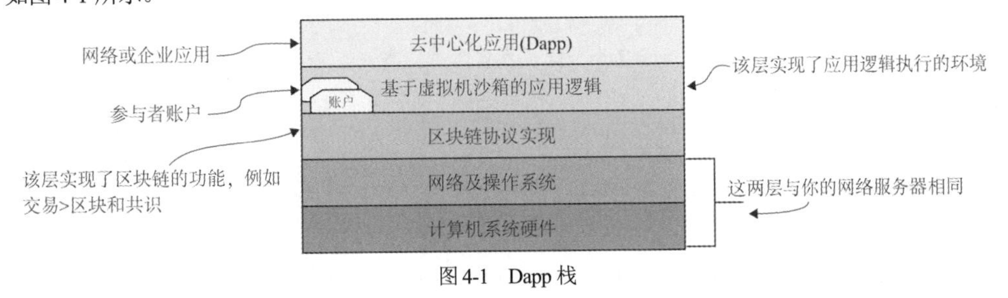

图 4-1　Dapp 栈

定义　Dapp 是包含去中心化智能合约逻辑的网络或者企业应用程序，它能够调用区块链函数。

图 4-2 描述了由区块链网络连接的 2 个节点。如果你将这 2 个节点中的 Dapp 栈的第 2 层(如图 4-1 所示)与其周围的层分开(如图 4-2 中的虚线所示)，那么你就会看到 API、端口、服务器代码和其他脚本集成了这些层。这些组件就是你在开发 Dapp 时要处理的。

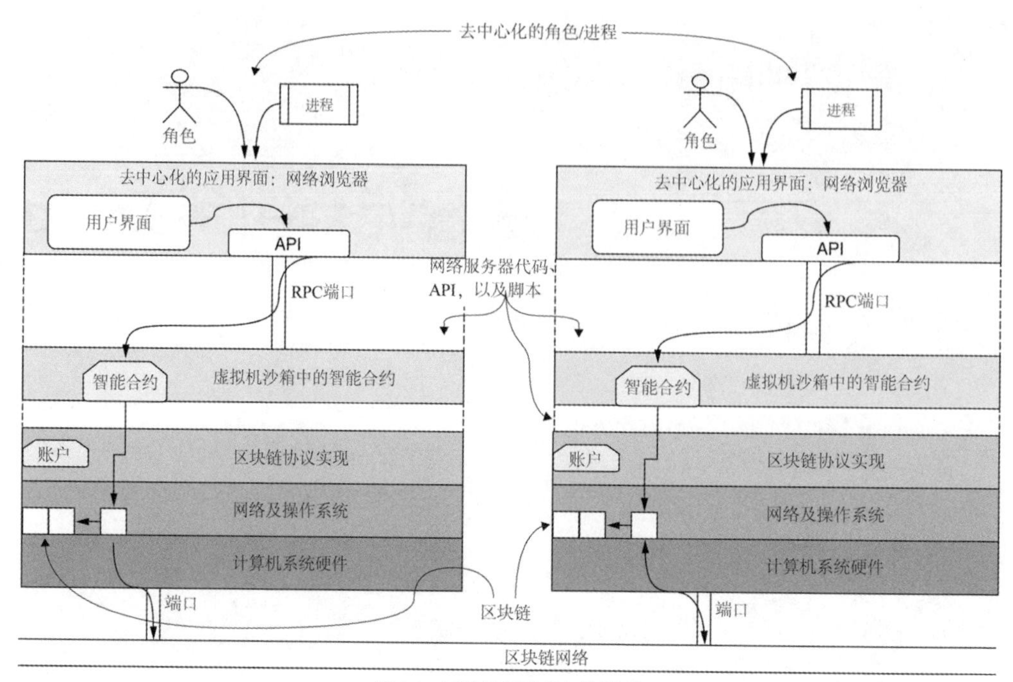

图 4-2 区块链网络的架构模型

现在，让我们按照图 4-2 所示的架构模型走一遍流程。从顶部开始，代表用户的用户(角色)或者进程会调用 UI 函数。这些 UI 函数使用网络应用软件和区块链 API 来连接到智能合约函数。然后，一些代表智能合约函数调用的交易，将被记录在区块链上(注意，只有一些必要的交易才会被记录下来)。你可通过区块链网络来跟踪一个节点中从用户到两个节点上一致性区块链记录的操作流程。该图也说明了基于区块链的 Dapp 不是一个独立的应用，而是依赖其主机操作系统的文件系统、端口和网络功能。

注意 图 4-2 中的架构只显示了 2 个节点。在实际中，有许多具有相同区块链配置的这样的节点(例如，相同的网络 ID 和相同的创世区块)相互连接，就构成了去中心化系统的区块链网络。

在本章中，你将学习开发和编程区块链网络的 Dapp 栈的前 2 层。但在开始之前，要明白区块链编程是非常复杂的，而且 Dapp 栈与传统的网络栈不同。以下是一些可用于 Dapp 开发的组件和技术：

- Dapp 项目的<project>-app 模块用于网络应用，<project>-contract 模块用于智能合约
- Web 服务器和包管理器(Node.js 和节点包管理器[npm])
- 区块链提供商(如 Ganache)，称为 web3 提供商
- 开发工具 Truffle 套件(IDE)，用于提供集成环境来部署和测试 Dapp
- 使用 MetaMask 浏览器插件的账户管理功能

本章介绍的端到端开发过程，将在以后的章节中逐步展开，在讲解各种 Dapp 的同时进行介绍。

4.1 使用 Truffle 开发 Dapp

Truffle 是一个集成的开发环境和测试框架，为基于以太坊的 Dapp 端到端开发提供了一整套的功能和命令，包括以下命令：

- Dapp 初始化模板或者基本目录结构(truffle init)
- 编译和部署智能合约(truffle compile)
- 通过控制台启动个人区块链进行测试(truffle develop)
- 运行部署智能合约的迁移脚本(truffle migrate)
- 打开 Truffle 命令行界面，在没有 Dapp UI 的情况下进行测试(truffle console)
- 测试已部署的智能合约(truffle test)，将在第 10 章介绍

这些只是 Truffle 的一些核心操作，但是它们足以开发和部署一个 Dapp 了。

你已使用过一个 IDE——Remix，所以你可能想知道为何我现在要介绍另一个。Remix IDE 是智能合约开发的一个学习环境。Truffle 则将 Dapp 的开发带到了生产层面。它使用 npm 模块进行项目开发、依赖管理和系统迁移。Truffle 套件(IDE)支持脚本化部署。它提供了用于处理智能合约的迁移框架，以及用于可移植性和集成的包管理能力。因此，本章将使用 Truffle 进行开发，这需要开发人员对命令行界面和编辑器(如 gedit 或者 Atom)的相关内容非常熟悉。

4.1.1 开发过程

以下是开发过程涉及的主要步骤：

(1) 分析问题陈述；在设计原则和 UML 图的指导下设计和表示解决方案。

(2) 使用 Remix 网络 IDE 开发和测试智能合约。

(3) 对端到端的 Dapp 进行编码，在测试区块链上进行测试和部署，然后使用 Truffle IDE 将其迁移到主网络上。

准备好启动 Dapp 开发项目了吗？

4.1.2 安装 Truffle

你将开发一个端到端的 Dapp，用户界面是一个 Web 客户端。该项目需要以下配置：

- 操作系统——Linux Ubuntu 18.04、macOS(Sierra 或更高)，或者 Windows 10(或更高)
- 面向网络客户界面的网络服务器——Node.js v12.16.0 或更高
- 包管理器——npm 6.13 或更高
- IDE——Truffle 0.5.X 或更高
- 智能合约语言工具链——Solidity 0.5.16 或更高(与 Truffle 套件一起提供)
- 浏览器/网络客户端——Chrome 以及 MetaMask(LTS)插件
- 编辑器——Atom、gedit、VSCode 或者你使用的其他任何编辑器

在上述列表中，Node.js 将作为 Dapp 前端的 Web 服务器，MetaMask 将挂到指定的区块链上来管理账户，从而作为应用前端和托管账户的区块链节点之间的管道，如图 4-2 所示。

注意 本章中出现的所有命令，都需要手动输入或者复制并粘贴到终端窗口的命令行中。在输入后按下回车键以执行命令。另外，当你运行 npm install 时，版本号可能会有所不同。不必介意，npm 会为所需的模块提取正确的版本。

按照如下步骤安装所需的软件包：

(1) 安装操作系统。

对于 Linux，下载并安装 Ubuntu Linux LTS。当然也可使用 CentOS、Arch Linux、OpenSUSE 或者是其他发行版本。基于安全和稳定性的考虑，建议使用长期支持版本(LTS)而非新版本。

对于 macOS，下载并安装 Homebrew(网址见链接[1])。

对于 Windows，确保你有一台装有 Windows 10 操作系统的 64 位机器。

(2) 安装浏览器。

下载 Chrome(网址见链接[2])，并按照默认设置完成安装。在安装完成后，Chrome 应该会自动启动。

(3) 下载并安装 Node.js 和 npm LTS(网址见链接[3])。

也可在终端窗口中执行如下命令，以便从软件库中安装这些软件包：

- Linux 系统：`sudo apt-get install nodejs npm`
- macOS 系统：`brew install node`

对于 Windows，下载 64 位版本的安装程序，执行.exe 文件，并接受安装时所有的默认选项。

(4) 在终端窗口中运行如下命令，以检查安装的版本(node v12.16.0 和 npm 6.13.4 及以上版本)：

```
node -v
npm -v
```

(5) 从 GitHub 仓库(网址见链接[4])安装，或者通过 npm 来安装 Truffle 套件(IDE)，如下所示，并确认其版本为 5.1.X 或者更高：

```
npm install -g truffle
```

如果由于版本不兼容而导致错误，可以尝试 LTS 版本的 node：

```
npm uninstall -g truffle

npm install -g truffle@nodeLTS
```

下面的命令可以返回所安装的软件版本：

```
truffle version
```

该命令产生的输出如下(你的版本值可能更高)：

```
Truffle v5.1.14(core: 5.1.13)
Solidity v0.5.16(solc-js)
Node v12.16.2
   web3.js v1.2.1
```

至此，你已完成了本书中用于 Dapp 开发的三合一工具——Node.js、npm 和 Truffle IDE 的安装。注意，Truffle 会自动安装 Solidity 编译器。

注意　这些设置的说明只是一次性的。上述设置可用于第 5~11 章的 Dapp 开发，也适用于任何项目的 Dapp。在开始下一步骤之前，请仔细完整地完成每一个步骤。要知道，实际安装的软件版本号可能会更高，而且与这里显示的并不相同。如果你不具备在笔记本电脑上安装软件的管理员权限，或者你正在进行企业级的安装，可以向你的 IT 管理员寻求帮助。

4.1.3　构建 Dapp 栈

接下来的步骤，主要针对 Dapp 栈的上层(图 4-3)，对应有以下任务清单(回想一下，该栈在第 1 章中介绍过)：

(1) 安装本地区块链层(见 4.2 节)。

(2) 开发智能合约层并进行部署(见 4.3 节)。

(3) 开发网络应用程序 UI 层(见 4.4 节)。

(4) 配置网络服务器并开发连接用户界面和智能合约层的黏合代码(见 4.4 节)。

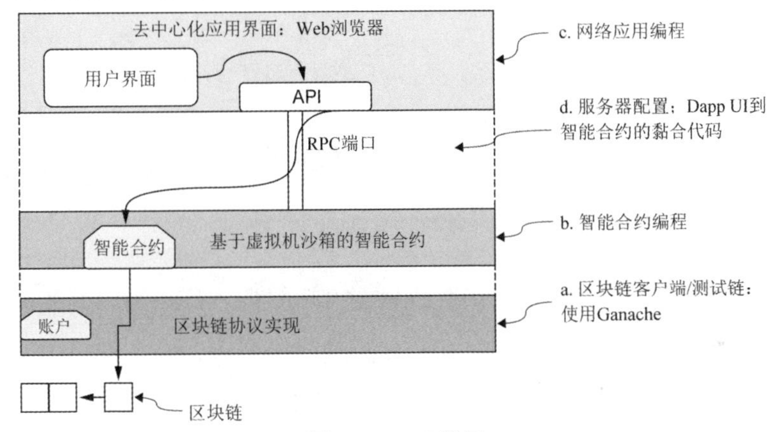

图 4-3　Dapp 开发层

为了系统地组织 Dapp 的众多文件和脚本，最好遵循一种标准的目录结构。例如，对于第 2 章的计数器问题，可以把智能合约相关的文件存储在 counter-contract 目录下，把网络应用相关的文件存储在 counter-app 目录下，如下所示：

```
.
├ Counter-Dapp
|├ counter-app
|├── counter-contract
```

4.2　安装 Ganache 测试链

针对区块链层的选择有很多，从在 Remix IDE 中使用模拟 VM，到使用一个完整的 Geth(Go 以太坊)客户端。在本章，你将使用一个名为 Ganache 的区块链客户端(测试链)，它是 Truffle 套件的一部分。

可以从网站下载 Ganache(网址见链接[5])，并通过单击下载的文件和 Quickstart 按钮安装它。还可以将 Ganache 锁定在任务栏上以便快速启动。

Ganache 也是一个以太坊客户端，默认情况下它被配置为在 localshot 上运行。它是测试 Dapp 原型的理想选择。它提供了 10 个账户，每个账户有 100 个模拟的以太币，用于支付运行的费用以及账户之间的转账交易。它的区块链界面如图 4-4 所示。在其顶部，你可以看到一组助记词(seed)或助记符。可以将其复制并保存在某处，因为在测试 Dapp 的过程中，你需要使用它们来验证对区块链的访问。

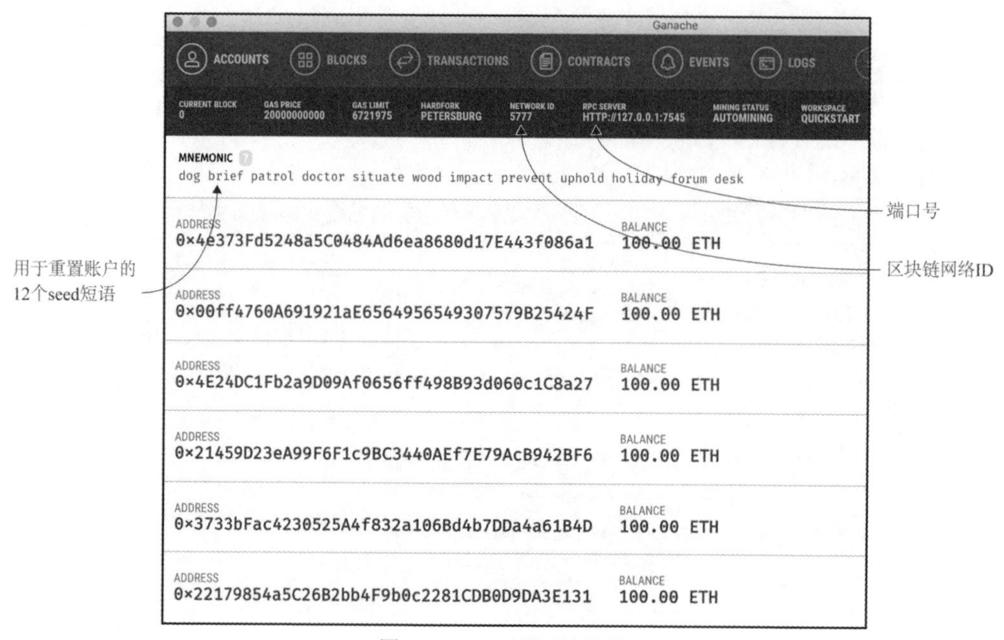

图 4-4 Ganache 测试链界面

4.3 开发智能合约

为了能让你快速开启 Dapp 的设计过程，我们将重用第 3 章中的投票例子。为方便起见，这里再次给出问题陈述。

问题陈述 有这样一个在线投票应用。人们通过投票，从一组提案中选择一个提案。主席可以对投票人进行登记，只有登记的选民才可以对他们选择的提案进行投票(只有一次机会)。主席的投票权重为普通选民的 2 倍(×2)。投票过程需要经过 4 个状态(初始化、登记、投票、完成)，各个操作(初始化、登记、投票、计票)只能在相应的状态下进行。

投票阶段的转换，通常是在投票过程之外处理的，所以在这种情况下，可以删除第 3 章智能合约中与状态{Init，Regs，Vote，Done}有关的代码。而是假设存在一个链外的权威结构(如选举委员会)，由他们来管理投票阶段。

代码清单 4.1 中的 Ballot 智能合约版本省略了状态，为简单起见，这里只包含了框架函数。回想一下，你在 Solidity 中使用第 3 章概述的设计原则开发了这一解决方案。此外，还使用了一个修饰符来验证选民在投票前是否完成了登记。现在，应下载 ballot-Dapp 的所有文件并进行审核。你可以在本章的代码库中找到 Ballot.sol 的完整清单。然后使用该代码清单来进行 Dapp 智能合约的开发。

注意　pragma 命令提供了一个版本范围(0.4.22 到 0.6.0)，以启用这些版本的 Solidity 功能。例如，0.7.0 或者 0.4.0 版本的特性在编译代码清单 4.1 时将不被启用，否则可能会抛出错误。

代码清单 4.1　投票用例的智能合约(Ballot.sol)

```
pragma solidity >=0.4.22 <=0.6.0;
contract Ballot {

    struct Voter {

    }
    struct Proposal {
    }

    address chairperson;
    mapping(address => Voter) voters;
    Proposal[] proposals;

    modifier onlyChair()
     {require(msg.sender == chairperson);
     _;
    }

    modifier validVoter()
    {
        require(voters[msg.sender].weight > 0, "Not a Registered Voter");
        _;
    }

    constructor(uint numProposals) public { }

    function register(address voter) public onlyChair { }

    function vote(uint toProposal) public validVoter {}

    function reqWinner() public view returns (uint winningProposal) {}
}
```

使用 address 类型和 mapping 结构

修饰符定义

带有修饰符的智能合约头

这里的 Ballot-Dapp 也将遵循前面讨论的目录结构，如下所示：

```
.
|- Ballot-Dapp
|    |- ballot-app
|    |- ballot-contract
```

注意 ballot-contract 将成为所有智能合约相关组件的根目录或者基目录，而 ballot-app 将成为所有 Web UI 相关组件的根目录。

可以在终端上运行如下命令来创建该目录结构：

```
mkdir Ballot-Dapp
cd Ballot-Dapp
mkdir ballot-app
mkdir ballot-contract
```

接下来的章节会重点介绍基于 Truffle 的投票合约模块的开发。

注意 4.3.1 节中的步骤描述了 Dapp 项目的详细命令。本章的代码库也包含了这一过程所需的代码段。此外，还提供了一个包含所有组件的完整项目，以及如何运行的说明。

4.3.1 创建项目文件夹

第一步，创建和初始化一个标准的目录结构来存储合约。Truffle 提供了一个具有所需结构的目录模板。从 ballot-contract 目录，可以运行以下命令来初始化一个基本的项目结构：

```
cd ballot-contract
truffle init
ls
```

ls 命令可以列出该目录的内容。如果是在 Windows 系统中，可使用 dir 命令。输出项目应该如下所示：

```
contracts migrations test truffle-config.js
```

这些都是 Ballot 智能合约的组件，文件和文件夹的信息如下：

- contract/——智能合约的 Solidity 源文件。这里有一个名为 Migrations.sol 的重要合约。该智能合约包含了可用来部署项目中其他智能合约的脚本。
- migrations/——Truffle 使用了一个迁移系统来处理智能合约的部署。迁移是额外的脚本(用 JavaScript 编写)，用于跟踪正在开发的合约的变化。
- test/——为智能合约进行 JavaScript 和 Solidity 测试。
- truffle-config.js——Truffle 配置文件，包含区块链网络 ID、IP 以及 RPC 端口等配置。

通过 truffle init 命令初始化的目录结构如图 4-5 所示。在执行 Truffle 命令时，你必须位于正确的目录下。否则，命令将导致错误。可以将该目录结构作为基于 Truffle 开发的指导。

余下的章节，当你在系统(Linux、Mac 或 Windows)的命令行中输入 Truffle 命令时，可以在它们面前加上 truffle 前缀：如 truffle compile、truffle migrate 和 truffle console。该前缀能让你使用 Truffle 套件指定的默认工具和技术。

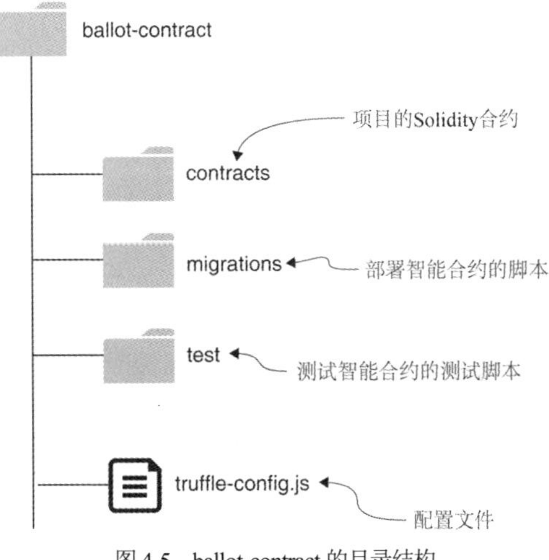

图 4-5　ballot-contract 的目录结构

4.3.2　添加智能合约并编译

现在，是时候添加智能合约了。本例中的 Solidity 合约即代码清单 4.1 所示的 Ballot.sol。可以运行如下命令以导航到 contracts 目录：

```
cd ballot-contract
cd contracts
```

将 Ballot.sol 文件复制到该目录下。然后返回到 ballot-contract 目录，检查你是否正处于正确的目录，接着运行编译命令：

```
cd ..
truffle compile
```

你必须在 ballot-contract 目录中运行该命令。如果没有错误，就可以看到为合约生成的编译输出。编译后的代码会保存在一个新创建的 build/contracts 目录下。编译成功后，你会看到如下信息：

```
Compiling ./contracts/Ballot.sol...
Compiling ./contracts/Migrations.sol...
Artifacts written to ./build/contracts
Compiled successfully using: -- solc: 0.5.16+commit.id4f565a...
```

build/contracts 目录包含了用于网络客户端和区块链服务器之间(JSON-RPC)通信的合约的 JSON 文件。编译成功后，导航到 build/contracts 目录，看是否存在 Ballot.json 文件。

定义　智能合约的 JSON 文件，被称为智能合约代码的应用二进制接口(Application Binary Interface，ABI)。该文件是网络应用调用智能合约时使用的接口，也用于在这些模块之间进行数据传输。

在编译期间，如果代码中有任何语法错误，有两种方法修复它们(如果没有错误，但是你想尝试出错以验证这些方法，那么可以在编辑器中打开 Ballot.sol，去掉其中一个分号[；]，然后重复编译过程。你会看到 Truffle 编译时输出错误)。

第一种方法是在 Atom 或者 gedit 等编辑器中打开 Ballot.sol，然后调试代码，保存。再用 truffle compile 重新编译。第二种方法是使用前面几章介绍过的 Remix IDE。回想一下，Remix 有一个即时编译器。该编译器可以在你输入智能合约代码时捕捉语法错误，也可以突出显示你粘贴的代码中的错误。完成编译后，可将智能合约代码转移到 truffle contracts 目录中。

4.3.3 配置区块链网络

现在编辑 ballot-contract 目录下的 truffle-config.js 文件，从而使其与代码清单 4.2 匹配。该文件是你接下来要部署的测试区块链的配置文件，也是你配置 RPC 端口的地方，以便连接 Web 应用和智能合约。在本示例中，你将在 localhost 上使用一个测试区块链，将其绑定到 7545 端口上，区块链网络 ID 为 5777(在第 1 章中，你了解到以太坊主网络的网络 ID 为 1)。localhost 和 5777(http://127.0.0.1:7545)是 Ganache 的标准配置。你也可复制本章代码中的预填充文件。

代码清单 4.2 配置测试链(truffle-config.js)

```
module.exports = {
    // See <http://truffleframework.com/docs/advanced/configuration>
    // to customize your Truffle configuration for the RPC port
    networks: {
development: {
    host: "localhost",          ← 服务器即为你的本地机器
    port: 7545,
    network_id: "5777"          ← 用于 Ganache 区块链客户端的 RPC 端口
}
   }
};
```

在你的开发中，可使用你的本地机器作为服务器，如 localhost 所示，RPC 端口为 7545，以绑定本地开发测试链。你可以在 Ganache 界面中，在最上面一行图标的下方看到端口号和网络 ID(如图 4-4 所示)。在其他区块链网络上部署合约时，将配置不同的 ID 和端口号。

4.3.4 部署智能合约

部署前的最后一步，就是在 migrations 目录下添加一个新文件来部署智能合约。在本示例中，该智能合约为 Ballot，为了部署它，你需要在 migrations 目录中添加一个名为 2_deploy_contracts.js 的迁移脚本。该文件的内容如代码清单 4.3 所示。该组件的名称应该与智能合约名称相同——在本例中为 Ballot。

代码清单 4.3 Ballot 智能合约的部署脚本(2_deploy_contracts.js)

```
var Ballot = artifacts.require("Ballot");     ← 指定要部署的合约

module.exports = function(deployer) {
     deployer.deploy(Ballot,4);     ← Ballot 构造函数被传入参数(4)，以表示提案的数量
};
```

2_deploy_contracts.js 文件指定了要部署的合约以及构造函数的参数(如果有的话)。在本示例中，Ballot 构造函数的参数被初始化为 4，表示有 4 个提案需要进行投票。当然，你可使用该脚本部署任意数量的合约。不过目前只有 Ballot 合约。但可以配置 2_deploy_contracts.js 来部署其他智能合约。你可以在 migrations 目录中看到一个额外的文件 1_initial_migration.js，这是用于部署初始迁移的脚本。Migrations.sol 正是 truffle migrate 所需的文件。文件名中的前缀 1 和 2 表示了迁移步骤 1 和 2。注意不要修改这些文件的名称。

导航到 ballot-contract 目录的根目录(即 ballot-contract)，确保 Ganache 链已启动并准备就绪(见 4.2 节)。输入如下命令，在 Ganache 测试链上部署你的 Ballot 合约：

```
truffle migrate --reset
```

reset 选项将重新部署所有合约，包括 Migrations.sol。如果没有 reset 选项，Truffle 将不会重新部署已部署的智能合约。只有在调试和测试智能合约的开发阶段才应使用此选项。因为在生产阶段，已部署的智能合约是不可更改的，无法通过重置来覆盖。上述命令的输出将显示你的部署是否成功，并以 summary 作为结束：

```
Summary
=======
> Total deployments:   2
> Final cost:          0.016526 ETH
..
```

注意，部署智能合约需要花费一些 ETH (测试用以太币)。也可从 Ganache 用户界面上的第一个账户中查看这一支出。此时，智能合约已部署完毕，随时可以调用。接下来，让我们构建一个网络应用来访问已部署的智能合约。

4.4　开发并配置网络应用

区块链基础设施承载着智能合约以及运行智能合约代码的以太坊 VM(图 4-3)。而一个网络应用能为用户与智能合约交互提供便利。要构建 Web 客户端的前端，你需要

- HTML、JavaScript 以及 CSS，用于渲染服务器内容以供用户交互
- 一台服务器，用于托管在 index.js 中定义的基本条目脚本
- 连接网络服务器和网络客户端的服务器代码(app.js)
- 适用于任何框架(如 Bootstrap 和 web3 API)的额外封装工具及插件
- 包配置文件 package.json

这些条目被组织在一个标准的项目目录结构中，如图 4-6 所示。左边是 ballot-contract 目录，右边是 ballot-app 的内容。ballot-contract 在第 3 章和 4.3 节中均有描述。

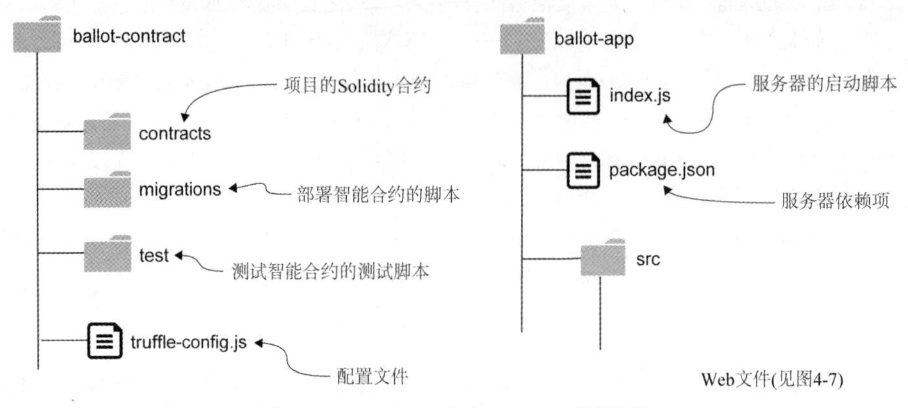

图 4-6 ballot-contract 和 ballot-app 的目录结构

现在，让我们开始研究 Dapp 项目的网络应用(ballot-app)部分。本节的目标，是帮助你了解 Ballot-Dapp 的网络应用的各个组件。为此，这里提供了 ballot-app 所需的完整代码元素，以供探讨。

4.4.1 开发 ballot-app

这种结构是 Dapp 开发中使用的标准目录格式。首先，导航到 ballot-app 目录，然后初始化和配置 Node.js 服务器。

注意 npm 是一个管理 JavaScript 模块的方便工具。它是 Node.js 模块的默认包管理器。

在 ballot 项目的基础目录(Ballot-Dapp)中运行以下命令，在你的 Node.js 服务器上部署 Ballot-Dapp：

```
cd ballot-app
npm init
```

你会得到一系列关于你正在创建的服务器的选项，包括主脚本文件(index.js)。按回车键接受所有默认设置。该过程会创建一个名为 package.json 的文件，列出 ballot-app 服务器的所有依赖项。你需要修改这一文件，并添加两个条目：

- 启动 Node.js 服务器的脚本(index.js)。
- 用于定义网络应用的 express 模块的依赖项。

修改你的 package.json 文件，使得它看起来如代码清单 4.4 所示。也可复制本章代码库中提供的预填充的 package.json 文件。

代码清单 4.4　package.json

```
{
    "name": "ballot-app",
    "version": "1.0.0",
    "description": "",
    "main": "index.js",
    "scripts": {
      "start": "node index.js"        ←—— Node.js 服务器的启动脚本
    },
    "author": "",
    "license": "ISC",
    "dependencies": {
      "express": "^4.17.1"        ←—— express 模块的依赖项
    }
}
```

Express 是 Node.js 服务器的众多网络应用框架之一，你将使用 express 模块来指定服务器入口的脚本。这里将网络服务器称为 Node.js 服务器，而非 Node 服务器，是为了区块链节点区分开。

让我们来看看定义网络应用的 index.js 文件(代码清单 4.5)。它定义了请求和响应函数，以及 Node.js 服务器的端口号。对于后继部署，可使用 npm install(而非 npm init)来部署所有需要的 Node.js 模块。也可使用该文件作为 Dapp 的默认 index.js。现在，你可使用代码清单 4.5 所示的内容来创建一个 index.js，或者使用我之前提供的文件。

代码清单 4.5　初始化基于 express 的 Web 应用(index.js)

```
var express = require('express');
var app = express();
app.use(express.static('src'));        ←—— src 是存放公共网络组件的目录
app.use(express.static('../ballot-contract/build/contracts'));        ←—— 智能合约的接口 JSON 文件的存放位置
app.get('/', function (req, res) {
  res.render('index.html');        ←—— index.html 为 Web 应用的登录页面
});
app.listen(3000, function () {        ←—— 3000 为 Node.js 服务器的端口
  console.log('Example app listening on port 3000!');
});
```

ballot-app 中唯一的其他目录，就是 src 目录(见图 4-7)，它包含

- 网页的常规组件(CSS、字体、图片和 JavaScript)。
- 网页应用的登录页(index.html)。
- proposals.json，提供关于正在投票的提案的详细信息(提案的图片位于 images 子目录中)。
- app.js，连接网络服务器层和智能合约层的黏合代码。

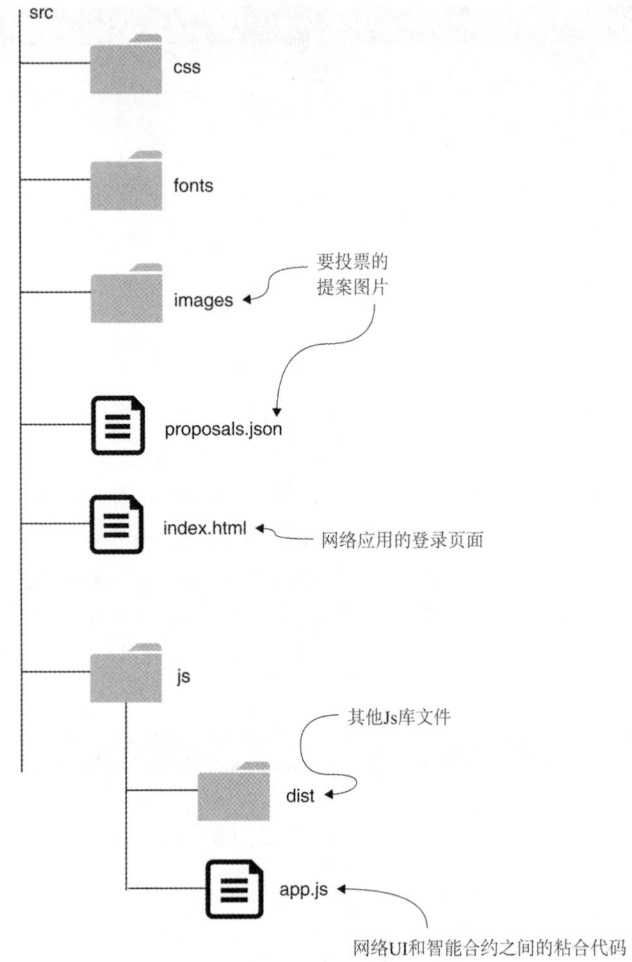

图 4-7 src 目录中的 Web 文件和文件夹

通过解压缩本章代码库中的 src.zip 文件，并将其复制到 ballot-app 文件夹中，可查看网络应用的相关文件，其中包括

```
index.js package.json src
```

src 目录中包含网络应用程序的源代码。从网络客户端到区块链服务器的通信是通过 RPC 的 JSON 文件实现的。我们将重点分析 app.js，它包含了调用智能合约函数的处理程序。但稍后才会探讨 app.js 的代码，这有两个原因：一是这部分代码因不同的智能合约和 Dapp 而有所不同；二是在运行 Dapp 并与之交互后，你会对 app.js 的角色有更好的认识。

4.4.2 启动 ballot-app

此时，你已将 Ballot-Dapp 的所有组件组装完毕。导航到 ballot-app 目录，输入如下命令以启动 Node.js 服务器：

```
npm install
npm start
```

第一条命令会安装所有需要的模块，第二条命令会在你的本地主机上启动服务器，启动 app.js，并开始监听 index.js 文件中指定的端口(3000)的输入。

注意 作为上述步骤的替代，你也可使用本章代码(Ballot-Dapp)中的 ballot-contract 和 ballot-app 这两个现成的模块，然后按照说明操作即可。

4.4.3 安装 MetaMask 钱包

在开始测试 Dapp 前，还需要完成一个步骤——安装 MetaMask。账户地址是识别去中心化参与者的必要条件。此外，交易必须经过参与者(交易的发送者)的数字签名和确认。账户的余额必须被验证，以确保拥有足够的以太币来支付执行函数的费用。

你需要一种机制来完成所有这些重要操作。因此，可使用一个方便的浏览器插件，名为 MetaMask(网址见链接[6])，该插件通过 RPC 端口将网络客户端与网络服务器及区块链供应商连接起来，如图 4-8 所示。MetaMask 被描述为一个加密货币钱包和区块链应用的门户。它是一个智能数字钱包，能够在网络客户端和区块链服务器之间充当代理。MetaMask 能够安全地管理区块链上创建的账户及其以太币余额，并对参与者账户发起的交易进行数字签名。

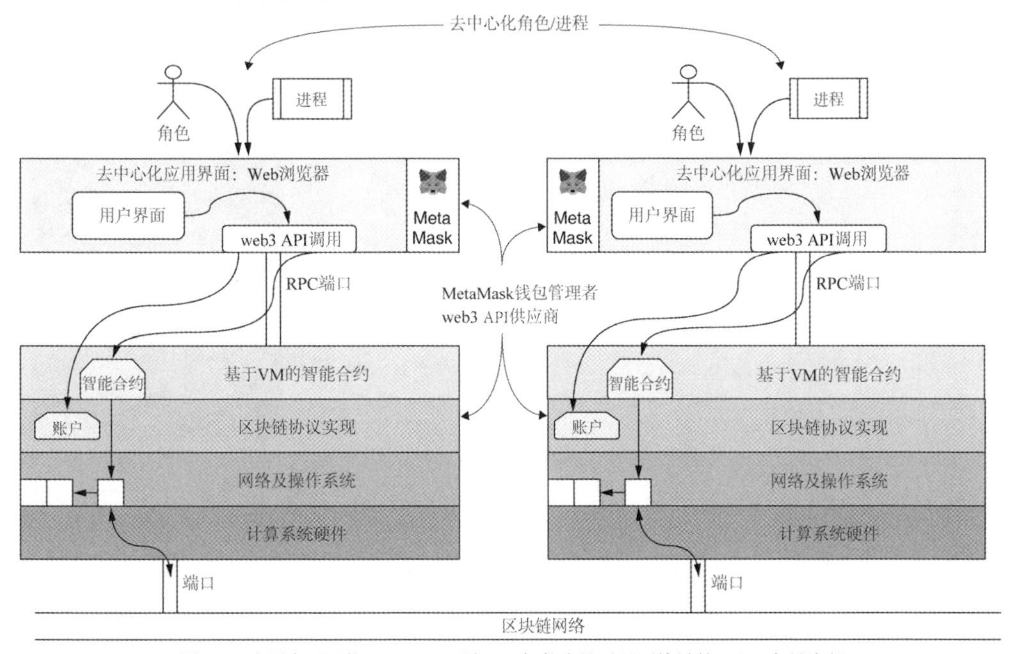

图 4-8　由用户至网络 API、RPC 端口、智能合约以及区块链的 Dapp 交易流程

通过单击 MetaMask，选择 Chrome，为 Chrome 安装 MetaMask，将 MetaMask 插件添加到你的 Chrome 浏览器。

图 4-8 追踪了从去中心化的用户或者进程到区块链网络的路径。图中显示了 2 个节点，每个节点的用户都可以与网络客户端交互，并通过智能合约与区块链交互，从而为构建区块链的分布式账本奠定基础。分布式账本的副本也存储在这 2 个节点中，你能发现它们吗？(注意这 2 个节点的网络及操作系统层中有 3 个区块的那部分)。

MetaMask 将使用以太坊的 web3 API 来访问智能合约。请确保你已将 MetaMask 插件添加至你的 Chrome 浏览器。现在，可以按照如下方式将其与 Ganache 区块链连接：

- **如果这是你第一次使用 MetaMask**，可以单击浏览器上的 MetaMask 图标(狐狸)，它将打开一个带有 Get Started 按钮的屏幕，单击它。然后，在出现的屏幕上，单击 Import Wallet。在下一屏幕上，单击 I Agree。之后，再次单击狐狸图标，从下拉列表中选择 Custom RPC 更改网络。输入网络名称 Ganache，或者 http://localhost:7545，网络 ID 为 7545，然后保存。
- **之后再次访问 MetaMask 时**，单击浏览器上的 MetaMask 插件，连接到 http://localhost:7545 或者 Ganache 的自定义 RPC 上(在某些情况下，MetaMask 可能会自动链接到你的 Ganache)。

在响应屏幕上复制并粘贴 Ganache 顶部的 seed 词或助记符(见图 4-4)，如图 4-9 左侧所示。

选择一个密码并输入它。之后，就可使用该密码来解锁 MetaMask，而不必再输入 seed 词。建议在测试阶段使用一个容易记忆的密码。

你会看到 Ganache 上的账户已链接到 MetaMask。在一些旧版本的 MetaMask 中，只有第一个账户(部署者)会显示出来。你需要在第一个账户图标(小彩球)上单击 Create Accounts，以链接更多的账户。

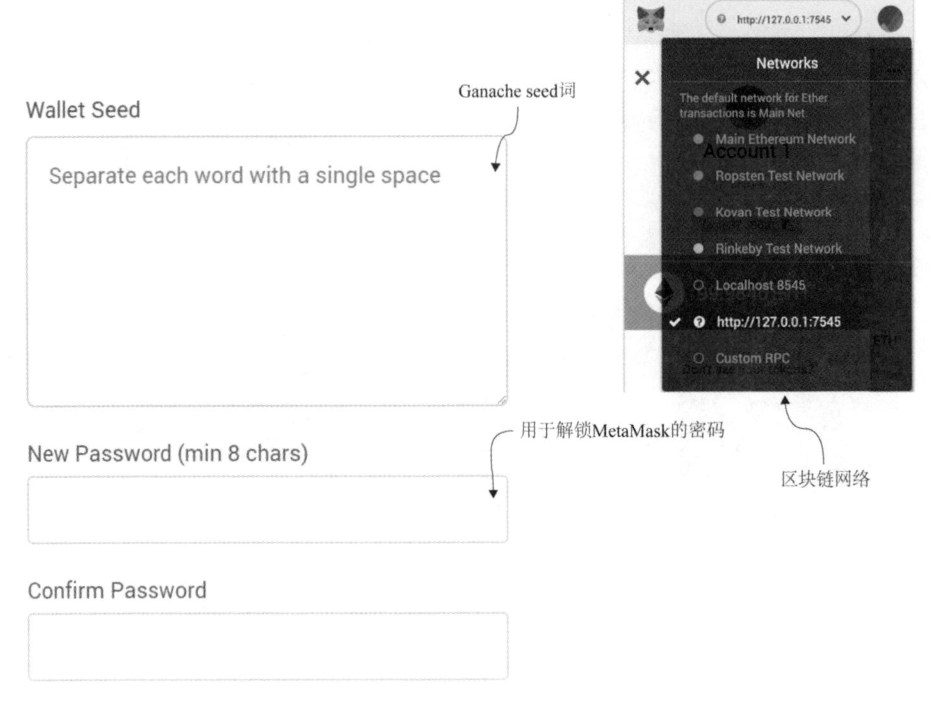

图 4-9　MetaMask 配置过程

4.4.4　与 Ballot-Dapp 交互

现在你已部署了 Dapp，准备好与其交互。启动网络浏览器，并输入 localhost:3000 作为 URL。你会看到，提案是 4 选 1，即从 4 只狗(图片)中选择 1 只。找到并单击浏览器窗口右上角的 MetaMask 符号。之后会打开一个小窗口。如图 4-10 所示，4A~4F 表示图中要注意的几处重点。请确保你能够在网页和 MetaMask 窗口中找到这些点：

- 4A 是打开的屏幕。
- 4B、4C 和 4D 对应合约函数的登记、投票以及宣布获胜者的按钮。
- 4E 是 MetaMask 插件的下拉屏幕。
- 4F 是 MetaMask 的账户图标。

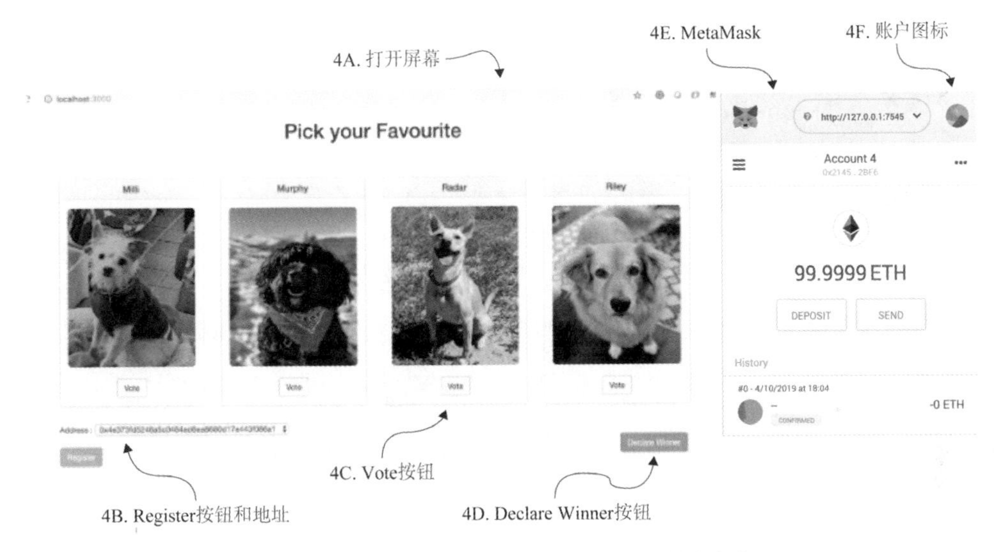

图 4-10　带有 MetaMask 插件的 Ballot-Dapp 网络客户端

下一步是按照前面的指示，使用 MetaMask 连接到 Ganache。然后，即可与应用交互。让我们用 Dapp 界面进行一些交互：

(1) 注册 2 个账户。单击 MetaMask 图标，并在打开的列表中单击账户 1。只有主席可以注册账户。然后在网页上，从下拉列表中选择第一个地址(图 4-11 中的 4B)，并单击 Register 按钮。你会看到 MetaMask 的响应，要求你确认做出的选择，如图 4-11 右侧所示。单击 Confirm 按钮。

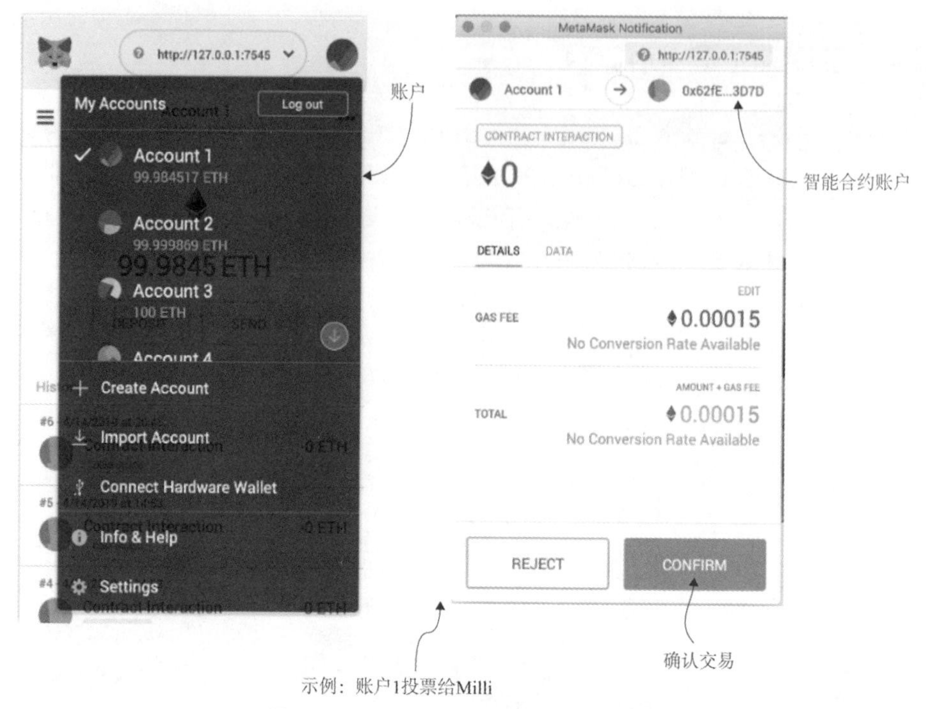

图 4-11 网络、账户和来自 MetaMask 的通知

从网页的下拉列表中选择第二个地址，然后单击 Register 按钮。当 MetaMask 要求确认时，单击 Confirm 按钮。

(2) 在账户 1 中，单击小狗 Milli 照片下的 Vote 按钮为其投票，然后单击 Confirm 按钮。图 4-11 的右侧面板(vote()函数的 MetaMask 通知)中显示了两个地址：投票者地址和智能合约的地址。

(3) 在 MetaMask 中，导航到账户 2(如图 4-11 左侧所示)，为 Milli 之外的其他小狗投票。

(4) 在任何一个账户中，单击网页上的 Declare Winner 按钮。你应该能够得到一个 Milli 是赢家的通知。记住，主席的投票算作两票。

现在，你已完成了对 Ballot-Dapp 的端到端的探索。不要犹豫，也可尝试一下其他操作组合，包括一些不正确的操作组合，看看会发生些什么。例如，如果一个没有注册的账户投了票，那么该选票就会被撤销。也可让更多的账户参与进来，但本示例中仅使用了两个账户。在使用 Dapp 时，你可以参考这里的示例做更多的尝试。

4.4.5 将网络客户端连接到智能合约

还有一段代码对于 Dapp 的开发至关重要：连接网络应用和智能合约的代码。回顾一下我们在 4.4.1 节中讨论的目录结构，app.js 是一种黏合剂，它通过一组处理函数将网络客户端与智能合约连接起来。这段代码提供 web3 和智能合约服务，供 Web 前端调用。代码清单 4.6 展示的是 app.js 函数脚本的头部。

代码清单 4.6　使用 web3 API 的用户界面和智能合约之间的黏合代码(app.js)

```
App = {
  url: 'http://127.0.0.1:7545',

  init: function() {
      return App.initWeb3();
  },

  initWeb3: function() {

      App.web3Provider = web3.currentProvider;

    return App.initContract();
  },

  initContract: function() {

      App.contracts.vote.setProvider(App.web3Provider);
      getJSON('Ballot.json', function(data) {

      return App.bindEvents();
  },

  bindEvents: function() {
    $(document).on('click', '.btn-vote', App.handleVote);
    $(document).on('click', '#win-count', App.handleWinner);
    $(document).on('click', '#register', ... App.handleRegister(ad);
    ...
  },

  populateAddress : function(){ },

  getChairperson : function(){ },

  handleRegister: function(addr){ },

  handleVote: function(event){ },

  handleWinner : function(){ };
```

web3 供应商的 URL：IP 地址及 RPC 端口

使用 web3 对象初始化应用

配置 web3 供应商和智能合约

初始化合约对象

将 UI 按钮绑定到智能合约函数的处理程序上

地址和主席信息的下拉列表函数

连接前端按钮和合约函数的处理程序代码

app.js 中的代码，使用端口号、web3 供应商，以及智能合约的 JSON 代码(Ballot.sol)来初始化 Dapp 的 web3 对象。它还将用户界面上的按钮单击事件绑定到 register()、vote()和 reqWinner()等函数的处理程序上。这里有两个支持函数：getChairperson()和 populateAddress()。前者用于获取主席的地址，因为只有主席才可以注册账户。populateAddress()则是一个实用函数，它用账户地址填充下拉列表，方便用户注册账户。

有了这些新知识，你就可以作为一个有经验的用户回到界面进一步探索 UI 操作。同时，也可以浏览其他目录，查看代码。注意，app.js 的内容是特定于应用程序的，并依赖于智能合约。因此，你要为其他 Dapp 和智能合约开发不同的代码。在第 6~11 章中你将有机会探索其他 Dapp 的 app.js 代码。

4.5 回顾

Dapp 的设计和开发主要包括 3 个部分：智能合约设计、前端设计和服务器端黏合代码(app.js)的开发。对于区块链开发者而言，重点是智能合约和 app.js 中的黏合代码，以便在去中心化的环境中部署 Dapp。作为一个区块链开发者，你通常要与一个由前端和服务器端开发者组成的团队进行合作，以完成设计。

智能合约的开发与类设计有很大的不同。函数调用会包含发送者的身份和执行其语句的数值(成本)。发送者的账户必须有一个地址和一个余额(如以太坊的以太币)。一个 Dapp 开发者在为区块链开发应用时，必须要了解区块链账户的这些属性。

可以把区块链想象成一条连接世界上所有对等参与者和其他自治实体的环形公路。这条路的目的不是用来运输人，而是用来运输有用的交易。自动化规则能够进行验证、确认，并在交易和对等参与者之间建立信任，使他们能够与通过环形公路连接的任何人进行交易。Dapp 也提供了入口和出口，使得任何人都能够与其他所有人进行交易，从而创造出许多新的机会。

4.6 最佳实践

这里有一些专门针对 Dapp 开发的最佳实践：

- **使用标准的目录结构**。Dapp 生态系统中有许多组件，其中智能合约是其核心。使用标准的目录结构，对于组织组件和自动化构建过程都非常重要。
- **使用标准的命名约定**。使用 Truffle 等构建工具可以创建标准目录，并使用标准的文件名，如 truffle-config.js 和 2_deploy_script.js 等。使用这些标准的名称可以支持依赖项和自动化构建脚本。像 truffle compile 和 truffle migrate 这样的构建脚本，需要特定的文件名，并根据某些配置文件的内容，如 truffle.js 来执行操作。因此，不要将 2_deploy_script.js 重命名为 deployScript.js，2_前缀是为了保留其执行顺序。因此，1_initial_migrations.js 在 2_deploy_script.js 之前执行，以此类推。
- **与 Remix JavaScript VM 提供的模拟环境不同，需要注意的是，Ganache 提供了一个测试链**。在 Dapp 的开发过程中，VM 为调试和测试提供了一个受控环境。之后，你会连接到真正的公共区块链上，如 Ropsten 和 Rinkeby，甚至连接到以太坊的主网上(如果你真的拥有以太币的话)。
- **在智能合约迁移时注意 reset 选项**。在测试和开发过程中，truffle migrate --reset 命令可以用来覆盖区块链服务器上部署的智能合约。在真正的区块链中，当智能合约被部署到服务器上时，智能合约的代码就会被记录到所有利益相关者处，且不可更改。因此根据目前的以太坊协议，它是不可能被覆盖的。一般的建议是，在转移到生产环境之前，先在开发环境中对智能合约进行完整的测试。

4.7　本章小结

- Truffle 提供了一套直观的开发工具和技术(truffle init、compile、develop、migrate、debug 和 test)。
- Truffle 套件为 Dapp 提供了一个方便的基于 npm 的开发环境。
- MetaMask 浏览器插件将网络界面连接到智能合约。它能够管理账户并允许用户确认交易。
- Ganache 是一个具有模拟账户地址的 web3 提供商，模拟账户地址是为了方便测试。
- 区块链 Dapp 使用账户地址来识别参与者和智能合约。
- 从本章的 Dapp 讨论中可以看出，一个典型的 Dapp 开发团队，需要基于区块链的系统开发人员，以及前端和服务器端的开发人员，每个人都要具备各自领域的专业知识。

第Ⅱ部分

端到端的 Dapp 开发技术

智能合约通常无法单独起作用，它往往是较大应用的一部分。一个去中心化的应用或者 Dapp，能够体现出智能合约的逻辑，从而使得用户可以在区块链上进行交易和记录。第Ⅱ部分将介绍 Dapp 的设计和开发，以及其他设计考虑因素，如链上和链下数据，还有旁路操作。你还将学习使用密码学及哈希函数来为你的应用增加安全性和隐私。此外，还有两个应用——盲拍和微支付渠道——也将被一一介绍，以说明使用 web3 API 来访问区块链服务的概念。你还将通过添加网络用户界面，将第Ⅰ部分介绍的航空联盟智能合约开发成一个成熟的 Dapp。你将学会使用标准的目录结构，使用 Truffle 和 Node.js(npm)命令来部署智能合约及网络应用。第Ⅱ部分的亮点包括将智能合约迁移到公共基础设施 Infura 以及测试链 Ropsten，从而允许任何潜在的去中心化用户访问你的 Dapp。简而言之，第Ⅱ部分将展示如何将智能合约转化为一个成熟的基于区块链的 Dapp 栈并进行编码。该栈有一个网络前端和一个区块链分布式账本，以用于记录交易和相关数据。

第 5 章将介绍安全和隐私的概念。你将通过设计和开发盲拍智能合约来学会应用这些概念。第 6 章介绍链上和链下数据。你将开发盲拍(BlindAuction-Dapp)和航空联盟(ASK-Dapp)应用，重点是关注哪些数据在链上，哪些数据在链下。第 7 章探讨了如何使用 Web API 和 web3 供应商来访问区块链服务，以及称为旁路的应用级概念。通过一个微支付渠道应用(MPC-Dapp)示例，你将了解所有这些主题。第 8 章介绍如何将智能合约迁移到类似云的基础设施 Infura 上。

第 5 章

安全与隐私

本章内容：

- 了解密码学和公私密钥对的基础知识
- 使用公钥密码学管理去中心化参与者的数字身份
- 使用密码学和哈希算法来确保区块链数据的隐私和安全
- 使用盲拍智能合约来说明安全和隐私的概念
- 在公共区块链上部署智能合约

从公共建筑和高速公路，到硬件和软件系统，任何向公众开放的系统都需要考虑安全和隐私的问题。但在基于区块链的系统中，这些问题尤为严重。这些系统的运作超越了传统的信任界限，例如涉及医疗机构及其病人，大学及其注册的学生的信任系统。这些系统的安全，通常是基于对政府颁发的证书(如驾照和护照)进行验证，使用用户名和密码进行身份验证，以及对信息和通信进行端到端加密实现的。

健康信息、学生记录等的数字化进展，加快了确保参与者数据隐私的法规的建立。美国 1996 年的《健康保险可携性和责任法案》(HIPAA)规定了保护医疗信息的数据隐私和安全相关的条款。1974 年的《家庭教育权利和隐私法案》(FERPA)则是一项保护学生教育记录隐私的联邦法律。这些系统的数据通常存放在一个集中的数据库中，其访问受传统的方法制约，如需要验证各种证书、用户名、密码等。但区块链是一个去中心化的系统。在这样的系统中，参与者通常都是到处分布的，他们各自持有资产，可以随心所欲地加入和离开(在智能合约编码的规则范围之内)，拥有自我管理的身份，组织松散，并且依靠区块链来建立信任层。针对这些情况，建立身份并确保隐私和安全，确实充满挑战——但在本章中，你将学习如何在去中心化系统中应用密码学和哈希算法来解决这些问题。

还记得第 3 章中的四边形图吗？这里重现该图，如图 5-1 所示，左边的信任部分(验证、确认、记录和共识)已借助智能合约修饰符和区块链上的交易记录解决(参见第 3 章)。右边的身份、安全、隐私和保密性问题则在去中心化的背景下归为系统的完整性问题。本章的重点正是解决身份(2a)、安全(2b)和隐私(2c)问题。

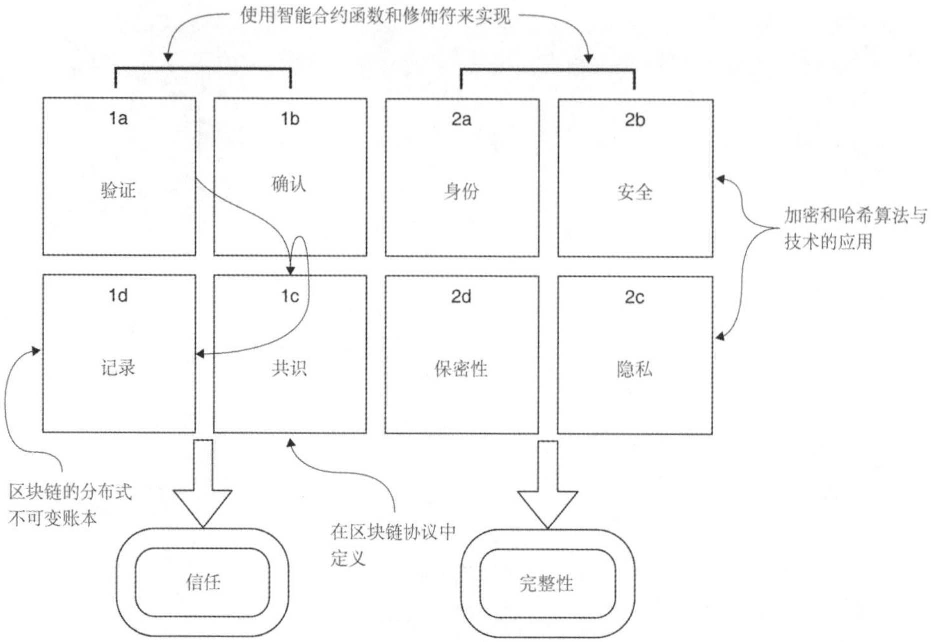

使用智能合约函数和修饰符来实现

1a 验证
1b 确认
2a 身份
2b 安全
1d 记录
1c 共识
2d 保密性
2c 隐私

加密和哈希算法与技术的应用

区块链的分布式不可变账本

在区块链协议中定义

信任

完整性

图 5-1 信任和完整性的要素

我们首先学习密码学，它是生成账户地址以用作去中心化参与者身份的关键。然后，再探讨哈希技术，以实现安全和隐私。你将学习如何应用这些概念、工具和技术来设计和开发具有安全和隐私功能的智能合约。

我们将探索一个解决特定的去中心化用例的应用：一个去中心化的盲拍。这一示例也将加深你对第 2~4 章中学到的智能合约设计原则的理解。

在本章中，你将看到，如何在一个新工具(即名为 Ropsten 的公共测试链)上部署智能合约。在真正的生产链(以太坊主网)上部署之前，这是渐进式开发的第一步。而以太坊主网的部署则需要花费真正的以太币。本章介绍公有链是为了强调在公有链部署的隐私和安全极其重要。让我们从密码学开始。

5.1 密码学基础

比特币及其加密货币模型的建立是基于 40 多年来发展的密码学研究和算法基础。大多数日常编程项目中，安全都是隐式存在的。但在基于区块链的去中心化解决方案中，密码学扮演着不可或缺的重要角色，它被用于

- 为参与者和其他实体创建一个数字身份
- 确保数据和交易的安全
- 保证数据的隐私
- 以数字方式签署文件

对密码学基础知识的快速回顾，将有助于你理解能解决未知参与者的去中心化身份问题的私钥-

公钥对。与传统系统不同，在一个去中心化系统中，你不能使用用户名和密码的方法来识别和验证用户。相反，通常使用类似加密密钥对的技术访问云提供商的服务器实例。

5.1.1　对称密钥加密

让我们先快速了解一下对称密钥加密，以理解加密过程及该方法不适合去中心化应用的原因。之所以称它为对称加密，是因为加密和解密使用的是同一个密钥。我们来看看常见的凯撒加密法。在这种加密方法中，消息的每个字母都按照字母顺序移动一个固定的位数(密钥)。例如图 5-2 中的消息：Meet me at the cinema。将每个字母向右移动 3 位来进行加密。然后消息的接受者通过使用相同的“密钥”并将每个字母反向移动 3 位来解密信息，以查看原始消息。

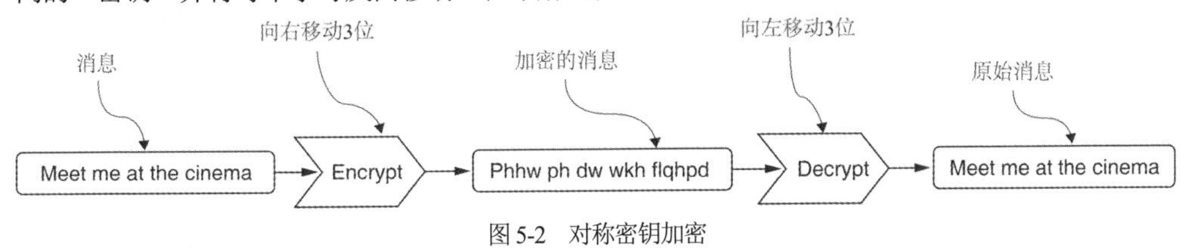

图 5-2　对称密钥加密

在这个简单示例中，3 就是加密密钥。因为加密和解密用的是同一个密钥，因此称为对称密钥加密。在实际应用中，密钥、加密函数和解密函数通常要复杂得多。不管怎么，对称加密最关键的问题在于密钥如何分发，或者说，如何将密钥秘密地传递给参与者。如果你将其公开，那么任何人都可以解密信息。该问题在基于区块链的去中心化网络中会被进一步加剧，在这样的网络中，你面对的是未知的参与者。为避免这种情况，目前的网络系统常采用另一种方法，该方法在加密和解密时使用的密钥是不同的——非对称的。下面探讨一下非对称密钥的解决方案及其与基于区块链的系统的相关性。

5.1.2　非对称密钥加密

非对称密钥加密通常被称为公钥加密。这种方法使用两个不同的密钥，而非单一的密钥(如对称密钥加密)：

- 假定{b，B}是美国纽约州水牛城的一个参与者的{私钥，公钥}。
- 假定{k，K}是尼泊尔加德满都的参与者的密钥对。
- 每个参与者都会公布他们的公钥，但是对其私钥进行安全保护，通常是使用口令。
- 任何一个参与者都可使用对方的公钥来加密信息，但只有拥有私钥的一方可以解密信息。

该密钥对的工作原理如图 5-3 所示。可使用函数 F 和私钥 b 对输入数据进行加密，得到加密后的消息 X。然后使用相同的函数 F 对消息 X 进行解密，但需要使用不同的密钥——公钥 B 来提取原始数据。

因此，公钥-密钥对有一个独特的属性：当用私钥加密消息后，可以用公钥解密，反之亦然。加密和解密的密钥是不一样的。因此这种方法是不对称的。现在，密钥分发问题得到了解决：你可以公开公钥，供任何人使用，同时保持私钥的安全和可靠。这一特性，不仅有助于解决密钥的分发问题，也有助于解决分散的参与者的身份问题。

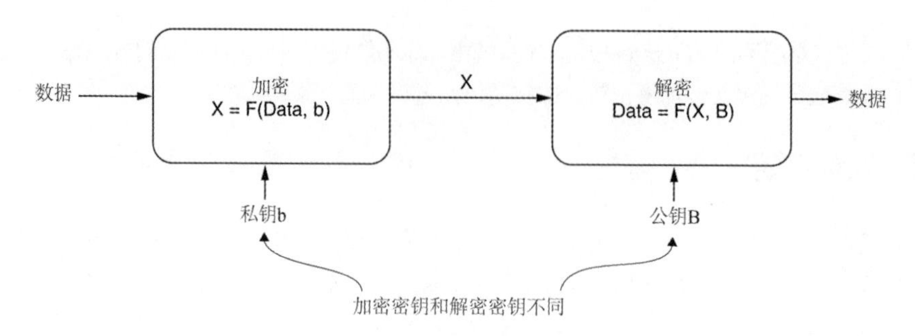

图 5-3 非对称密钥加密及解密

接下来，让我们探讨一下公钥密码学如何用于解决区块链和去中心化应用中的诸多问题。

5.2 公钥密码学与区块链的相关性

公钥密码学可用于区块链上的一系列操作，从账户地址生成到交易签名等。

5.2.1 生成以太坊地址

正如你在第 2 章(2.5 节)中了解到的，以太坊有两种类型的账户：外部账户(EOA)和智能合约账户。打开 Remix IDE，输入任意智能合约，编译并部署。你就可以在左侧面板上看到地址，如图 5-4 所示。

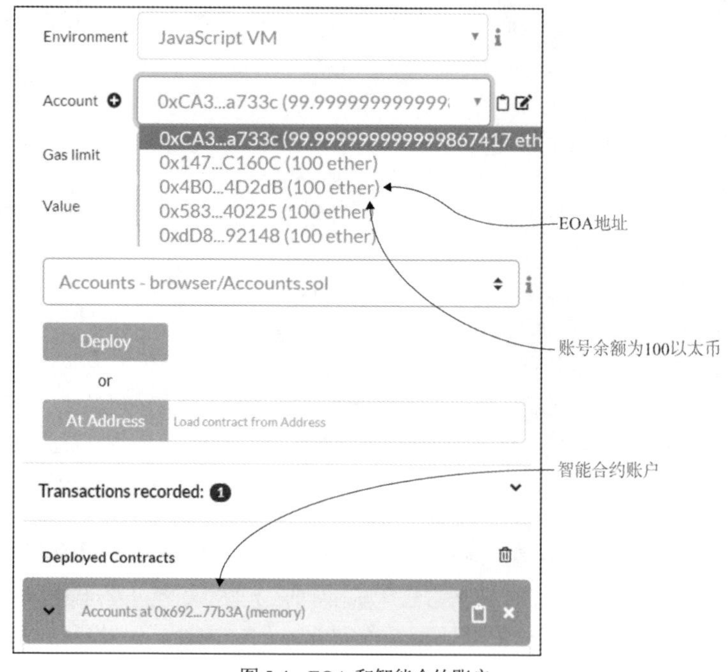

图 5-4 EOA 和智能合约账户

你是否想过这些账户地址(身份)是如何创建的？对于链上的参与者而言，如何确保账户地址独一无二？为解决这些问题，以太坊使用了一种基于公私密钥对的机制来生成账户地址。下面介绍如何使用该机制生成账户地址：

(1) 生成一个 256 位的随机数，并将其指定为私钥。

(2) 将一种称为椭圆曲线加密算法的特殊算法应用于该私钥，得到唯一的公钥。

这就构成了{私钥、公钥}密钥对。私钥由密码保护，公钥对外开放。

(3) 将一个哈希函数 RIPEMD160 应用于该公钥以获得账户地址：

a. 账户地址会比密钥短：160 比特或者 20 字节。该地址就是你在 Remix 和 Ganache 环境中看到的账号，可以作为公有链网络的地址，本章后面将介绍(5.2.3 节)。

b. 地址用 16 进制表示，以便于阅读，前两个字符用 0x 表示，如 0xca35b7d915458ef540ade6068dfe2f44e8fa733c。

之前你一直在使用 EOA 地址向智能合约发送消息，存储以太币，并在区块链上进行交易。由于显而易见的原因，账户地址有一个严格的要求，那就是普遍唯一性。通过选择一个大的(256 位)地址空间和使用一个加密机制来生成无冲突(唯一)的地址，可以满足这一关键需求。

5.2.2　交易签名

加密密钥对也被用于交易签名。私钥用于对交易进行数字签名，以进行授权和认证。记得在第 4 章中，你曾使用 MetaMask 来确认你的交易。MetaMask 当时执行的操作之一，就是使用私钥来签署交易。类似于要安全地保管信用卡，也要保护好你的私钥以确保你在区块链上的资产安全。因此，除了加密之外，密码学的另外两个主要应用是生成账户地址(作为去中心化参与者和实体的身份)和以数字方式签署交易及信息。在本书中，我们将首次应用这两个概念在公有链上部署智能合约。

5.2.3　在 Ropsten 上部署智能合约

到目前为止，你一直在开发智能合约和 Dapp，并将其部署在测试链，如 Remix IDE 的 JavaScript VM 或者是 Ganache 本地测试链上，以获得受控环境中的经验。在掌握了密码学的基础知识后，你就可以在公有链上部署智能合约了。

Ropsten 是一个公共测试网络，它实现了以太坊区块链协议，但使用虚拟以太币。Ropsten 非常适合部署实验，可在 Remix 和其他测试网络中完成初步测试之后进行部。在 Ropsten 上完成部署之前，你需要一些组件来设置环境：

- 一个用于管理账户和签署交易的钱包。你可使用 MetaMask 来管理你的 Ropsten 账户和以太币余额(供测试用)。
- 一个能用一组确定的测试账户地址填充钱包的方法。
- 一个 Ropsten faucet，会将测试用的以太币存入账户，用于执行交易，以及对等参与者之间的以太币转移。
- 注入 web3 环境的 Remix IDE，通过 MetaMask 支持 Ropsten 账户，并通过其用户界面与智能合约进行交互。

- 一个准备在 Ropsten 网络上部署的智能合约。你将使用计数器智能合约(见 5.2.6 节)进行初始部署。

5.2.4 以助记符的形式使用私钥

通常，160 位的账户地址是由 256 位的公私密钥对加密生成的。每当生成/调用你的账户地址时，都要使用这个私钥。当然，你根本不可能记住该私钥，而是用一个助记符来表示它。

注意 BIP39(网址见链接[1])是 Bitcoin Improvement Protocol 39 的缩写。该协议定义了一种用助记符表示私钥的方法。私钥的助记符表示法，同样适用于任何区块链平台，包括以太坊。

你可以从一个名为 BIP39(网址见链接[2])的网络工具中获得一个 12 词的助记符。如图 5-5 所示，选择 12、ETH 和英语选项，然后单击 Generate。你就能够得到一个独特的 12 词助记符，这对于任何基于以太坊的区块链都很有用。

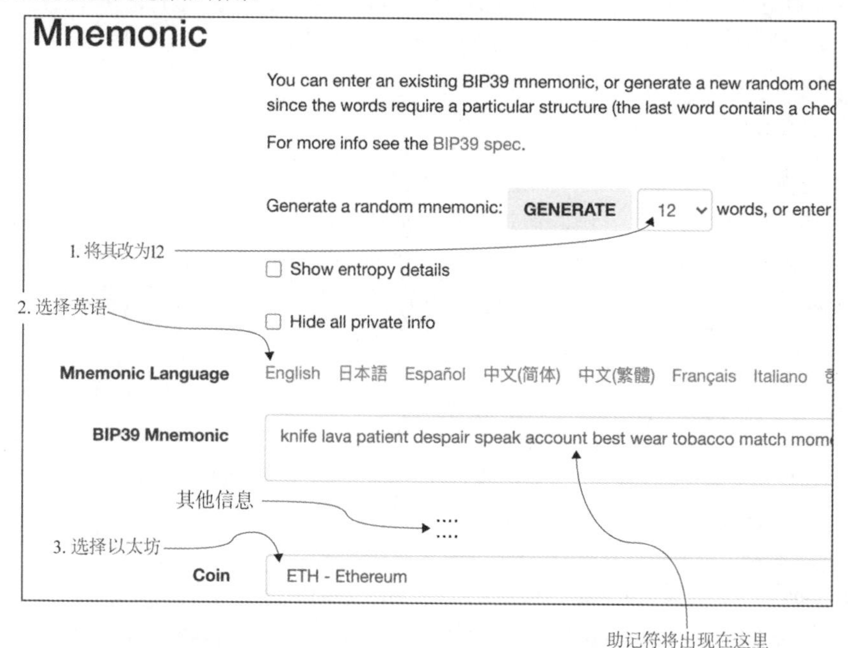

图 5-5 用于加密生成助记符的 BIP39 网络工具

请妥善保管该助记符，切勿共享，这很重要。助记符可用于以加密方式生成一组确定的账户地址。使用该助记符，就可以使用一组确定的账户来填充钱包，以便在任何基于以太坊的区块链网络中进行操作。

5.2.5 填充区块链钱包

让我们使用加密密钥对来生成一个钱包，这样我们就可使用从 BIP39 工具中复制的助记符(见 5.2.4 节)生成账户，并在账户中收集以太币作为存款，从而在公有链上进行操作。以下是使用

5.2.4 节中保存的加密助记符的步骤：

(1) 打开已安装了 MetaMask 的 Chrome 浏览器，从网络下拉列表中选择 Ropsten 测试网络，连接到 Ropsten(你可能需要单击 MetaMask，单击圆形账户图标，并在完成本步骤之前进行注销)。

(2) 单击 Import，使用账户 seed 短语，然后在打开的文本框中，输入在 5.2.4 节中生成的助记符。该界面需要一个密码，输入两次密码，然后单击 Restore 按钮(该步骤类似于第 4 章中从 MetaMask 连接到 Ganache 测试链)。

(3) 单击 MetaMask 中的 Create Account 按钮，创建任意数量的账户。将显示的新账户地址复制到剪贴板上。该账户为 Ropsten 网络的一个有效账户。你会发现，此时你的以太币余额为 0。

(4) 使用复制的地址从 Ropsten faucet 工具中接收测试以太币，如下面两步所示。

要在 Ropsten 上进行操作，你需要一些测试用的以太币，可通过访问任意 Ropsten faucet 来完成。请按照如下步骤操作：

(1) 在你的浏览器中，导航到 Ropsten faucet 页面(网址见链接[3])，如图 5-6 左侧所示。

(2) 粘贴你在 MetaMask 中创建的地址，并复制到剪贴板上，然后单击 Send me test Ether 按钮。短时间后，你就会收到 1 以太币，这将计入你创建的 MetaMask 账户。

在该特定的 faucet 上，你可以每隔 24 小时获得 1 以太币，这足够用来完成初始部署和学习该公共测试链。你需要重复这一操作才能够获得更多的以太币。

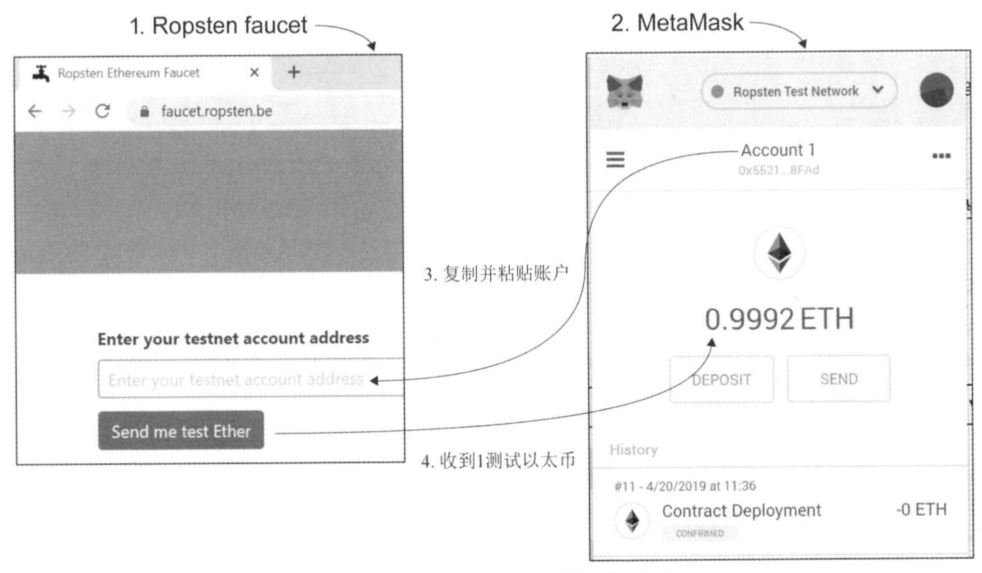

图 5-6　从 Ropsten faucet 获得测试以太币

5.2.6　在 Ropsten 上进行部署和交易

下面使用简单的计数器智能合约(代码清单 5.1)来演示如何在 Ropsten 上进行部署。现在，你一定已经意识到，要在公共区块链网络上部署和操作，需要计算以太币余额。每笔交易都需要花费以太币，尽管通常数额都很小。

代码清单 5.1 Counter.sol

```
pragma solidity >=0.4.21 <=0.6.0;
// Imagine a big integer counter that the whole world could share
contract Counter {
   uint value;

   function initialize (uint x) public {
   value = x;
}

function get() view public returns (uint) {
   return value;
}

function increment (uint n) public {
   value = value + n;
   return;
}

function decrement (uint n) public {
   value = value - n;
   return;
}}
```

在 Remix 编辑器中将代码清单 5.1 中的代码保存为 Counter.sol。进行编译，并确保没有错误，然后将环境设置为 Injected Web3(而不是 JavaScript VM)。图 5-7 显示了 MetaMask 支持的 Injected Web3 设置。

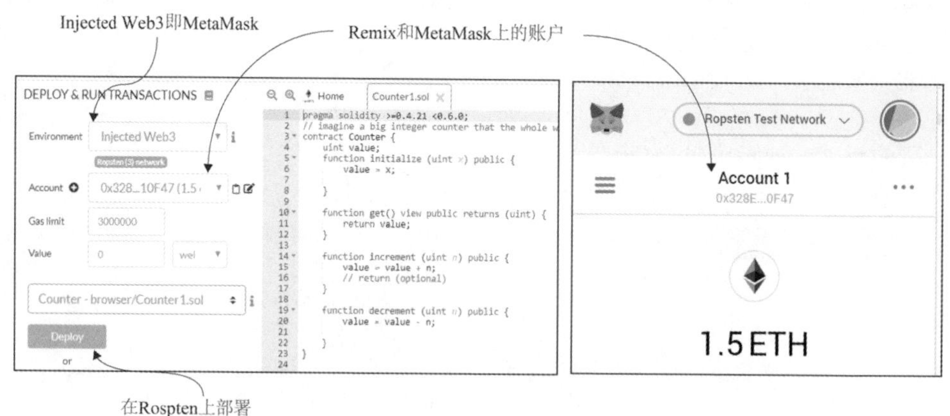

图 5-7 基于 Injected Web3 环境的 Remix-MetaMask-Ropsten 链接

确保 MetaMask 中的账户号码已在 Remix IDE 的 Account 框中显示，以便使用 MetaMask 的 IDE 和 Ropsten 测试网络保持同步。如果没有，则需要使用密码来解锁 MetaMask，并将隐私模式设置为 Off，以便公共参与者能访问你的智能合约。

现在通过单击 Deploy 按钮部署智能合约。你应该能够看到该部署在 Ropsten 网络上得到确认，并且控制台窗口中会显示 Ropsten Etherscan 的交易链接：

```
https://ropsten.etherscan.io/tx/0xafeeb62d9a12a8d7ad08b38977040e795bd3d6f6d5e1d404c534
   aa28744e421d
```

图 5-8 显示了作者在撰写本章时所创建的实际交易情况。它显示了交易的哈希值、许多待确认的区块编号(因为这是在一段时间之前记录的)、交易的发送者地址，以及接收者的地址。未来你阅读本书时，你就可以在 Etherscan 上看到我之前创建的交易，这岂不是很酷？不要错过这样的探索，因为这将为后续章节的内容打下基础。

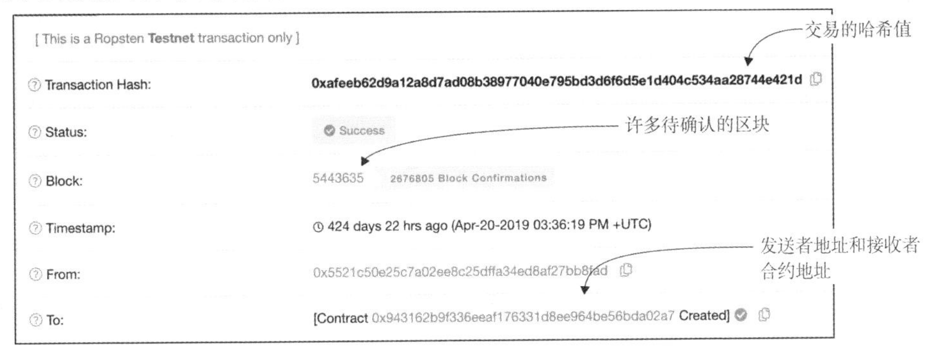

图 5-8　Etherscan 上可见的记录在 Ropsten 上的合约部署交易

现在，你就可以通过使用 Remix 提供的用户界面来与智能合约交互。将计数器初始化为 500，然后减去 200，得到一个数值(应该为 300)，然后再增加 200。此时再次获取数值：应为 500。但你需要在弹出的 MetaMask 窗口中确认每笔交易。并且在 Ropsten 上获得交易确认所需的时间，往往比在 Remix 本地环境中要长。

你已在公共网络上成功部署了第一个智能合约。需要注意的是：你的合约对 Ropsten 上的参与者是公开的，所以它不再是私有的。因此你最好保护好任何敏感的交易数据！

当你在像 Ropsten 这样的区块链上部署智能合约时，其他人也可以与之交互，所以你必须意识到，部署智能合约的区块链网络中的所有人都可以看到该合约，无论该网络是私有的、公开的，还是经过许可的。虽然该问题对于去中心化的公众而言是显而易见的，但你必须知道通过函数参数传输的数据——如盲拍中的投标值——必须保持私密和安全。

5.4 节将研究如何利用密码学和哈希的组合来解决这些问题。因此，密码学不仅可用于创建去中心化参与者的身份，也可用于安全哈希算法以确保隐私和安全。

5.3　哈希基础知识

哈希是一种转换，它能够将任意大小的数据映射到一个标准的固定大小的数值。数据元素的哈希值，是通过使用哈希函数计算出来的，如下所示：

哈希值 = 哈希函数(一个或者多个数据项)

将逻辑 XOR(异或)函数作为简单的哈希函数，对两个二进制数据项 a=1010、b=1100 求值，就可以得到这两个数据项的哈希值为 0110：

哈希值 = xor(a=1010，b=1100)= 0110

定义 哈希是指使用一个称为哈希函数的特殊定义的函数，将任意长度的数据映射成一个固定大小的数值的过程。

即便数据元素中的一位发生了变化，也会大大改变数据元素的哈希值。任何类型的数据，包括数据库或者图片，都可以简洁地用固定长度的哈希值表示，如图 5-9 所示。一个 256 位的数据项与一个强大的哈希函数结合，能提供一个极大的、无冲突的账户地址空间。无冲突，意味着哈希函数有很大的概率不会生成两个相同的数值，并且将哈希函数应用于相同的数据元素时，会得到一个唯一的哈希值。唯一性对哈希函数来说很重要：你肯定不希望自己拥有和朋友相同的标识号！

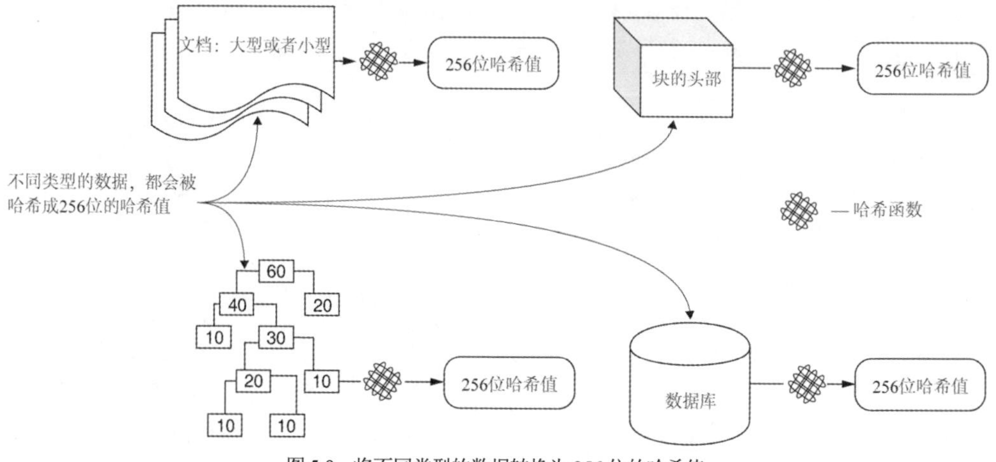

图 5-9 将不同类型的数据转换为 256 位的哈希值

5.3.1 文档的数字签名

对于文档的数字签名，可使用哈希函数来计算文档的哈希值。该哈希值可用作文档的数字签名，并由发送者附加在文档上。文档的接收者稍后可通过重新计算文档的哈希值，并将其与附加的数字签名(哈希值)进行比较来验证该签名。

5.3.2 分布式账本中的哈希数据

区块链并非常规数据库，它只存储分布式账本所需的最少数据。哈希值在这方面也很有帮助！区块链不会因一个大文档而过载，因为只有文档的哈希值(表示)会被存储在链上。当我们在第 6 章中使用链上和链下数据来进一步开发我们的去中心化系统模型时，你将了解关于哈希的更多功能。

5.3.3 以太坊区块头中的哈希值

回顾一下第 1 章，区块链是一个不可篡改的不可变账本，由包含交易记录、可改变状态、日志、返回值(回执)以及许多其他细节的区块组成，如图 5-10 中的以太坊区块头所示。交易、状态、日志以及回执都被存储在默克尔树(Trie 树)这一数据结构中。该树的哈希值被存储在区块头中，此外，这里还存储了前一个区块头的哈希值，从而形成了与前一个区块的链接，这样就形成了链，并强制执行不可变性。即使区块内容中的一位发生了变化，也会极大地改变它的哈希值，从而破坏链。因此你就可以看到，区块的哈希值在实现链的不可变性和完整性方面起着重要作用。

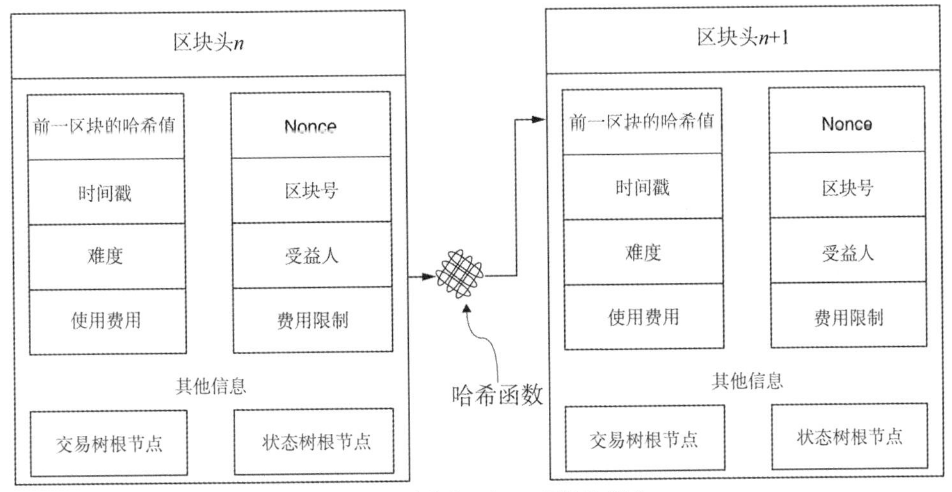

图 5-10　以太坊的 n 和 n+1 区块头(部分)

哈希是共识过程的核心组成部分，决定下一个区块是否被添加到链上。哈希也是一个推荐的预处理步骤，可用于消息加密和交易的数字签名。它不仅在协议层担任重要角色，在应用层也发挥着重要作用。

5.3.4 Solidity 哈希函数

Solidity 提供了 3 个哈希函数：SHA256、Keccak(也是一个 256 位哈希函数)和 RIPEMD160。回顾一下 5.2.1 节，RIPEMD160 用于从以太坊账户的 256 位公钥生成 160 位的账户地址。Keccak 是为基于 SHA3(安全哈希)算法的以太坊开发的。在这里，可将 Keccak 用作哈希函数进行 Dapp 开发，因为在 SHA3 成为标准之前，它就已经在以太坊区块链中实现了。

如何计算一组数据的哈希值？以下是 Keccak 函数的一些简单的 Solidity 代码。你可使用该函数来计算 Keccak 哈希值，如代码清单 5.2 所示。

代码清单 5.2　用于计算哈希值的智能合约(Khash.sol)

```
pragma solidity >=0.4.22 <=0.6.0;

contract Khash {

bytes32 public hashedValue;
function hashMe( uint value1, bytes32 password) public
{
     hashedValue = keccak256(abi.encodePacked(value1, password));
}
}
```

函数 abi.encodedPacked 会打包参数(任意数)并返回不同类型参数的字节表示，keccak256 函数则会计算哈希值。你可使用该智能合约来计算 20、30 等数的 Keccak 哈希值，密码为 0x426526。唯一需要注意的是，你需要输入所有 32 字节的密码，因为在最新版本的 Remix 中，需要输入长十六进制数字。需要输入十六进制表示，是因为我们在处理区块链计算时采用的是 256 位。以下是以 0x 开头 32 字节的密码，表示该字符串是十六进制：

```
0x4265260000000000000000000000000000000000000000000000000000000000
```

可以用 20 和 30 以及该密码来验证，利用之前的代码计算出 20 的哈希值为

```
0xf33027072471274d489ff841d4ea9e7e959a95c4d57d5f4f9c8541d474cb817a
```

以及 30 的哈希值为

```
0xfaa88b88830698a2f37dd0fa4acbc258e126bc785f1407ba9824f408a905d784
```

让我们应用这些概念来解决一个新的去中心化应用的需求。

5.4 哈希的应用

让我们探讨一下安全哈希算法在去中心化应用中如何实现隐私和安全。为此，我们将考虑 Solidity 文档(网址见链接[4])中描述的盲拍问题。与投票和选举问题一样，该问题的需求也被极大地简化，这样我们就能更关注隐私和安全问题。

问题陈述：受益人计划对一件艺术品进行盲拍。要拍卖的作品可能有很多，但一次只拍卖一件作品即可，因为在该作品售出后，你可以随时增加其他作品。由受益人控制拍卖的各个阶段，即{启动、竞价、揭晓、完成}。受益人启动拍卖后，竞标者可在竞标阶段出价，一次出一个价，并且价格是安全且隐秘的。其他人，包括受益人，都无法看到每次出价。一段时间后，受益人将阶段推进至揭晓阶段。届时竞标者将公开发送他们的出价，由受益人公布出价，确定最高出价者和最高价。然后受益人将阶段推进到完成来结束拍卖，此时拍卖结束。最高出价金额将转入受益人账户。非中标者可以提取保证金，中标者将返还保证金余额。

不妨花几分钟来回顾一下该问题陈述，然后在着手设计解决方案之前，可以在你的脑中或纸上演示这些步骤。

5.4.1 盲拍设计

让我们研究一下这一问题，并实际应用你所学到的设计原则(DP)，原则的具体内容详见附录 B。通过使用 DP 2 和 DP 3，可指导你定义数据结构；使用合约图(DP 4)可表示设计；使用有限状态机(FSM，DP 5)可表示拍卖状态的转换；需要智能合约实现的任何规则都可使用修饰符(DP 6)。应用 DP 为开发区块链解决方案提供了结构化的方法。

你看到拍卖会上各个状态的模式了吗？它们与 Ballot-Dapp 中的状态类似。在应用了所有的 DP 之后，合约图和状态转换图如图 5-11 所示。在你开始编码之前，请确保你已理解图 5-11 左边的 FSM 过程。特别要注意竞价和揭晓阶段的操作：盲投发生在竞价阶段。每次出价都需要押金，并且该押金应该高于出价。在所有的出价完成之后，参与者在揭晓阶段会再一次发送他们的出价(这次是公

开的)。中标者在揭晓阶段才得以确定。

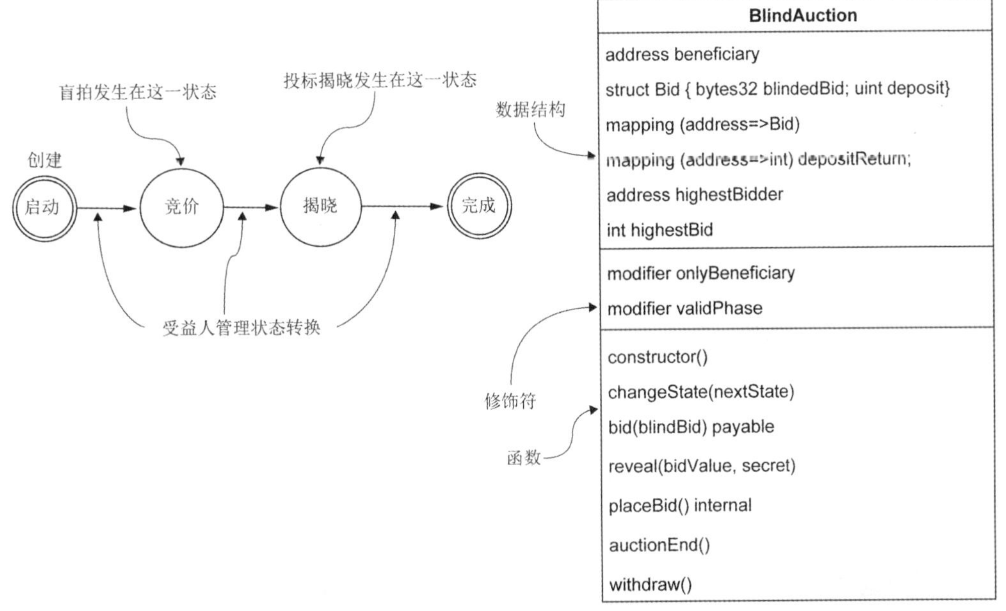

图 5-11　盲拍的状态转换 FSM 和合约图

这个问题很复杂，但它体现了一种在许多大型系统(如市场营销和金融领域)中都非常有用的模式。可以花点时间来探索这里所描述的想法，并在你的应用中重用它们。

5.4.2　盲拍智能合约

盲拍智能合约是 Solidity 文档中的代码的一个修改版本，它允许我们专注于实现 blindedBid 的隐私和安全。首先回顾一下代码，然后使用 Remix IDE 来测试智能合约。你可以按照指示将代码清单复制到 Remix IDE 中并进行浏览。包括以下内容：

- 数据元素(代码清单 5.3)
- 修饰符(代码清单 5.4)
- 函数(代码清单 5.5)

数据元素包括出价数据、拍卖阶段(状态)的枚举数据类型、受益人地址、出价和保证金返还的 mapping，以及最高出价细节等。这些元素在代码清单 5.3 中定义。可以查看代码，并将其加载到 Remix 中。

代码清单 5.3　盲拍数据(BlindAuction.sol)

```
pragma solidity >=0.4.22 <=0.6.0;

contract BlindAuction {

    struct Bid {              ◄──── 投标细节
        bytes32 blindedBid;
```

```
        uint deposit;
    }

    // state will be set by beneficiary    ← 拍卖状态细节
    enum Phase {Init, Bidding, Reveal, Done}
    Phase public state = Phase.Init;
                                           合约部署者为受益人
    address payable beneficiary; // owner  ←
    mapping(address => Bid) bids;          ←
                                           每个地址只能投一次标

    address public highestBidder;          | 最高出价者细节
    uint public highestBid = 0;
                                           非中标者押金退回
    mapping(address => uint) depositReturns;  ←
```

盲拍问题涉及两个主要规则：受益人决定拍卖的开始、结束，以及Bidding、Reveal阶段的起止时间，而且只有受益人可以将阶段切换到下一个阶段。这些条件如代码清单5.4所示，以修饰符validPhase和onlyBeneficiary的形式实现。你可以将其插入已加载进Remix IDE的代码(代码清单5.3)中。

代码清单5.4 盲拍的修饰符(BlindAuction.sol)

```
// modifiers                                  拍卖阶段的修饰符
modifier validPhase(Phase reqPhase)        ←
  { require(state == reqPhase);
    _;
  }

                                              检查受益人的修饰符
modifier onlyBeneficiary()
{ require(msg.sender == beneficiary);      ←
    _;
}
```

5.4.3 隐私及安全方面

在盲拍中，Bidding阶段将由投标人进行盲投。因此投标的内容(价格)是私有的，也是安全的。那么如何保证隐私和安全？可通过对参数进行哈希来实现隐私。但是，尽管哈希值在人们眼里是无法破译的，但可通过暴力破解它。对于一个整数值(unit)，例如20，它的Keccak哈希值无论是在地球、月球、火星，还是在拉各斯(尼日利亚)、纽约(美国)，其值都是一样的，如下所示：

```
0xce6d7b5282bd9a3661ae061feed1dbda4e52ab073b1f9285be6e155d9c38d4ec
```

该32字节的哈希值，对于你来说可能是一堆乱码，但是如果需要的话，通过了解拍卖品的大致上下文和拍卖品的价格范围即可使用暴力攻击轻松破译出竞拍价。那么，如何确保它不会受到此类攻击？你可使用一个nonce，或者一个保密密码来作为第二个参数。就好比借记卡的个人识别码一样。在这种情况下，计算该值的Keccak哈希值，然后与第二个保密密码打包在一起，可使其更加安全。表5.1中显示了数值20的这些不同的形式。第一列是纯数据值20(开放的)，第二列是20

的 Keccak256 哈希值(私有但不安全)，第三列是 20 的 Keccak256 哈希值以及去中心化参与者选择的密码 0x426526(私有且安全)。在表中，Solidity 的 abi.encodePacked()函数在执行 Keccak 哈希前创建了一字节形式的参数。这是一种简单的用于隐私和安全的哈希技术，可将其应用于其他类似情况。因此，可以在你的应用中使用另一个设计原则来实现这些目标。

表 5.1　用于隐私和安全的 Keccak 哈希法

开放	看起来是私有的(256 位)	私有和密码安全(256 位)
纯数据	keccak256(abi.encodePacked(20))	keccak256(abi.encodePacked(20, 0x426526))
20	0xce6d7b5282bd9a3661ae061…	0xf33027072471274d489ff841d4ea9e…

设计原则 7　通过对参数和一次性保密密码使用安全哈希算法，确保函数参数的隐私及安全。

最后，还有一个实用函数 changeState()，它只能由受益人调用。函数 bid()、reveal()和 auctionEnd()只在拍卖处于正确的阶段时才会被调用，而这由代码清单 5.4 中定义的 validPhase()修饰符来指定。

在揭晓阶段，所有的(私有的和安全的)有效出价都在此阶段揭晓。竞标者会透露竞标价格和密码。揭晓密码也是可以的，因为它是由一个投标人决定的一次性的、单一用途的密码。智能合约函数 reveal()会计算投标和保密密码的哈希值，并验证其与之前发送的盲标是否匹配。如果哈希值确实匹配，合约就会接受该出价(placeBid()函数)，并评估它是否为最高。这些验证盲投正确性的检查是用 if 语句实现的。

可以将代码清单 5.5 中的代码添加到之前已载入 Remix IDE 的代码(即代码清单 5.3 和代码清单 5.4 所示的代码)中。在继续测试该智能合约之前，先回顾一下这段代码，以进一步探索这些函数。

代码清单 5.5　盲拍的函数(BlindAuction.sol)

```
constructor( ) public {                     ← 构造函数设置受益人
      beneficiary = msg.sender;
      state = Phase.Bidding;
}

function changeState(Phase x) public onlyBeneficiary {
    if (x < state || x != Phase.Init) revert();
    state = x;
}

function bid(bytes32 blindBid) public payable validPhase(Phase.Bidding)
{                                              ← 盲拍函数
    bids[msg.sender] = Bid({
        blindedBid: blindBid,
        deposit: msg.value
    });
}

function reveal(uint value, bytes32 secret) public     ← reveal()函数检查盲拍
        validPhase(Phase.Reveal)                          出价
{
   uint refund = 0;
      Bid storage bidToCheck = bids[msg.sender];
      if (bidToCheck.blindedBid == keccak256(abi.encodePacked(value,
```

```
                secret)))
        {
        refund += bidToCheck.deposit;
        if (bidToCheck.deposit >= value) {
           if (placeBid(msg.sender, value))
                refund -= value;
        }}

     msg.sender.transfer(refund);
  }

  function placeBid(address bidder, uint value) internal
          returns (bool success)
  {
      if (value <= highestBid) {
         return false;
      }
      if (highestBidder != address(0)) {
         //  Refund the previously highest bidder
         depositReturns[highestBidder] += highestBid;
      }
      highestBid = value;
      highestBidder = bidder;
      return true;
   }

   //  Withdraw a non-winning bid
   function withdraw() public {
      uint amount = depositReturns[msg.sender];
      require (amount > 0);
      depositReturns[msg.sender] = 0;
      msg.sender.transfer(amount);
      }
  }

    // End the auction and send the highest bid to the beneficiary
    function auctionEnd() public validPhase(Phase.Done)
    {
       beneficiary.transfer(highestBid);
    }
  }
```

placeBid()函数为内部函数

withdraw()函数由非中标者调用

auctionEnd()函数在完成阶段被调用

现在，是时间测试一下盲拍智能合约了。这可以使用 Remix IDE 或者 Truffle 控制台来实现：你甚至可以在开发完 Web 前端后，将其变成一个成熟的端到端 Dapp。我们将在第 6 章实现盲拍智能合约的改进版和完整的 Dapp。在本章，将重点学习安全哈希算法，并通过 Remix IDE 来探索应用。

5.4.4 测试 BlindAuction 合约

需要制定一个测试计划(如第 3 章所述)来探索盲拍智能合约代码的操作。假设以下是测试前要做的准备：

- 至少要有 3 个参与者：受益人和至少 2 个竞标者。我们选择 Remix IDE 的前 3 个账户：account[0]、account[1]和 account[2]。其地址分别以 0xca3…、0x147…和 0x4b0…开头。你需要从 Remix 模拟环境的下拉列表中选择 account[0]、account[1]和 account[2]。
- account[0]为受益人，该账户不仅能部署智能合约，也是唯一可以改变拍卖阶段的账户。对于 account[0]，这里使用了地址 0xca3…。
- account[1]和 account[2]将是测试用的 2 个竞标者。account[1]地址为 0x147…，account[2]地址为 0x4b0…。
- account[1]盲拍价为 20，保证金(值)为 50wei。account[2]出价为 30，保证金为 50wei。
- 一次性口令或密码为 0x426526，0x 表示十六进制数。在 Remix 用户界面中输入密码时，需要输入完整的 32 字节，即：

```
0x4265260000000000000000000000000000000000000000000000000000000000
```

- 出价是由 Keccak 函数 Keccak256(abi.encodedPacked(v,secret))计算的，其中 v=20 代表 account[1]，v=30 代表 account[2]。为方便起见，这里在 BlindAuction.sol 的底部提供了 256 位密码和 20、30 的编码值。在 Remix IDE 中进行交易时，你可以轻松地复制和粘贴这些内容。

5.4.5 测试计划

在 Remix IDE 中编译并部署 BlindAuction 合约。部署时，需要确保你使用的是 account[0]。单击代表公共变量状态的 state 按钮，在竞价阶段，它应为 1。以下是一个最简单的测试计划(可以参考图 5-12 进行操作)：

1. 竞价阶段。

选择 account[1]，将 Value 值(图 5-12 右上角面板)设置为 50wei。指定第一个盲拍价为 20，将

```
0xf33027072471274d489ff841d4ea9e7e959a95c4d57d5f4f9c8541d474cb817a
```

作为 bid()函数的参数，然后单击 Bid。接下来对 account[2]重复这一操作，但是出价为 30，将

```
0xfaa88b88830698a2f37dd0fa4acbc258e126bc785f1407ba9824f408a905d784
```

作为参数。此时竞价阶段结束。

2. 揭晓阶段。

选择 account[0]，即受益人账户，输入 2 作为 changeState()函数的参数，然后单击 changeState 按钮。单击 state 公共变量的按钮，确保揭晓阶段的值为 2。在 account[1]中，输入 20，0x4265260000000000000000000000000000000000000000000000000000000000 作为函数 reveal()的参数，然后单击 Reveal。现在单击 HighestBidder 和 HighestBid 按钮，检查它们是否正确。你会看到 account[1]的地址及其 20 的出价。

对 account[2]重复以上操作，但是以 30，0x4265260000000000000000000000000000000000000000000000000000000000 为参数，然后再次单击 HighestBidder 和 HighestBid 按钮，确认 20 的出价已被 account[2]的 30 打败。揭晓阶段结束。

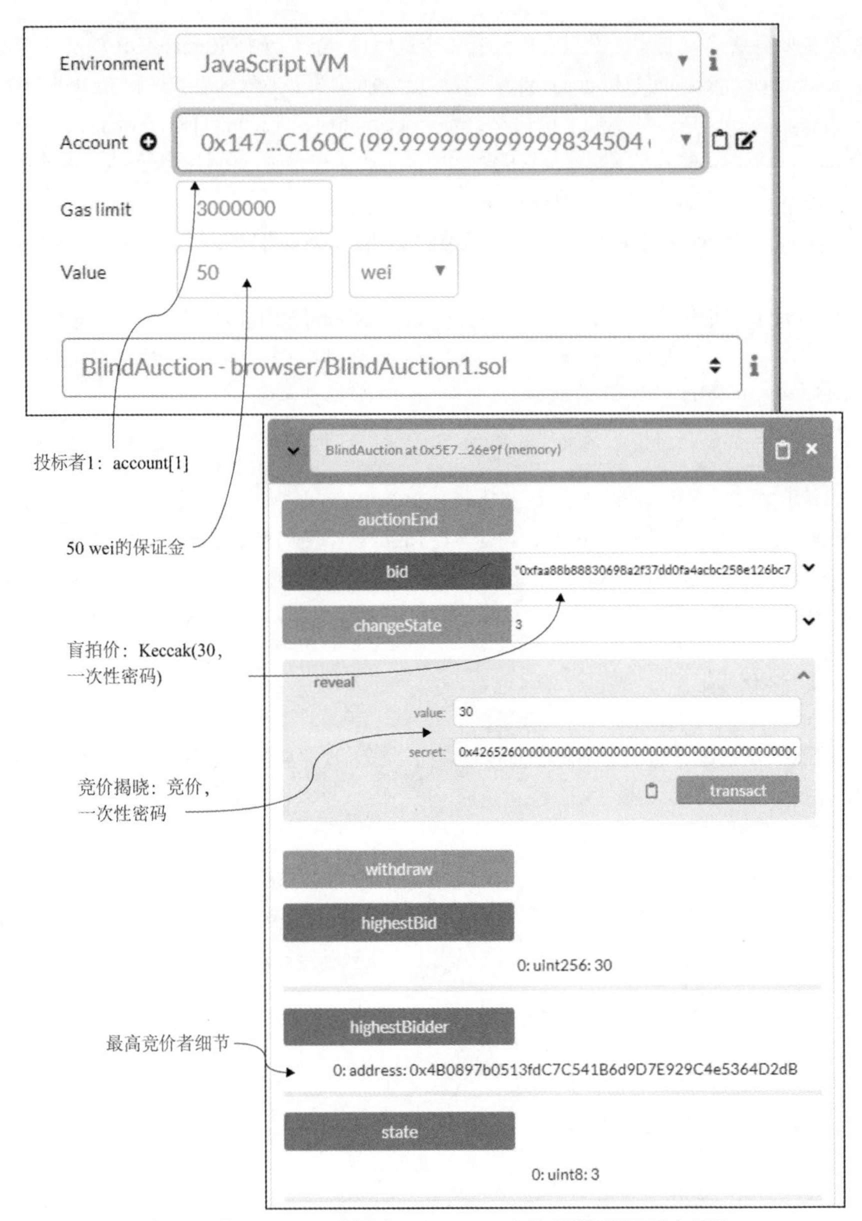

图 5-12　在 Remix IDE 中测试 BlindAuction 合约(部署面板和用户界面)

3. 完成阶段。

选择 account[0]，即受益人账户，输入 3 作为 changeState()函数的参数，然后单击 changeState 按钮。单击 state 公共变量的按钮，确保该阶段为 Done。现在，你可以单击 auctionEnd 按钮，向受益人支付最高出价金额。

4. 查看中标者。

再次单击 HighestBidder 和 HighestBid 按钮，获取中标者的金额。

5. withdraw()函数。

未中标的账户可以单击 withdraw 函数按钮，以退还他们支付的押金(若还没有被 bid()函数退还)。bid()函数本身就会退还任何较低的出价。

你已完成了一个包含 2 个竞价者和 1 个受益人的基本盲拍练习。也可测试其他情况，例如在揭晓阶段拒绝一个竞标，因为该竞标是由一个不知道哈希保密代码的冒名者给出。总结一下，对参数值进行简单的哈希运算可以确保隐私，用保密代码对参数进行哈希运算则可以确保安全。这里使用的并非传统编程中的直接加密和解密。盲拍中使用的哈希技术，展示了一种不同的隐私和安全方法——一种适用于去中心化的区块链应用的方法。

5.5 回顾

在盲拍问题中，参数(拍卖出价细节)需要在一个阶段保持私密和安全，但在另一个阶段可以公开。例如在投标阶段，需要对参数进行安全哈希运算来确保隐私和安全。当参数在揭晓阶段被揭晓时，需要计算揭晓参数的哈希值，并与投标阶段发送的哈希值进行匹配来验证投标。因此，盲拍中使用的方法并非传统意义上的安全和隐私策略(即使用私钥对数据进行加密，然后再使用公钥对其进行解密)。

其他问题也有类似的保密和揭晓阶段，如在线测验和考试、商业合同招标中的招标书(RFP)，以及扑克等游戏(涉及拿牌、下注和亮牌阶段)。

此外，区块链背景下的哈希和身份使用了 256 位的地址空间和 256 位的计算。这个巨大的地址空间既保证了去中心化身份的唯一性，又极大地降低了哈希值冲突的概率。

5.6 最佳实践

以下是一些需要牢记的与安全相关的最佳实践：

- 私钥-公钥加密法，在账户唯一标识方面发挥着不可或缺的作用。与信用卡隐私一样，你要保存好能确保区块链资产安全的私钥。
- 应注意哈希技术，该技术能确保去中心化区块链系统中传输的数据(参数)私密且安全。

5.7 本章小结

- 本章演示了如何在 Ropsten 公有链上部署智能合约，并与之交互，实现真正的去中心化的访问。
- 演示了如何使用新的执行环境：Injected Web3。

- 要实现能自我管理的去中心化身份需要用到加密算法和技术，以从私钥生成唯一的 256 位账号。
- 可使用账户的私钥对账户生成的交易进行数字签名。在本章中，MetaMask 简化了这一过程，所以除非 MetaMask 要求你确认(弹出确认界面)，否则你不会在例子中公开看到这一点。
- 使用安全的 Keccak 哈希，正如盲拍用例所示的那样，是一种针对隐私和安全的技术，适用于去中心化的应用。
- 在盲目出价的参数列表中使用保密代码或者密码，有助于隐藏投标值，从而确保数据的隐私和安全。

第 6 章

链上和链下数据

本章内容：

- 探讨不同类型的链上数据：区块、交易、回执和状态
- 定义、发送和记录事件
- 从交易回执中访问事件日志以支持 Dapp 操作
- 用链上和链下数据设计和开发 Dapp
- 使用 ASK 和盲拍 Dapp 演示链上和链下数据

区块链应用开发与非区块链应用开发的区别在于链上数据(on-chain data)。那么与 Dapp 有关的数据存放在哪里？有些存储在区块链基础设施上(链上)，有些则存储在传统的数据库或者文件中(链下)。在本章中，你将首先了解与应用中的区块链特性相关的链上数据概念，然后再学习设计并开发能处理链上及链下数据的 Dapp。

那么，在区块链编程的背景下，这两类数据究竟是什么？一般来说，存储在区块链上的任何数据都被称为链上数据，其他数据则被称为链下数据。

让我们进一步分析这一概念。在传统的系统中，应用程序中函数执行的结果会保存在本地文件系统或中央数据库中。区块链应用一般在区块链节点上(链上)存储以下内容：

- 已执行和确认的交易
- 智能合约函数的执行结果
- 状态更改(存储变量值的更改)
- 发出的事件日志

这些数据存储在区块链节点的指定数据结构中，并按照区块链协议的规定传播给其他利益相关者节点。

定义 链上数据是一组由区块链应用发起的交易产生的信息和一些区块链物化的过程中使用的条目。这些数据大多存储于区块及其头部。

图 6-1 对传统应用和基于区块链的应用进行了比较。左边的传统系统将数据存储在文件系统或数据库中。右边是一个区块链应用，包含常见的<Dapp>-app 和<Dapp>-contract 部分。一般来说，Dapp 合约生成的数据存储在链上，而 Dapp 应用创建和使用的数据则存储在链下。来自 Dapp 的函

数调用会使用智能合约，然后生成交易，并将相关的内容记录在区块链上。如图 6-1 所示，可以按 <Dapp>-app 的箭头顺序了解链上数据。在本章，你将探索链上和链下数据之间的关系。

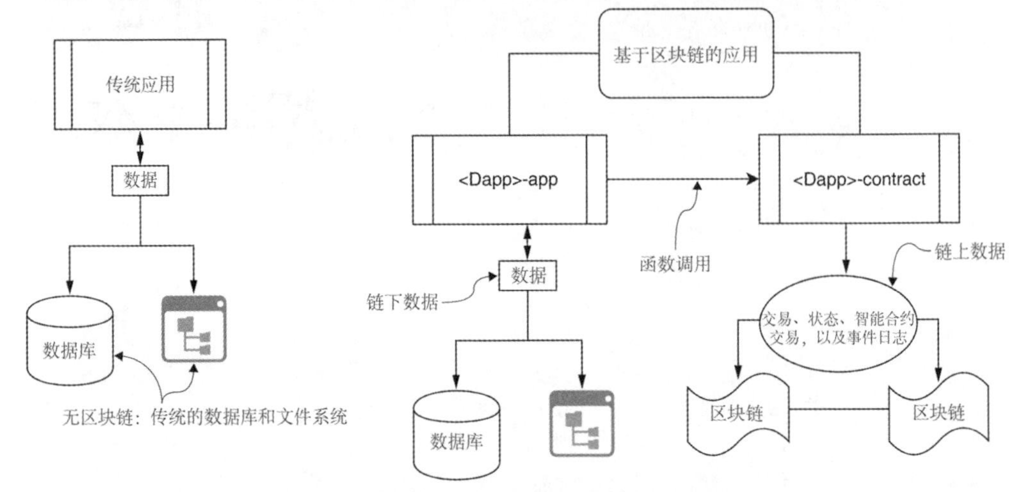

图 6-1　传统应用与具有链上和链下数据的区块链 Dapp

图 6-1 左侧显示了一个传统的应用，它采用的是传统的数据存储方式。图右侧显示的是同一个系统，只是该系统通过区块链记录链上数据而得以增强。因此，基于区块链的系统仅是一个更大系统的一部分，而该系统可能是一个企业级系统或一个基于网络的系统，它将数据存储在传统的数据库或本地文件系统中。例如，一个企业级系统可以在一个集中的私有安全数据库中管理所有的业务数据。当然也可以为其去中心化运营维护一个基于区块链的系统。因此，在典型的商业系统中，你需要处理两类数据：链上数据和链下数据。

注意　当开发 Dapp 时，并非要把传统的系统移植到 Solidity 语言中，而是要对一个更大系统中需要区块链支持的部分进行编码。

对于去中心化的场景，设计 Dapp 的一项重要任务是确定以下内容：

- 大型系统的传统部分负责的活动
- 区块链应用程序负责的活动

此外，区块链应用设计者和开发者也必须确定以下内容：

- 哪些数据将存储在链上
- 哪些数据将存储在链下

这些是本章中要探讨的主题。你还将了解事件通知(链上数据)以及如何使用它。你应该已对什么是链上数据有了直观的认识。下面首先分析以太坊区块链中不同类型的链上数据。其次，探索如何在第 5 章介绍的盲拍 Dapp 中使用链上数据。然后学习如何在 ASK 航空 Dapp(第 2 章)这一熟悉的例子中使用链上和链下数据。对于盲拍和 ASK 航空公司这两个应用，我们将分别设计和开发一个带有 Web UI 的端到端应用。

6.1　链上数据

交易并非是存储在区块链上的唯一数据。区块链协议决定了不同类型的链上数据。在以太坊协议中，如图 6-2 所示，一个区块由数个元素组成，每个元素都有其特定的用途：

- 区块链头(6A)存储区块的属性。
- 交易(6B)存储区块中记录的交易细节。
- 回执(6C)存储区块中记录的交易的执行结果。每个交易都有一个回执。图 6-2 中的 1:1 关系描述了这一事实。
- 复合全局状态(6D)存储了区块链上智能合约账号和其他常规账号的所有数据值或当前状态，在使用它们的交易被确认时进行更新。

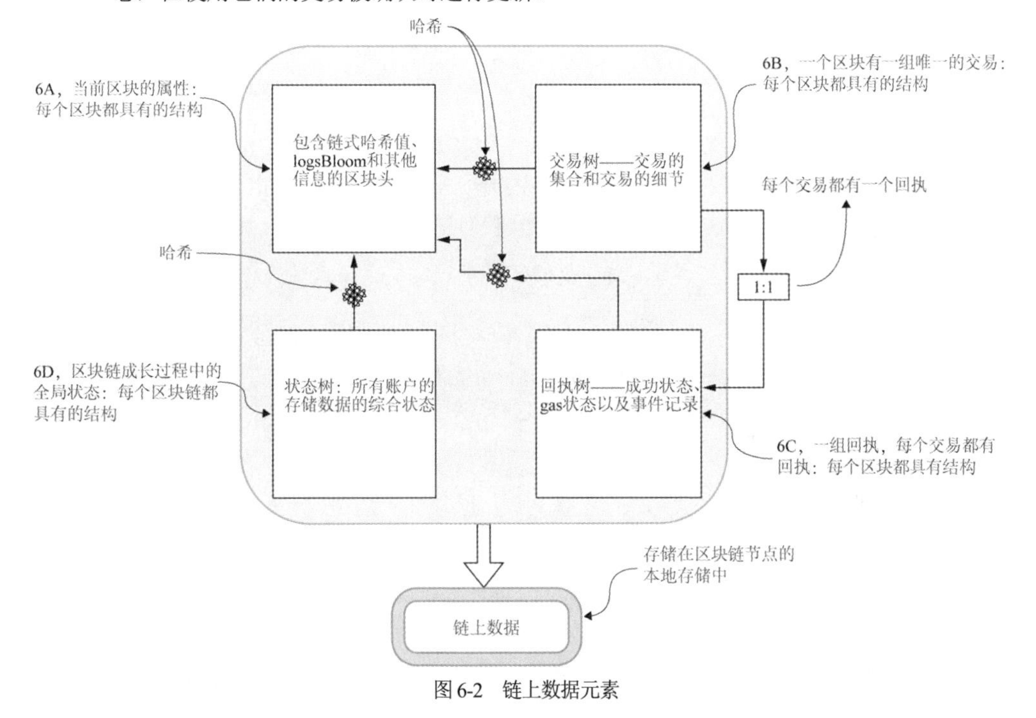

图 6-2　链上数据元素

除了上述元素，请注意该图中的哈希符号，它们表明了元素 6A——区块头——包含(存储)元素 6B、6C 和 6D 的哈希值。这些元素的哈希值就是当前区块的哈希值。当前区块的哈希值会被存储在链上的下一个区块中。因此，作为下一个(新添加的)区块的一部分而存储的区块哈希值，就构成了区块链的链路。

如图 6-2 所示，区块头、交易树和回执树是每个区块都具有的数据结构。该特性意味着，对于添加到链上的每个新区块，都会有一个新的区块头实例、一个新的交易树和一组新的回执。

而另一方面，状态树是每个区块链都具有的数据结构：它存储了区块链上所有账户的当前状态，从创世区块开始。状态树记录了整个区块链上发生的事情，以及这些事情是如何发生的。随着交易的执行，状态树的状态不断发生变化。状态信息对于验证某些交易，以及挖掘(或搜索)特定的行为、变化和事件，都极有价值。例如，你可以分析存储在一系列区块中的链上数据，以确定特定智能合约的交易模式。

相信你现在一定迫不及待地想要开始编码，但是对这些元素的深入理解将有助于你设计出更好的 Dapp。正如你在第 3 章了解的那样，区块链并非是你的常规数据库，你只需要保存必需的数据。本章将通过设计应用的交易、回执和状态变量帮助你组织链上数据，以免链上的数据过载。这些知识也有助于提取链上数据记录，以进行离线分析和决策。

6.2　盲拍用例

我们刚刚介绍的 4 个要素——区块头、交易、回执以及状态存储——构成了链上数据的大部分。这些数据在确保区块链的稳健性和安全性方面起着重要的作用，也为交易和事件提供了存在的证据。你可以访问存储在区块链上的信息，以支持应用层面的操作。为了说明这些概念，我们将探索第 5 章中介绍的盲拍应用的改进版。

如你所见，链上数据的种类受到区块链协议的严格控制，实际的数据值由来自应用程序的交易确定。在设计基于区块链的系统时，你必须要认识到这一局限性。对于盲拍用例，我们将专注于链上数据元素之一：存储在回执树上的事件日志。让我们首先考虑如下问题：

- 什么是事件
- 如何定义事件
- 如何发出事件
- 如何使用交易回执中的事件日志，从而通过界面向用户提供通知

6.2.1　链上事件数据

事件是一系列通过函数发出的通知，以表明在智能合约函数的执行过程中是否存在条件或标志。Solidity 提供了定义和发出(有参和无参)事件的特性。事件会被记录在链上和回执树上，并且可通过名称进行访问。

事件可以在智能合约代码的任意位置定义。但在你的设计和编码中，最好专门留一个位置来定义事件，这样在开发和代码审查的过程中就可以很容易地识别事件。你可以在智能合约中的类型和变量声明之后定义事件。以下是事件定义的语法：

```
event NameOfEvent (parameters);
```

Solidity 中的事件名称以大写字母开头，然后使用驼峰命名法。最多可以有 3 个参数。该限制是由 Solidity 设置的，以避免链过载，并能够有效地管理事件日志。以下是第 5 章中介绍的盲拍智能合约的事件定义示例：

```
event AuctionEnded(address winner, uint highestBid);
```

触发事件需要通过事件名称来调用并指定任何实际的参数值。以下是一个触发 AuctionEnded 事件的例子：

```
emit AuctionEnded(highestBidder, highestBid);
```

也可以定义没有任何参数的事件，例如为盲拍的不同阶段(这里指竞价和揭晓阶段)指定事件：

```
event BiddingStarted():
event RevealStarted();
```

emit 调用会触发一个事件：

```
emit BiddingStarted();
emit RevealStarted();
```

所有这些例子看起来都很简单：定义一个事件，然后调用(发出或者触发)它。现在，让我们看看如何使用这些概念并访问一个触发事件来通知用户你的应用中发生了什么。我们将重用第 5 章中的盲拍用例，但是在代码中增加了事件定义和相关的修改。

6.2.2　带有事件的盲拍

在线拍卖和去中心化的市场是区块链的理想用例。第 5 章中介绍的盲拍有 4 个阶段：启动、竞价、揭晓和完成(拍卖结束)。如果你能够在竞价和揭晓阶段开始时通知客户，使他们准备好行动(竞价或者揭晓)，并且在盲拍的任何阶段都不错过最后期限，那岂不是更好？在本章中，你将添加 3 个事件：AuctionEnded、BiddingStarted 和 RevealStarted。

为何我们要在链上数据的背景下讨论事件？如图 6-2 所示，事件会被记录在区块的回执树上，所以事件是链上数据的好例子。事件日志可用于近实时响应(如盲拍用例)，也可用于链上数据的离线索引、查询、搜索，以及链上数据分析。事件(触发时)创建的日志，可以按照主题进行索引和搜索。在这种情况下，主题是指事件名称本身及各个参数。这种类型的细粒度访问，对于分析区块链的历史数据非常有用。

有很多方法可以访问所触发的事件，包括使用监听器(push 方法)以及使用回执记录(pull 方法)。在本例中，我们将使用后一种方法来说明交易回执的使用——这是链上数据的另外一个元素。下面重新设计盲拍的合约图，它包含一个新的元素。如图 6-3 所示，合约图包括

- 数据类型(struct)定义和数据声明
- 事件定义(新的部分)
- 修饰符头
- 函数头

盲拍智能合约的设计现在包含 3 个事件：

- AuctionEnded，宣布拍卖结束
- BiddingStarted，宣布拍卖的竞价阶段
- RevealStarted，宣布拍卖的揭晓阶段

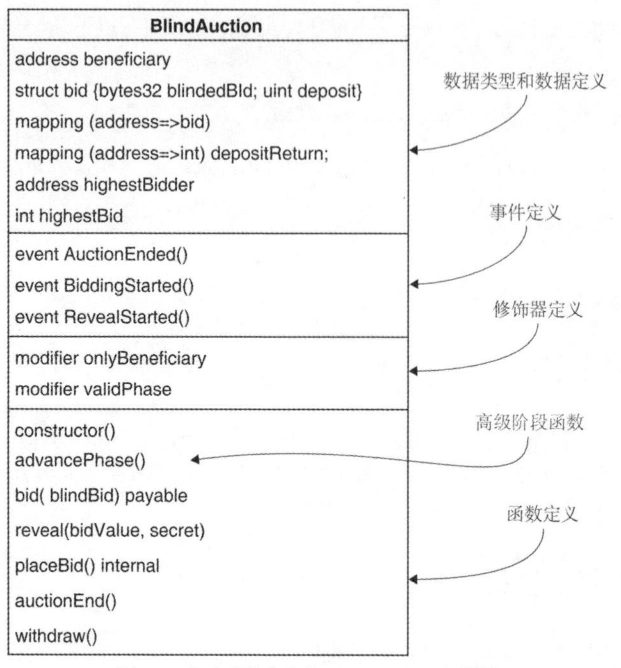

图 6-3 包含事件定义的 BlindAuction 合约图

下面查看一下添加了这些事件及其触发器的智能合约代码。带有事件的完整代码(BlindAuction.sol)，可以在本章的代码库中找到。你可以将其下载到 Remix 中，以便跟随讨论。代码清单 6.1 只列出了与事件相关的部分。

代码清单 6.1 带有事件的盲拍(BlindAuction.sol)

```
pragma solidity >=0.4.22 <=0.6.0;
contract BlindAuction {
    // Data types
    ...
    // Enum-uint mapping:
    // Init - 0; Bidding - 1; Reveal - 2; Done - 3      ← 阶段只能由受益人(拍卖人)设定
    enum Phase {Init, Bidding, Reveal, Done}
    …
    Phase public currentPhase = Phase.Init;
// Events
    event AuctionEnded(address winner, uint highestBid);
    event BiddingStarted();                                  事件定义
    event RevealStarted ();
    //  Modifiers
    modifier validPhase(Phase phase) { ... }

    modifier onlyBeneficiary() { ... }

    constructor() public {
       beneficiary = msg.sender;
    }
```

```
function advancePhase() public onlyBeneficiary {      ← 阶段只能由受益人(拍卖人)设定
    // If already in Done phase, reset to Init phase
    if (currentPhase == Phase.Done) {
       currentPhase = Phase.Init;
    } else {
    // Else, increment the phase
    // Conversion to uint needed as enums are internally uints
    uint nextPhase = uint(currentPhase) + 1;
    currentPhase = Phase(nextPhase);
    }
                                                          触发相应的事件
    if (currentPhase == Phase.Reveal) emit RevealStarted();
    if (currentPhase == Phase.Bidding) emit BiddingStarted();
}

function bid(bytes32 blindBid) public payable validPhase(Phase.Bidding)
     { ... }

function reveal(uint value, bytes32 secret) public
                    validPhase(Phase.Reveal) { ... }

function placeBid(address bidder, uint value) internal returns
                                          (bool success) {   ← 内部函数只能
   ... }                                                        从合约本身进
                                                                行调用
function withdraw() public {
   ... }

function auctionEnd() public validPhase(Phase.Done) {      将最高出价发送给
    beneficiary.transfer(highestBid);                       受益人；宣布拍卖
    emit AuctionEnded(highestBidder, highestBid);      ←    结束
}}
```

advancePhase 函数

盲拍代码的一个重要补充是 advancePhase()函数，它取代了第 5 章中出现的 changeState()函数。在这个早期版本中，受益人会设置拍卖的状态(为了便于比较，这里重复了该代码)：

```
function changeState(Phase x) public onlyBeneficiary {
         if (x < state) revert();
         state = x;
   }
```

这个 changeState()函数看起来很不错，只要受益人显式地、线性地提升状态值，就能够很好地工作。它适合于传统的非区块链系统，在这种系统中，你可以将代码从一个拍卖会重新部署到下一个拍卖会，而且可以随意部署多次。但是，用 changeState()部署的智能合约，在区块链环境中只适合一次性使用，因为区块链的不可变性要求，意味着智能合约一旦部署，就不能被改写！这个限制很重要。

现在，考虑代码清单 6.1 中的 advancePhase()函数，它通过循环地提升状态：启动、竞价、揭晓，完成。然后再回到启动，为下一次拍卖做好准备，从而解决了早期版本的这个限制。它还会触发 BiddingStarted 和 RevealStarted 事件。

注意　在设计基于区块链的系统时，必须意识到智能合约(和链上数据)的不可变性。重要的是，要把智能合约视为长期运行的程序，并通过正确使用状态为重复运行做好准备。

事件日志链上数据

现在，你可以把智能合约上传到 Remix IDE 并检查运行中的事件。编译、运行，并部署 BlindAuction.sol，然后看一下控制台窗口中记录的交易。图 6-4 中显示了记录中被称为日志的部分，它是在执行智能合约的 advancePhase()函数时产生的。

该动作将阶段从启动推进到竞价，并触发了一个竞价阶段的通知事件，这就导致了图 6-4 中所示的控制台输出。此时，阶段被改为竞价，并触发一个事件 BiddingStarted。当交易被确认时，该事件作为链上数据被记录在区块头中。当单击 advancePhase 按钮时，可以在 Remix 控制台中看到这一点。虽然显示的数字可能会有所不同，但事件将是 BiddingStarted。

```
[
	{
		"from": "0x692a70d2e424a56d2c6c27aa97d1a86395877b3a",
		"topic": "0x02c124e22ee7da1c9905bbb317cf67658c1cc3ea1c0953b1633f85d0b5c281d9",
		"event": "BiddingStarted",
		"args": {
			"length": 0
		}
	}
]
```

在advancePhase之后触发的BiddingStarted事件

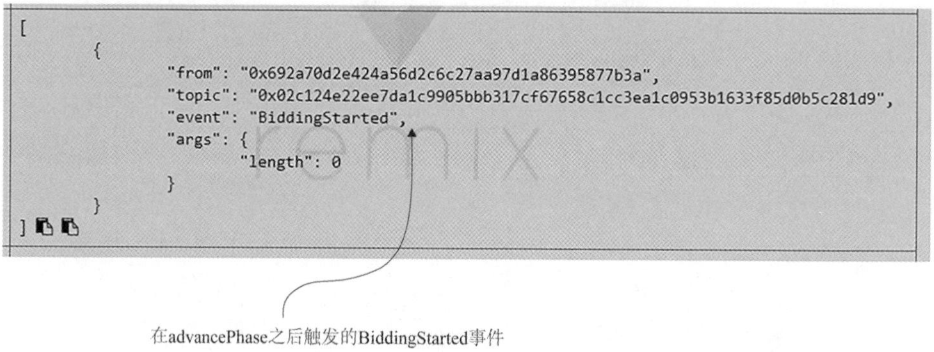

图 6-4　BiddingStarted 事件的链上日志

让我们分析一下图 6-4 中的链上日志。你可以看到如下信息：

- “from”地址，用于识别部署智能合约的账户。
- “topic”，被调用的函数(本例中为 advancePhase())的签名(头)的十六进制表示。
- 触发的“事件”(BiddingStarted)及其参数。在本例中，该事件没有参数，故长度值为 0。

该事件日志可以从部署合约的交易区块中存储的回执中提取。你可通过运行阶段更改来观察控制台中触发的事件。这些生成并存储在区块链账本上的日志，确实是进行后期分析的绝佳信息。你能想出它们的一些用途吗？

图 6-5 显示了 Remix 用户界面中的 BlindAuction 合约。在 Remix 中，选择第一个账户地址(假设它为受益人)，然后单击 advancePhase，检查控制台日志，以查看触发的事件。然后再单击 advancePhase 几次，以完成从启动返回到启动阶段的循环。你可以看到确认交易后触发的所有事件的日志。

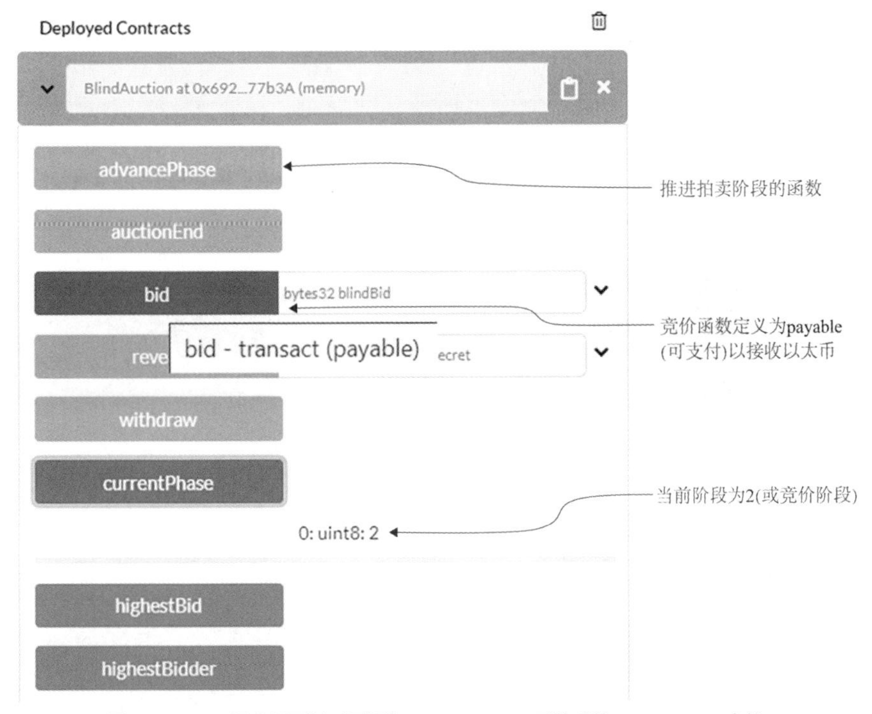

图 6-5　Remix 用户界面显示了添加 advancePhase()函数后的 BlindAuction 合约

注意　图 6-5 描述的是撰写本书时 Remix 的最新版本。要知道，这些工具会不断改变其布局和颜色方案，以改善用户体验。但是其基本功能：编辑、编译、部署，以及运行交互等大体不变。

现在，让我们看看如何消费(或使用)这些触发的事件，以通过盲拍的网页用户界面来通知用户阶段的变化。你将使用 Truffle IDE 来构建合约模块、auction-contract，并使用 Node 包管理器(npm)和 Node.js 来构建 auction-app 模块。

6.2.3　使用 Web 用户界面进行测试

下面用一个简单的 Web 用户界面说明盲拍合约的操作。这里将讲解如何部署 Dapp 和与该用户界面交互。本节的目标是访问链上数据以支持盲拍。尤其要学习如何访问回执日志。在盲拍这一例子中，访问事件日志的代码位于 app.js 中，它是智能合约和 Web 用户界面之间的黏合代码。

设计 Web 用户界面是一个挑战，需要考虑里面放什么内容？每个角色的函数是什么？一种解决该挑战的方法是使用 Remix，它提供了用户界面能向你展示要用到的功能。你可以将该用户界面作为设计 Web 用户界面内容的指南。图 6-6 显示了盲拍 Dapp 的 Web 用户界面和相应的 Remix 用户界面。该 Web 用户界面是受益人界面和投标人界面的组合。检查图 6-6，看看 Remix IDE 中盲拍的按钮(控件)是如何被渲染(映射)为 Web 用户界面的按钮和控件的。本章的代码均基于该用户界面，但是为受益人和投标人提供了单独的界面。

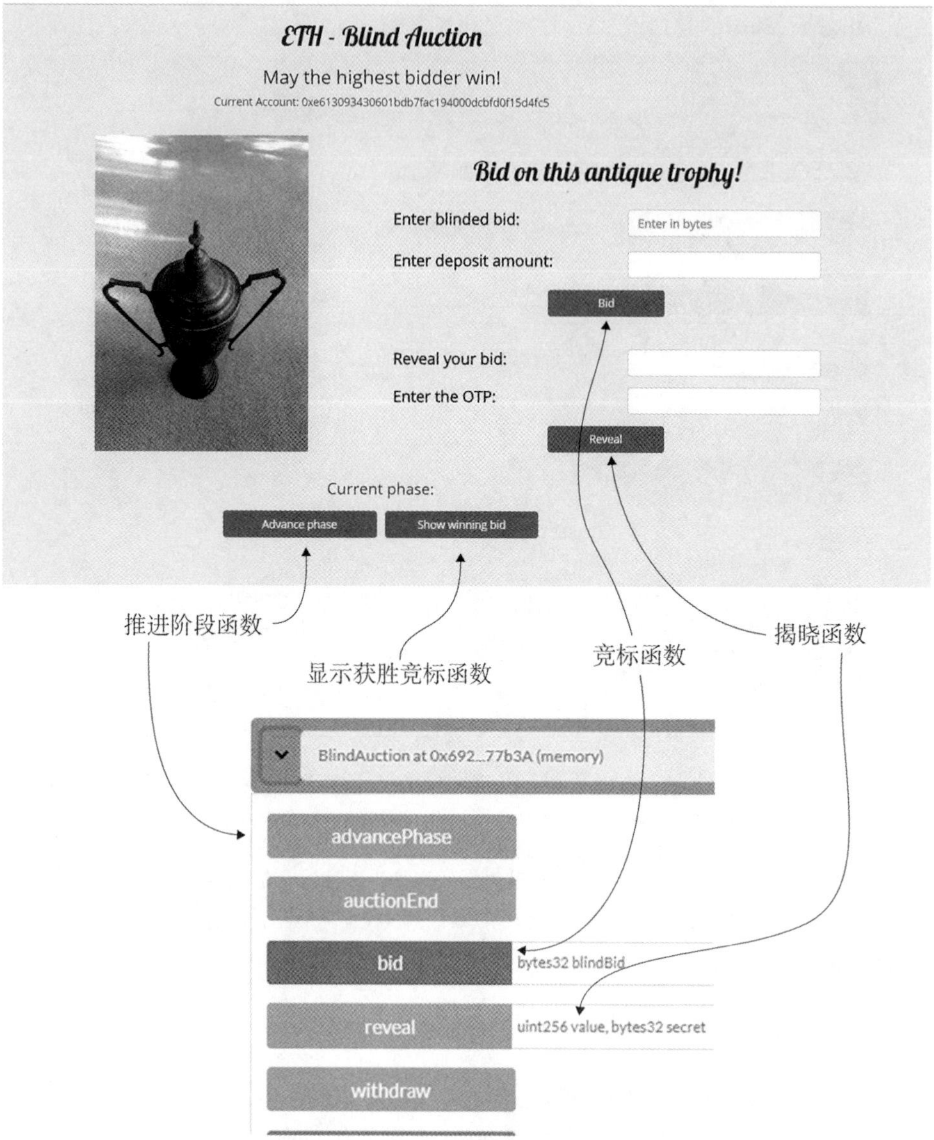

图 6-6 盲拍 Dapp 的 Web 用户界面和 Remix 用户界面

竞价、揭晓，以及推进阶段的按钮与 Remix 控件(以及智能合约函数)一一对应。在图 6-6 所示的 Web 用户界面中，我没有实现一个显式的拍卖结束按钮。回想一下，advancePhase()函数会循环遍历所有阶段：当你从最后一个阶段(完成)向前推进时，它会返回启动阶段，为下一个项目的拍卖完成阶段设置。作为练习，你可以试着将此类特性和函数添加到这个基于区块链的拍卖应用中。

现在，我们部署盲拍合约，并运行一些测试来演示事件和通知。其中一些功能将在第 8 章进一步开发。

使用 Truffle 进行编译和部署

下载 BlindAuctionV2-Dapp.zip 代码库的下一个版本，其中包含对第 5 章版本的改进。以下步骤反映了本书编译和部署将遵循的标准模式。现在，你应该对这些使用 Truffle 处理 Dapp 代码的步骤有所了解，但是这里以简明的形式进行重复说明，以加强你的学习：

(1) **启动测试链**。单击开发机器上的 Ganache 图标，并单击 Quickstart，启动 Ganache 区块链。

(2) **编译和部署智能合约**。基础目录被命名为 BlindAuctionV2-Dapp，它有两个子目录：blindauction-contract 和 blindauction-app。从基础目录中，执行如下命令来部署 contracts 目录中的所有合约(truffle-config.js 内配置了 Ganache 区块链的本地部署)：

```
cd blindauction-contract
truffle migrate --reset
```

你应该看到确认合约部署的消息。

(3) **启动网络服务器(Node.js)和 Dapp 的网络组件**。从基础目录 BlindAuctionV2-Dapp 切换到 blindauction-app 目录，通过 npm install 命令安装所需的 node 模块，然后通过应用的启动脚本来启动 Node.js 服务器：

```
cd ../blindauction-app
npm install
npm start
```

你应该能看到服务器启动并监听 localhost:3000。

(4) **启动安装了 MetaMask 插件的网络浏览器(Chrome)**。将浏览器指向 localhost：3000。使用你的 MetaMask 密码，确保 MetaMask 与 Ganache 测试链的链接。使用 Ganache 测试链的助记符或 12 词 seed 短语恢复账户。

现在，你可以通过网络用户界面，而不是 Remix IDE 界面来与盲拍智能合约进行交互。

使用 Web 用户界面测试盲拍

重启浏览器，确保 MetaMask 已连接到本地的 Ganache。如果 MetaMask 已作为插件安装并连接到 Ganache 链上，则请确保账户 1、账户 2 和账户 3 是可见的。在开始测试之前，请确保重置所有 3 个账户的 nonce。它用于保存一个账户的交易运行数，它是持久的。可能在你早期的测试运行中已保存。因此在开始测试新项目之前，对其进行清除是很好的做法。

要重置 nonce，在选择账户 1 的情况下，单击账户图标(MetaMask 图标右边的小球)，选择 Settings | Advanced 选项，然后向下滚动，单击 Reset Account，以重置该账户的 nonce。然后对其他两个账户也重复这一过程。你只需要对这 3 个账户进行最小测试。在该测试计划中，账户 1 为受益人或者拍卖者，其他两个账户是竞标者。

对于第一次测试，单击 MetaMask 图标，在打开的列表中选择账户 1，然后单击网络用户界面底部的 Advance Phase。继续单击该按钮，直到你完成一个完整的周期，即从 init 回到 init。你会在用户界面的左上角看到各个阶段的通知，包括竞标和揭晓，如图 6-7 所示。这些通知代表了记录在区块中的交易回执的日志。在 6.2.4 节中，你会看到 app.js 中的代码段，它们会访问这些事件日志来通知用户阶段的变化情况。

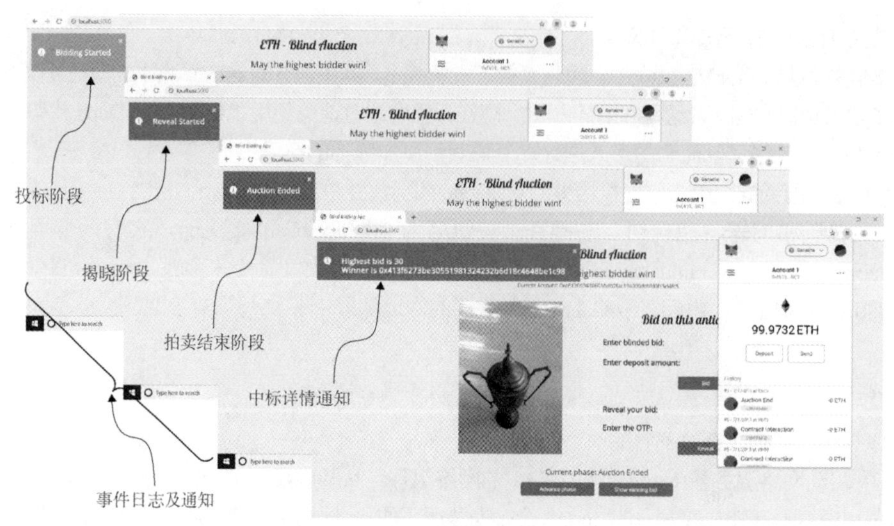

图 6-7 Web 用户界面中的事件通知及其右侧的 MetaMask 确认

MetaMask 需要用户的确认才能进行交易，如图 6-8 所示。该过程类似于在收银台授权信用卡交易。每次用户界面上单击一个智能合约操作，MetaMask 都会打开一个下拉列表，上面有交易的发送方和接收方的详细信息，以及以太币成本。该窗口也有两个按钮：拒绝和确认。确认可以继续执行交易，拒绝则停止执行。如果图 6-8 所示的 MetaMask 下拉框在需要确认时没有自动打开，MetaMask 图标上会出现一个小数字。单击图标，打开下拉列表。单击 Confirm 按钮，继续执行交易和记录。或者单击 Reject，取消交易。如果你在输入时犯了一些错误或者是忘记了什么，不必犹豫，单击 Reject 即可。拒绝的结果是，交易将被停止，不会被记录在区块链上。能实现这样的控制显然是很好的。

图 6-8 带有交易细节、拒绝按钮和确认按钮的 MetaMask 下拉框

现在你已准备好对盲拍过程进行定期测试了。回想一下第 5 章中的步骤：

- 在投标阶段，每个投标人给出他们的盲拍价和保证金。
- 在揭晓阶段，每个投标人揭示他们的投标和用于加密(Keccak 哈希)或者隐藏投标金额的一次性密码(One-Time Password，OTP)。

当受益人结束拍卖时，最高出价人的地址和计算出的最高出价将作为参数发送给 AuctionEnded 事件。当你单击 Show Winning Bid 按钮时，你的 app.js 代码便会访问这些日志，并在用户界面中显示。

为方便起见，这里重复了第 5 章中的测试顺序，你可以参考并亲自尝试。为了测试，你可以做以下假设：

1. 账户 1(在 MetaMask 中)将是受益人，这是唯一可以推进(控制)拍卖阶段的用户。也可假设智能合约是从账户 1 部署的。

2. 账户 2 和账户 3 将是 2 个竞标者。测试时只需要 2 个竞标账户。

3. 账户 2 将出价 20，保证金为 50 以太币。账户 3 将出价 30，保证金为 50 以太币。

4. Keccak 安全哈希函数 Keccak256(abi.encodedPacked(v, OTP))将对每个竞标价进行计算(细节已在第 5 章中解释)，其中账户 2 的 v=20，账户 3 的 v=30，OTP=0x426526(0x 表示十六进制)。

以下是用于盲投的数值。你也可使用其他方法来进行计算。但现在，仅复制并使用即可：

```
0xf33027072471274d489ff841d4ea9e7e959a95c4d57d5f4f9c8541d474cb817a
0xfaa88b88830698a2f37dd0fa4acbc258e126bc785f1407ba9824f408a905d784
```

下面是一个最小的测试计划。

1. 竞价阶段。

使用前面列表中的 blindedBid 值，从 MetaMask 中的账户 2 复制第一个 blindedBid 值(v=20)，设置押金为 50 以太币，为 bid()函数设置参数，并单击 Bid 按钮。对账号 3 重复这一过程，但是要使用第二个 blindedBid 的值(v=30)。现在竞价阶段结束。

2. 揭晓阶段。

从账户 1，即受益人账户单击 Advance Phase 进入揭晓阶段。从账户 2，输入 20，0x426526 作为 reveal()函数的参数，然后单击 Reveal 按钮。对账户 3 重复这一过程，但使用 30，0x426526 作为参数。揭晓阶段结束。

3. 完成阶段。

从账号 1，即受益人账户，通过单击 Advance Phase 按钮来推进阶段。

4. 宣布中标者。

单击 Show Winning Bid 按钮，可以了解最高出价者的身份及其最高出价金额。

你可通过选择账户 2 并单击 Withdraw 按钮，为非中标者退还押金。

然后你可以回到受益人处，单击 Close Auction 按钮，关闭拍卖。

你已完成了盲拍的一个简单测试。为了进一步探索代码，也可尝试使用其他数值和更多账户。这种简单的测试对于原型设计来说是完全正确的。对于更彻底的测试，你需要自动化测试脚本。在第 10 章中，你将了解如何用测试脚本进行自动化测试。

6.2.4　使用 web3 API 访问链上数据

这里所做的测试，与第 5 章的测试有两个明显的不同：在这一章中，你有一个 Web 用户界面，而且你访问的是为触发的事件记录的数据。6.2.3 节已探索了 Web 用户界面。事件日志数据又是如何处理的呢？它是如何作为通知传递给用户的(见图 6-7)？图 6-9 显示了对链上记录的事件的处理步骤。

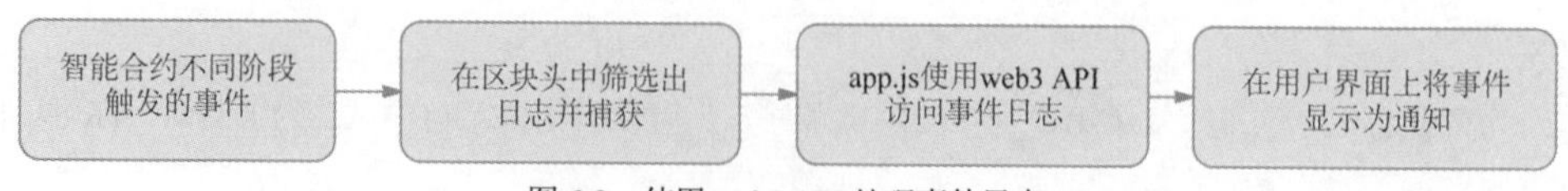

图 6-9 使用 web3 API 处理事件日志

下面探讨新版盲拍的 app.js 代码，找出访问事件日志和通知用户的代码段。其中，第一个展示了如何访问一个没有参数的事件，第二个展示了如何访问一个有参数的事件。这些例子都展示了如何编写访问事件日志的代码。

下面的代码段是 app.js 的 handlePhase()函数中的。函数调用执行成功会被记录在区块链的回执数据结构中，并通过验证 status==1 来进行检查。如果语句为真，则可以提取触发的事件的索引日志作为 logs[0]、logs[1]等。该代码段展示了如何访问 BiddingStarted 和 RevealStarted 事件，以及如何通知用户这些事件。这两个事件都没有任何参数：

```
if(parseInt(result.receipt.status) == 1){
            if(result.logs.length > 0){
              App.showNotification(result.logs[0].event);
            }
```

下一个代码段在 app.js 的 handleWinner()函数中。它执行 auctionEnd()函数，这又触发了 AuctionEnded 事件，该事件有两个参数：winner 和 highestBid。这些参数被记录为链上数据，并通过以下代码提取结果返回(logs[0]中的 winner 参数和 highestBid 会被提取出来并在用户界面中显示)。

还要注意 toNumber()函数，该函数将 highestBid 参数(256 位数字)转换为更小的 64 位数字：

```
return bidInstance.auctionEnd();
    }).then(function(res){
      var winner = res.logs[0].args.winner;
      var highestBid = res.logs[0].args.highestBid.toNumber();
```

上述两个代码片段演示了如何访问交易回执中的事件日志，并在链下应用中使用它们。如你所见，这种链上数据对实时通知很有用，也可用于其他目的。事件日志会被存储和索引，它们可以被提取出来，用于基于不可变的区块链数据的主题和日志的离线数据分析。

6.3 链下数据：外部数据源

链下数据常存储在各种数据源上，其中一些数据源如图 6-10 所示。它与链上数据的一个重要区别是：链下数据的类型和用途不是由区块链协议决定的。这些数据由更大系统的非区块链部分使用。链下数据可以是任何数据，从医疗设备的输出到云存储的数据等。数据源的类型和格式也是无限的，并且取决于应用。然而，典型的场景一般为一个普通的数据库，需要与区块链信任层协同工作(区块链信任层在一个由未知的对等者组成的去中心化系统中是必需的)。

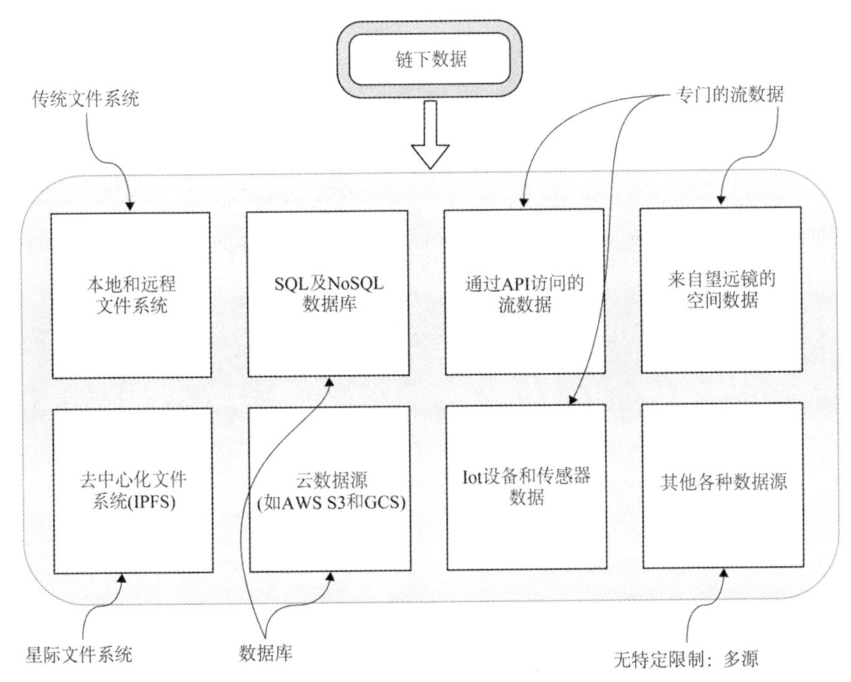

图 6-10　链下数据的不同类型

区块链应用开发不同于传统的应用开发，一个很重要的设计决策是确定什么在链上，什么在链下。在传统应用中，因为没有区块链，所以没有链上数据。区块链是一个帮助实现信任层的全新的补充。正如我们所看到的，在区块链应用中，被记录在链上的数据包括有效的交易、状态变化、交易执行的回执值、触发的事件日志，以及一些相关的细节。

不要在智能合约中定义传统的数据库。如果你这样做，将出现多个重复的数据库，即每个节点中有一个。另外，也不要试图将一个集中式系统的数据库迁移到智能合约中。不要显式地指定“记录这个”和“记录那个”。后台的区块链基础设施会记录大部分链上数据。

那么应该如何存储链上数据？因为智能合约简化了链上记录，所以在设计合约时，只需要记录能回溯链下所发生事情的函数和数据即可。

设计原则 8　在设计智能合约时，只涵盖必要的函数和数据，包括执行规则、合规性、监管、出处、实时通知的日志，以及有时间戳的 footprint 和离线操作消息。

可以把智能合约视为一个规则引擎，一个规则的执行者，以及相关数据和信息的守护者。如果你想证明你买了一台法拉利，你不会把你所有的汽车照片都上传到区块链上(通过智能合约)。相反，你只需要存储(链下)法拉利相册的标题或者索引的哈希值。这样，人们就可使用该链上哈希值来定位和访问你在链下的法拉利照片了。

为了说明链下和基于区块链的链上数据的使用，让我们回顾第 2 章中的航空系统联盟(ASK)用例，并用一个简单的 Web 用户界面、一个链下数据存储和一个更新的智能合约来完成它。该实现中的智能合约设计，也说明了链上数据定义的设计原则。

6.4 ASK 航空公司系统

ASK 是一个去中心化的航空公司联盟，为航空公司的闲置座位创造了一个交易市场。第 2 章中介绍了 ASK，并给出了详细的设计说明，但由于该方案需要你熟知很多区块链概念，因此当时并没有完成开发任务。现在，你已准备好完成 ASK 的开发任务了。ASK 并非一个全新的想法，但是这种新颖的实现方式，为涉及区块链记录能力的新商业模式提供了机会。

ASK 说明了许多区块链的概念，包括

- 传统的中心化系统和去中心化的区块链系统(作为更大系统的一部分)共存(第 1 章中探讨的概念)
- 链下和链上数据(本章的主题)
- 使用加密货币(代币)，同时保留你的法定货币(如美元)以用于常规操作(第 9 章将介绍)
- 使用 Truffle IDE 进行端到端的 Dapp 开发(第 4 章和第 5 章中已介绍)

6.4.1 ASK 概念

如果你想了解 ASK 用例的更多信息，可重温第 2 章的内容。这里将为你介绍更多的细节。在机场，你可以看到一个包含出发和到达的航班信息的显示板。不管是什么航空公司的航班，中央显示板都会整合所有到达和离开的航班的详细信息。按照同样的思路，你可以想象还有一个显示板：ASK 显示板，显示从该机场出发的航班的闲置座位。图 6-11 是 3 个显示板示例，分别显示到达、出发，以及闲置座位(ASK 显示板)信息。ASK 显示板的是一个新的显示板，显示闲置座位，目前在机场还见不到。它是由 ASK 应用引入的一个新概念。

出发显示

出发

Terminal	Flight	Destination	Time	Gate	Status
1	YV6169	Washington	10:30	12	Departed
1	G76294	Detroit	10:28	22	Departed
1	YX4531	Philadelphia	10:42	5	On Time
1	DL1672	Atlanta	11:04	25	On Time
1	WN2428	Baltimore	11:05	16	On Time

到达显示

到达

Terminal	Flight	Destination	Time	Gate	Status
1	DL1672	Atlanta	10:20	25	Landed
1	WN2296	Baltimore	10:30	16	Landed
1	MQ3352	Chicago	10:37	6	On Time
1	UA680	Chicago	10:24	10	Delayed
1	OO3724	Detroit	11:22	23	On Time

闲置座位

ASK显示(可用座位)

FlightID	Airline	FromCity	ToCity	DepTime	SeatsAvail
1	AirlineA	BUF	NYC	6:00 AM	8
2	AirlineA	BUF	NYC	10:00 AM	6
3	AirlineB	BUF	NYC	6:00 PM	10
4	AirlineC	BUF	NYC	1:00 AM	7
5	AirlineC	BUF	NYC	9:00 AM	8

图 6-11 航班出发、到达和闲置座位显示

如果你想换乘其他航班，可以查看 ASK 显示板，看看是否有满足你需要的座位。如果有，你可以联系你当前所在的航空公司(fromAirline)，请求它帮助你进行更改，并指定你想换乘的航空公司。航空公司的代理就会使用 ASK 用户界面来处理你的请求，为你分配座位，并向你发送有关转机状态的信息。根据之前存入的金额和航空公司之间建立的商业合同，通过智能合约就可以在航空公司之间结算付款。

对 ASK 模式感兴趣的航空公司，可通过支付定金并申请成为 ASK 成员，加入(注册)ASK 联盟。ASK 成员航空公司负责更新 ASK 显示板上的闲置座位信息(链下数据)。ASK 是为事先不存在合作伙伴关系的航空公司设计的，如代码共享联盟。如果持有座位的客户想换乘由同一航空公司或者合作航空公司运营的不同航班的座位，那么该问题就不是区块链问题。它可以在航空公司的传统系统和数据库中得到解决。

图 6-12 所示的 ASK 显示板上显示了由不同航空公司运营的航班的闲置座位列表。详细信息包括航班号、航空公司名称、出发城市(始发地)、目的地城市(目的地)、出发时间和闲置的座位数量。因为显示板只显示从当前机场(城市)始发的航班，因此始发城市是多余的，但是没关系，我们将保留它以构建上下文。在掌握了区块链的概念后，你就可能会考虑其他业务操作，包括显示来自其他城市(机场)的航班信息，以及使用其他请求模型(如使用一对多或者广播代替一对一)等。这些操作可以使用 ASK 作为区块链接口层，实现更高级别的应用。

FlightID	Airline	FromCity	ToCity	DepTime	SeatsAvail
1	AirlineA	BUF	NYC	6.00 AM	8
2	AirlineA	BUF	NYC	10.00 AM	6
3	AirlineA	BUF	NYC	6.00 PM	7
4	AirlineB	BUF	NYC	7.00 AM	10
5	AirlineB	BUF	NYC	1.00 PM	4
6	AirlineB	BUF	NYC	5.00 AM	2

图 6-12　ASK 闲置座位展示

现在你已经知道了要显示的信息，接下来我们将探讨一个简单的场景，以演示 ASK Dapp 的典型操作。假设一位乘客已在 A 航空公司运营的航班上订座，他想换乘 B 航空公司下午 1 点起飞的航班(即图 6-12 所示的 ASK 显示板上的 flighID 5)。该乘客向 A 航空公司提出了更换座位的申请。A 航空公司的代理会代表顾客向 B 航空公司发出请求(ASKRequest())，以确认该座位是否闲置。B 航空公司的代理会检查其系统并做出响应(ASKResponse())。假设响应是该座位是闲置的，那么 A 航空公司就开始向 B 航空公司付款，ASK 显示就会被更新，以显示 flightID 5 的航班上现有的闲置座位数量。该乘客在原航班上空出的座位也会在离线状态下进行更新，但是这里没有显示。这两家航空公司中的任何一家都可能会向该乘客发送有关座位更改的信息，所有随之而来的操作都会离线进行。除了证明请求已发出、交易已发生(交易回执)以及付款已结算等，大部分的操作都是离线的。这些操作在图 6-13 的顺序图中被记录了下来。附录 A 显示了这种类型的 UML 图的细节。这里按照数字 1 到 9 所代表的顺序进行操作。

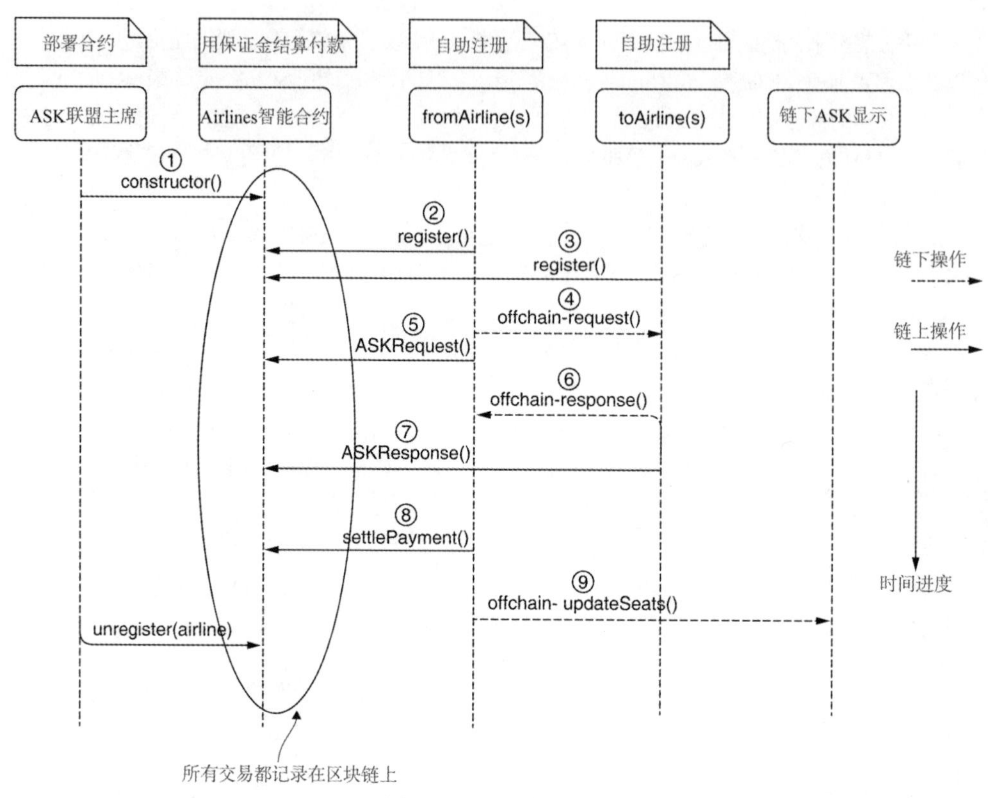

图 6-13 ASK 操作顺序图

让我们研究一下这个顺序图。时间线是从上到下，垂直线为时间线。操作的顺序也是按顺序图由上至下。本图中的操作都被编号，以按序号操作。当然，这种编号并非标准顺序图的组成部分。在最上面一行，是注释操作。第二行显示了主要的用户(用例图中的角色)：ASM 主席、Airlines 智能合约、参与座位变更的两家航空公司(在该特定场景中为 fromAirline 和 toAirline)，以及链下显示。航空公司会继续他们的常规业务。它们只向智能合约发送关于座位变更的信息。通过调用智能合约的函数，只有与座位变更相关的交易会被记录在区块链上。所有记录在区块链上的交易，都显示在图 6-13 所示的椭圆内。另外，观察由虚线箭头表示的链下操作。这些操作包括使用航空公司自己的数据库进行请求和响应处理，以及向 ASK 显示板发出座位可用通知等。在继续探索之前，建议花几分钟来回顾一下图 6-13 中的交换顺序。

设计原则 9 使用 UML 顺序图来表示智能合约中的函数可能(和可以)被调用的顺序。顺序图捕捉系统的动态操作。

6.4.2 Airlines 智能合约

更新后的 Airlines 智能合约(Airlines.sol)如代码清单 6.2 所示。你可以在本章的代码库中找到该代码清单的副本，以将其复制到 Remix IDE 中进行实践。该代码说明了如何将状态变量定义为链上记录，以代表链下操作的参数。可通过定义一个 struct 数据类型来记录 ASKRequest()和

ASKResponse()函数会影响状态的更改。注意，reqStruc 和 respStruc 这两个 struct 中的字段分别与函数 ASKRequest()和 ASKResponse()中的参数一一匹配。这些数据结构有助于记录关于请求和响应及其参数的信息。这些参数会被分配给智能合约变量，这反过来又使得它们被记录在状态树中。此外，还要注意 Solidity 的 mapping 特性的使用，该特性允许你为 ASK 系统的成员状态和其他操作构建链上数据。

代码清单 6.2　更新后的 Airlines 智能合约(Airlines.sol)

```
pragma solidity >=0.4.22 <=0.6.0;

  contract Airlines {

  address chairperson;                请求参数的数据
                                      类型
  struct reqStruc{   <-
      uint reqID;
      uint fID;
      uint numSeats;
      uint passengerID;
      address toAirline;
  }                                   响应参数的数据
                                      类型
  struct respStruc{   <-
      uint reqID;
      bool status;
      address fromAirline;
  }

链上  mapping (address=>uint) public escrow;
数据  mapping (address=>uint) membership;        将账户地址映
      mapping (address=>reqStruc) reqs;          射到链上数据
      mapping (address=>respStruc) reps;
      mapping (address=>uint) settledReqID;

  // modifier or rules
  modifier onlyChairperson {
      require(msg.sender==chairperson);
      _;
  }
  modifier onlyMember {
      require(membership[msg.sender]==1);
      _;
  }

  constructor () public payable {                         航空公司成员可以成
                                                          为联盟主席
      chairperson=msg.sender;
      membership[msg.sender] = 1; // automatically registered  <-
      escrow[msg.sender] = msg.value;
  }

  function register ( ) public payable{
```

```
        address AirlineA = msg.sender;
        membership[AirlineA] = 1;
        escrow[AirlineA] = msg.value;
    }

    function unregister (address payable AirlineZ) onlyChairperson public {
        membership[AirlineZ]=0;
        // return escrow to leaving airline:other conditions may be verified
        AirlineZ.transfer(escrow[AirlineZ]);
        escrow[AirlineZ] = 0;
    }

    function ASKrequest (uint reqID, uint flightID, uint numSeats,
            uint custID, address toAirline) onlyMember public{
       /*if(membership[toAirline]!=1){
            revert();} */
       require(membership[toAirline] == 1);
       reqs[msg.sender] = reqStruc(reqID, flightID, numSeats,
                          custID, toAirline);
    }

    function ASKresponse (uint reqID, bool success, address fromAirline)
                                 onlyMember public{
        if(membership[fromAirline]!=1){
            revert();
        }

        reps[msg.sender].status=success;
        reps[msg.sender].fromAirline = fromAirline;
        reps[msg.sender].reqID = reqID;
    }

    function settlePayment (uint reqID, address payable toAirline,
                      uint numSeats) onlyMember payable public{
        // before calling this, it will update ASK view table
        address fromAirline = msg.sender;

        // this is the consortium account transfer you want to do
        // assume the cost of 1 ETH for each seat
        // computations are in wei

        escrow[toAirline] = escrow[toAirline] +
                        numSeats*1000000000000000000;
        escrow[fromAirline] = escrow[fromAirline] -
                        numSeats*1000000000000000000;

        settledReqID[fromAirline] = reqID;
    }

    function replenishEscrow() payable public
    {
        escrow[msg.sender] = escrow[msg.sender] + msg.value;
    }
}
```

ASKRequest()和 ASKResponse()的参数被转换成链上数据状态

ASKRequest()和 ASKResponse()的参数被转换成链上数据状态

请求 ID 被存储在链上状态树中以作为支付证明

6.4.3　ASK 链上数据

这个 ASK Dapp 中的链上数据包含如下内容：

- 执行 constructor()、register()、unregister()、ASKRequest()、ASKResponse()、settlePayment()，以及 replenishEscrow()函数的交易数据。这些交易细节存储在树中，其根节点(哈希)位于区块头中，如 6.1 节所述。
- 智能合约中变量的状态变化，该变化由交易的参数引起。状态值存储在树中，树的根节点位于区块头中。树节点的值从一个区块到下一个区块时发生变化，由交易决定。

与盲拍 Dapp 不同，ASK Dapp 不会将任何显式的返回值或者事件日志作为链上数据，因为 ASK 函数不返回任何值，也不使用任何事件。交易回执确实包含函数执行的状态(失败或者成功)。回顾一下 6.1 节，每笔交易都有一个回执(1:1)。

6.4.4　ASK 链下数据

每个航空公司可能都有许多自己的企业数据库，并有防火墙的保护。航空公司将尽可能地保证这些数据库的安全，并在日常运营中适当地使用这些数据库。航空公司会定期更新显示闲置座位的显示板。机场或者 ASK 联盟会维护该显示板，它不是一个集中的数据库，而是航空公司联盟成员运营的航班上闲置座位的综合视图。在提供的 Dapp 代码库中，这种关于闲置座位的链下数据，被存储在一个简单的 JSON 文件中。使用这种文件格式(而非数据库)是为了简单，并将本书的关注重点放在 Dapp 开发的区块链方面。如果你愿意，也可随时创建一个 MySQL 或者是 NoSQL 数据库来存储这些链下数据。图 6-14 显示了数据模式以及一些样本数据。

FlightID	Airline	FromCity	ToCity	DepTime	SeatsAvail
1	AirlineA	BUF	NYC	6.00 AM	8
2	AirlineA	BUF	NYC	10.00 AM	6
3	AirlineA	BUF	NYC	6.00 PM	7
4	AirlineB	BUF	NYC	7.00 AM	10
5	AirlineB	BUF	NYC	1.00 PM	4
6	AirlineB	BUF	NYC	5.00 AM	2

图 6-14　ASK 的闲置座位链下数据

6.4.5　ASK Dapp 的开发流程

你已完成了 ASK Dapp 的端到端开发的重要部分，图 6-15 概述了标准的开发环境、开发步骤，以及支持 Dapp 开发的工具。图 6-15 中所示的开发过程的步骤如下：

(1) 分析问题及其需求。问题的定义总是先于解决方案。

(2) 设计解决方案，使用 UML 合约图。

(3) 使用 Remix IDE 开发和测试智能合约。

(4) 使用 Truffle IDE 开发<Dapp>-contract 模块。

(5) 在 Ganache 测试链上部署智能合约。

(6) 使用 Node.js 和相关软件模块，开发<Dapp>-app 模块。

(7) 设计 Web 用户界面和应用程序的 Web 组件。

(8) 通过 Web 用户界面来测试你开发的 Dapp，使用启用了 MetaMask 插件的浏览器。这一步将 Web 用户界面与部署在区块链(本例中为 Ganache)上的合约连接起来。

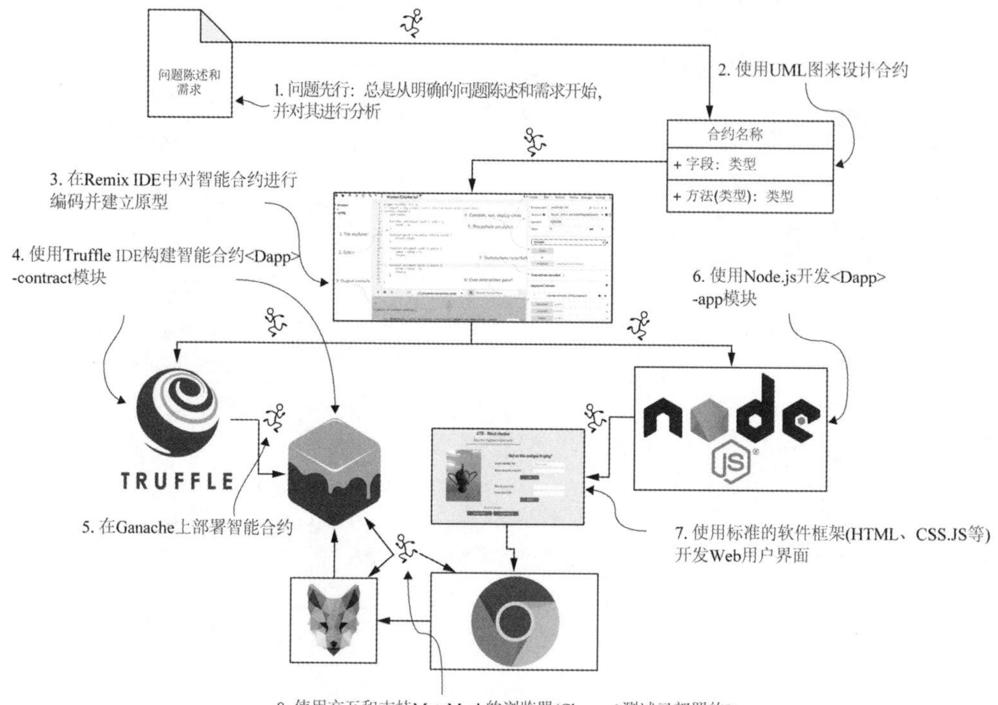

图 6-15　Dapp 开发环境、步骤及工具

可将图 6-15 所示的开发过程和工具作为你所有本地 Dapp 开发的路线图。记住该流程，让我们先来探索一下 ASK Dapp(在本章的代码库中可以找到，下载它然后继续往下进行)。可以先在 Remix IDE 中探索 Airlines 智能合约，然后转移到 Truffle IDE，以进一步部署 Dapp。由前几章中建议的标准 Dapp 目录结构可知，ASK Dapp 有两个主要组件：ASK-contract 和 ASK-app。ASK-contract 包含了代码清单 6.2 的智能合约，ASK-app 则包含了 Dapp 的 Web 部分。在生产环境中，这两个组件可能由两个不同的团队开发。此外，生产环境也需要更严格和全面的自动化测试脚本，这将在第 10 章介绍。

6.4.6　ASK Web 用户界面

ASK-app 模块的一个重要部分就是 Web 用户界面。它包含两个部分：航班闲置座位的链下数据显示和航空公司代理交互的界面。你必须要认识到的一个重要细节是，ASK 系统使用区块链来记录有效的交易，但是交易相关的所有计算和决策，都是由链下系统完成的，这一点也反映在 Web 用户界面的设计上。该用户界面的部分设计如图 6-16 所示。

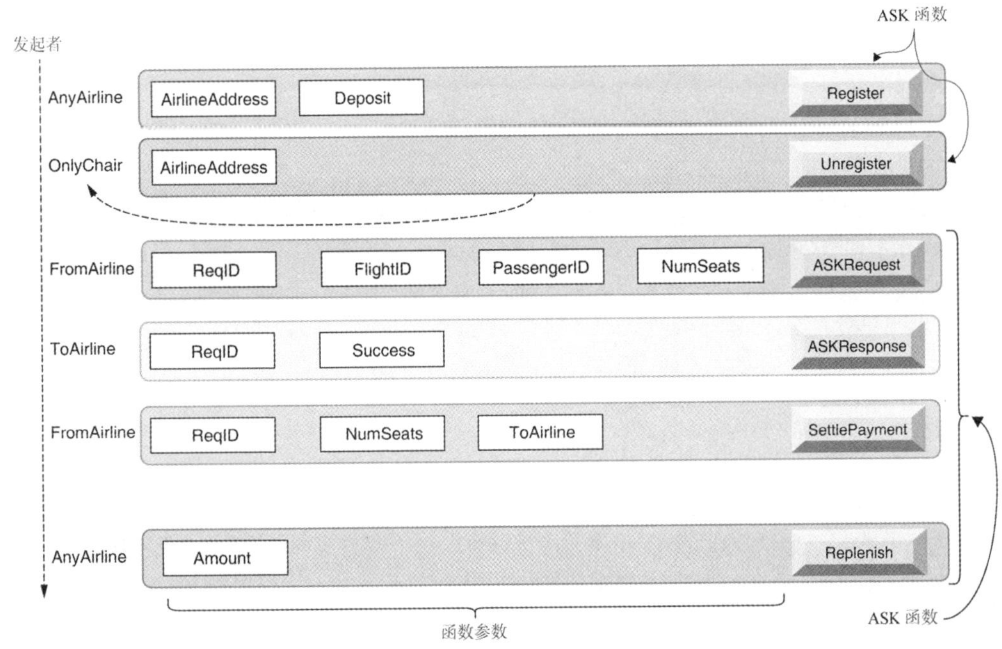

图 6-16　ASK Web 用户界面设计

下面介绍为智能合约设计 Web 用户界面的简单技术。将用户界面按钮与智能合约函数一对一映射。将代码清单 6.2 中的函数(register()、unregister()、ASKRequest()、ASKResponse()、settlePayment()，以及 replenish()及其参数)在用户界面中表示出来。用户界面布局是由 Remix IDE 的智能合约用户界面指导的。一定要把该映射记录下来。不必从头开始设计用户界面，可使用 Remix IDE 左侧面板中表示的用户界面元素。利用 ASKRequest()、ASKResponse()和 settlePayment()中的请求标识符 reqID，将用户的单个请求序列联系在一起。跟踪该序列是链下代码的责任，区块链只记录 reqID 相关操作发生的事实。例如，应用程序可以稍后查询具有特定 reqID 的所有交易的区块链记录。你可以观察到该用户界面与 ASK 的 Remix IDE 的按钮和参数是高度一致的。

6.4.7　合并

对于 ASK 代码库 ASKV2-Dapp.zip，使用与之前相同的过程。下载、解压并准备好 ASK 代码，然后按照如下步骤进行：

(1) 启动测试链。通过单击开发机器上的 Ganache 图标，并单击 Quickstart，启动 Ganache 区块链。

(2) 编译和部署智能合约。基础目录被命名为 ASK-Dapp，它有两个子目录：ASK-contract 和 ASK-app。从基础目录中，执行如下命令来部署 contracts 目录中的所有合约：

```
cd ASK-contract
truffle migrate --reset
```

你应该能看到确认合约部署的消息。

(3) 启动网络服务器(Node.js)和 Dapp 的网络组件。从基础目录 ASK-Dapp 切换到 ASK-app 目录，安装所需的 node 模块，然后通过运行应用程序的启动脚本来启动 Node.js 服务器：

```
cd ASK-app
npm install
npm start
```

(4) 服务器启动并监听 localhost:3000。

(5) 启动安装了 MetaMask 插件的网络浏览器(Chrome)。将浏览器指向 localhost：3000。使用密码或 12 个单词的助记词，确保 MetaMask 链接到 Ganache 测试链。

现在，即可通过 Web 用户界面与 ASK Dapp 进行交互。你可以花点时间研究一下此用户界面和它的所有部分。

6.4.8　使用 ASK Dapp 进行交互

图 6-17 显示了闲置座位的显示板，还有 MetaMask 账户 1(主席)、账户 2 和账户 3 的地址，你可使用它们来进行测试。在真实场景中，显示板不会出现在这里，地址也不会显示在 Web 用户界面中。这里显示它们只是为了测试。正如你测试盲拍 Dapp 所做的那样，确保在开始测试之前先重置所有 3 个账户的 nonce。现在，你就准备好测试 ASK Dapp 了。

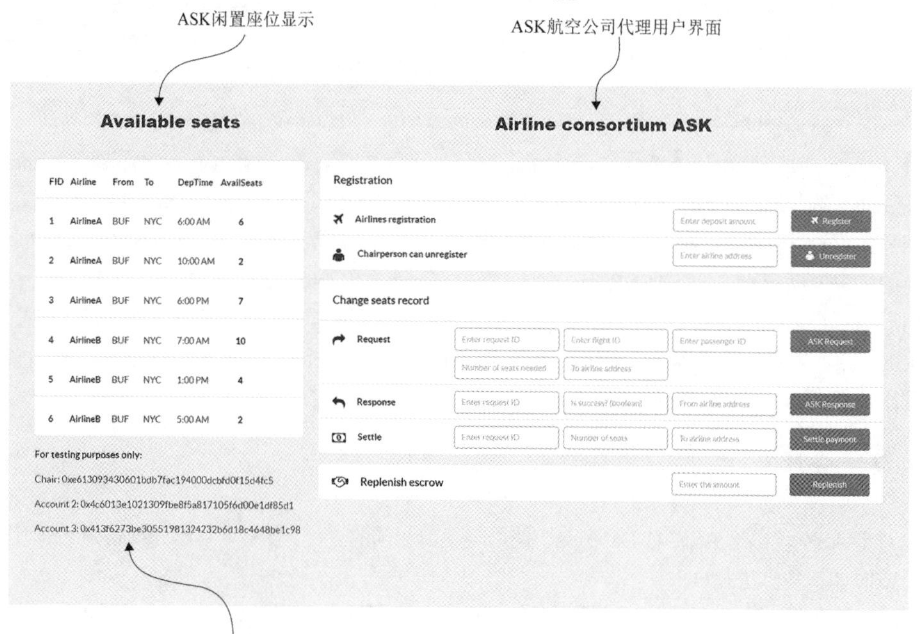

图 6-17　用于测试的 ASK Web 用户界面

图 6-18 显示了闲置座位(位于 Web 用户界面的左侧)。对于每个航班，它列出了航班号、航空公司名称、出发地和目的地城市、出发时间和闲置座位数量。图 6-18 右侧的函数分别用于：

- 记录发送请求(通过 reqID 识别)的证据
- 发送对请求的响应
- 处理请求的付款

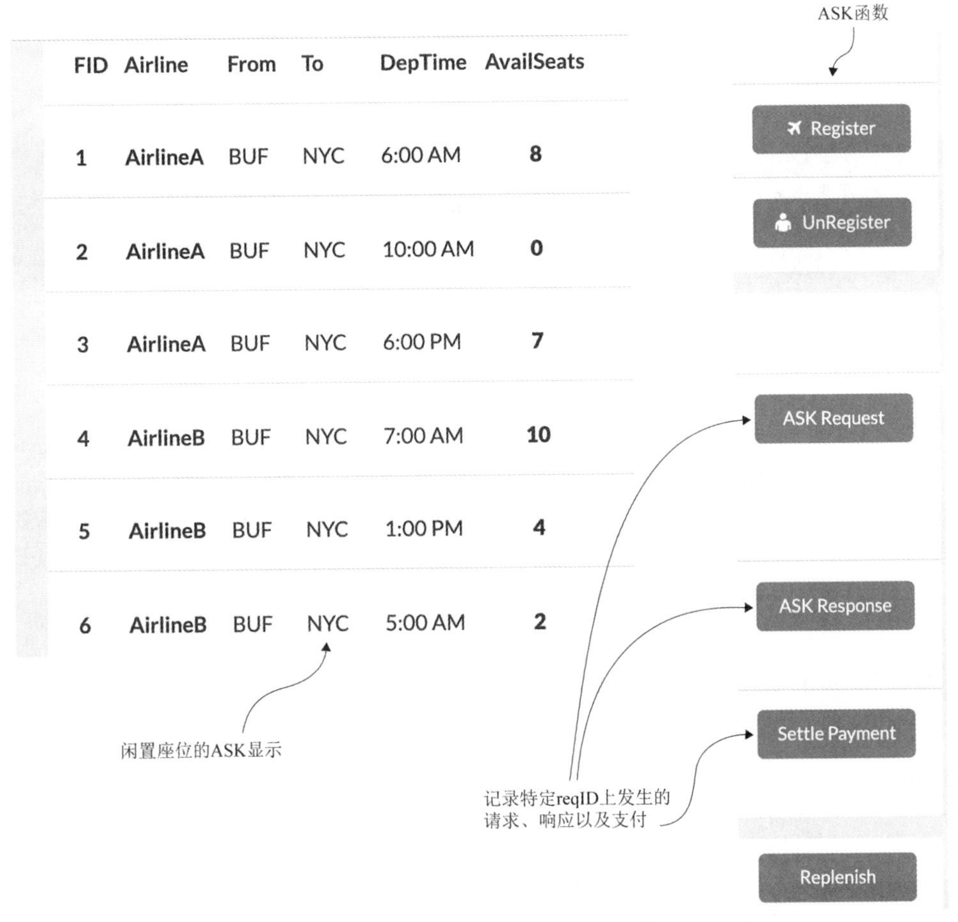

图 6-18　ASK 闲置座位显示和 ASK 函数

register()、unregister()，以及 replenish()等函数的有效交易也被记录在链上，供以后分析。

以下是一个简单的测试序列，用来测试 Dapp：

(1) 注册。对于账户 2，使用 50 个以太币作为托管，然后单击 Register。对账户 3 重复同样的过程。当 MetaMask 窗口弹出时，在两种情况下都单击 Confirm 按钮。假设账户 2 为 fromAirline，账户 3 为 toAirline。现在 fromAirline 和 toAirline 都是 ASM 联盟的成员。

(2) 发送请求。对于 MetaMask 中的账户 2，填写如下参数，以请求 ASK 显示表中第 1 行的两个座位：

```
{reqID = 123, flightID = 1, passengerID = 234, numSeats = 2,<toAirline address>}
```

对于toAirline的地址，为方便起见，可以直接复制Web用户界面左侧面板中提供的账户3的地址，然后单击ASK Request。

(3) 发送响应。对于 MetaMask 中的账户 3，为响应填写如下参数：

```
{reqID = 123, success = true, <fromAirline address>}
```

对于 fromAirline 的地址，为方便起见，可以直接复制 Web 用户界面左侧面板中提供的账户 2 的地址，然后单击 ASK Response。

(4) 结算付款。对于账户 2，输入{reqId =123, numSeats = 2, <toAirlineaddress>}，然后单击 Settle Payment。你会发现两个座位的付款已结清，并且左边的表已更新。

(5) 你还会注意到，用户界面上的 ASK Available seats 表已被更新，以反映座位变更信息。

(6) 也可尝试对已注册的两个账户中的任何一个进行 unregister()和 replenish()操作。如果你对一个未注册的账户尝试了这些操作，由于修饰符 onlyMember 会检查成员资格，这些操作将回退并抛出一个错误。

(7) 此时，也可检查 app.js，它是 Web 用户界面和智能合约之间的黏合代码。在 Dapp 的端到端设计中，该关键组件用于处理来自用户界面的调用，并将其引导至智能合约。

你已完成了一个简单的正面测试。也可进一步探索 ASK Dapp，看它如何处理回退和负面测试。

最后，ASKRequest()和 ASKResponse()不执行任何计算。它们只是将参数存储到智能合约的变量中，创建链上记录或者链下发生的状态。该操作确保了有效的交易和对应于链下请求及响应的状态都会被记录在区块链上。可以在 Etherscan 或者 Ganache 上查看这些交易。本章的目的，就是确保有效的交易数据会被记录下来，并自动结算付款。

6.5 回顾

本章引出了传统编程和区块链编程之间的一个重要区别：你需要仔细设计链上数据(被记录在区块链上的数据)，以避免区块链过载。在设计智能合约时，你可使用本章介绍和讨论的链上数据类型(回执和事件日志、交易数据和状态数据等)。盲拍 Dapp 只关注基于事件的链上数据。ASK Dapp 则说明了有关交易和状态的链上数据的使用情况。状态链上数据记录了智能合约中的变量在应用的生命周期中是如何变化的。你在盲拍和 ASK Dapp 中都遵循了相同的开发步骤，因此也加强了对使用 Truffle 开发过程的理解。现在，你应该已熟悉 truffle compile 和 truffle migrate 命令，可以使用 npm(基于 Node.js)网络服务器来完成你的端到端 Dapp 的开发。

在传统数据库中，如果有大约 10 000 个航空公司交易，那么你将拥有一个包含 10 000 多行数据项的集成式数据库。在智能合约中，你将定义一行数据项来表示交易。当 Dapp 执行时，一次会确认一个交易，并记录在链上，还将记录状态变化和发出的事件。其中一个可能会记录在区块 234567 上，另外一个则记录在区块 234589 上，以此类推。这些记录，共同构成了区块链的分布式不可变账本。正如你所看到的，区块链并非传统数据库：它是一组分布在区块链各个区块之间的记录，以及来自部署在区块链上的其他不相关应用的有效交易和数据。

在 ASK Dapp 示例中，你可能已注意到了 3 个函数——ASKRequest()、ASKResponse()和 settlePayment()，它们并没有与智能合约中的代码或者逻辑绑定在一起。但是这些函数通过一个唯一的标识符捆绑在了一起：reqID。航空公司的链下应用程序决定是否调用这些函数。ASK 成员航空公司可以开发链下的应用，使用区块链上的记录来进行证明，从而能评估交易的合规性，或者用于一般的数据分析目的。

在区块链应用中，所有公开的逻辑都在外面，包括链下的数据和函数。区块链就像一个隐蔽的观察者，系统地在链上记录链下活动的相关信息。

你可能会问，为何不为智能合约代码写上几千行代码，或者多个类呢？虽然智能合约简单明了，但是大部分操作依然是由区块链的基础设施在后台进行的。这种情况类似于大数据分析中常用的著名的 MapReduce 算法，适用于单个页面。在这种情况下，所有的工作都是由 MapReduce 基础设施在后台完成的。

6.6　最佳实践

以下是一些最佳实践，尤其关注链上和链下数据：

- 区块链程序并非是将用传统的编程语言(如 Java)编写的应用翻译或者移植到 Solidity 等区块链编程语言中。智能合约中只定义链上记录所需的数据，仅此而已。例如，在 ASK Dapp 中，只为需要记录的请求数据和响应数据定义了两个数据结构。
- 可以把智能合约视为规则引擎。它可以作为看门人，控制特定操作的访问权限。如果一个非会员的航空公司请求 ASK 操作，该请求会被智能合约退回。该功能可用于链下应用程序，防止未经授权的用户完成交易。
- 应尽可能地将智能合约设计为大多数计算都在链下执行。例如，在 ASK Dapp 中，函数 ASKRequest()和 ASKResponse()只是通过将参数值传递给状态变量，来记录各自的交易已发生。另一个例子是，基于 ASKResponse()函数中的 success 的值在链下做出是否调用 settlePayment()函数的决定。
- 在设计基于区块链的系统时，必须注意智能合约(及链上数据)的不可变性。应将智能合约视作长时间运行的程序，通过正确使用状态而不是使用循环来提供重复执行。
- 不要在智能合约中定义传统的数据库。否则，将出现多个重复的数据库，并且每个节点都有一个副本。另外，不要将数据库从集中式系统中移植到智能合约中。任何中心化的数据库都必须是链下的。
- 可以为传统业务设计基于法定货币的支付系统，而为基于区块链的业务设计加密货币支付系统。例如你在 ASK Dapp 中的 settlePayment()函数中使用了以太币，但是最初的机票可能是用美元或危地马拉格查尔等法定货币购买的。

6.7　本章小结

- 在编程发展的一长串范式中，从结构化到函数式，到面向对象，再到并发和并行编程，区块链编程正在成为现代系统的下一个重要组成部分。
- 链上和链下数据及操作的概念将区块链编程与传统编程区分开来。

- 链上存储的不仅仅是交易，其他数据和哈希值也会被存储在链上，以支持区块链的稳健性和可用性。这些记录包括智能合约中变量的状态和状态转换、函数的返回值、触发的事件，以及日志等条目，所有这些都存储在区块链的头部，从而为特定值的链上数据存在提供证明。
- 链下数据源与应用相关，不受区块链的限制。
- 区块链使得你能够记录智能合约函数所发出的事件。该功能提供了函数返回值以外的方式，可以从区块链层向上层应用提供通知。
- 拍卖和市场模式很适合区块链应用。
- 盲拍和 ASK 航空公司两个用例说明了端到端 Dapp 的设计和开发路线图。
- 盲拍 Dapp 演示了两种链上数据的使用：回执和事件日志。
- ASK 航空公司 Dapp 是一个区块链应用的例子，它包括链上和链下数据。它显示了在 Dapp 中使用加密货币的雏形。它展示了加密货币如何与法定货币支付共存。它还提供了一个纯粹用于区块链记录的智能合约模型(无任何复杂计算)。

第 7 章

web3 和通道 Dapp

本章内容：

- 使用 web3 API 访问以太坊客户端节点函数
- 使用 web3 模块和 web3 provider 编程
- 设计一个带有旁路通道的 Dapp
- 为全球清理问题实现一个微支付通道
- 将链下操作和链上操作连接起来

本章的重点是 web3。使用 web3，你几乎可以将你的 Dapp 设置为自动驾驶模式。什么是 web3？web3 API，简称 web3，是一个用于访问区块链函数的综合包。区块链基础设施为管理账号、记录交易(Tx)和执行智能合约提供服务，所有这些内容在之前的章节中均已探讨过。web3 公开了以太坊区块链客户端节点的函数，它能够促进外部应用和区块链节点之间的交互，并为程序访问区块链服务提供便利。在第 4 章和第 6 章，你在 Dapp 应用开发中使用了 web3，这两章从较高层面探讨了 web3 的使用。在第 4 章，你在 Dapp 开发中使用 web3.js 作为网络应用和智能合约之间的黏合代码(app.js)的一部分，并在 Dapp 中也包含了 web3(web3.js.min 的简化版)。

定义 web3.js 是一个 JavaScript 库——通常称为 web3——它使得应用能够访问以太坊区块链客户端节点提供的服务。

本章展示了 web3 的作用，深入介绍了 web3 应用开发的知识和技术。你将逐渐熟悉使用 web3 API 的内容。本章不仅探索 web3 API，介绍 web3 的概念，讲解它在为 Dapp 提供区块链服务方面的重要作用，还将说明 API 中定义的各种功能模块，你将使用 web3 开发一个多功能的通道，以构建一个可用于清理全球可回收塑料的 Dapp。在这一章中，你将看到如何使用一个新的概念，即旁路，来实现微支付的新颖应用。你将为以太坊区块链支持的简化版微支付通道开发一个端到端的解决方案。请花点时间来理解 web3 的概念，并仔细跟随本章所描述的 Dapp 开发。

注意 本文中，我将使用 web3 来指代整个库(web3.js)。注意，在 GitHub 的 web3 JS API 代码库中，web3 是类名也是包名。

7.1　web3 API

web3 API 提供了一套标准的类和函数，以便去中心化应用的所有参与者可使用相同的语法和语义与区块链进行交互。否则，交互可能会导致参与者之间的不一致，使区块链失去作用。例如，需要确保一个应用的所有参与者使用相同的哈希函数来生成和验证数据的哈希值。web3 API 提供了标准的哈希函数，这样，对于一个给定数据，所计算出的哈希值和用于计算的哈希函数对于所有参与者应用来说都是一样的，从而产生一致的计算。哈希函数在第 5 章中已介绍过。

7.1.1　Dapp 栈中的 web3

web3 在 Dapp 栈中处于什么位置？web3 支持的函数可以分为两类：支持区块链节点核心操作的函数，以及实现区块链上去中心化应用栈的函数。图 7-1 说明了 web3 在这两个模块中的基本作用，并对每个模块进行了详细说明。

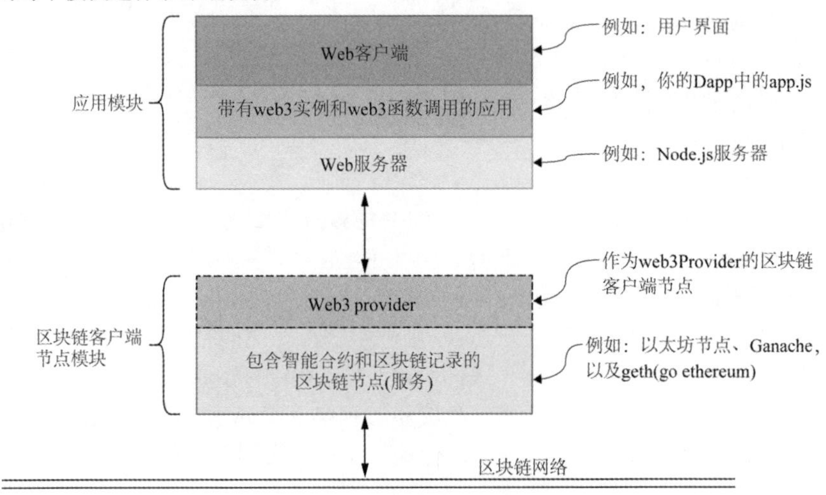

图 7-1　web3 在基于区块链的 Dapp 栈中的角色

图 7-1 的上半部分显示了应用模块，包含网络服务器和 app.js 中指定的应用程序代码。图 7-1 的下半部分是区块链客户端节点模块，它提供了核心的区块链服务器。让我们进一步分析图 7-1 中栈的各个层次：

- 栈的顶层是一个 Web 客户端，但它可以是任何需要区块链服务的客户端(移动端或企业版)。
- 接下来一层，Web 应用的 app.js 使用 web3.js 库来访问区块链服务。
- 再往下一层是传统的 Web 服务器，它监听客户端请求的端口，在本示例中由 Node.js 服务器实现。
- web3.js 使得 app.js 应用逻辑能够连接到区块链节点中的底层 web3 provider。

在图 7-1 所示的栈中，区块链客户端节点被称为 web3 提供程序(provider)，因为它托管了(从而能够提供)web3 中指定的类和函数。底层是实际的区块链函数，包括智能合约的执行环境和记录交易块的账本。你在第 4 章和第 6 章中使用的 Ganache 测试链，以及用 Go 语言实现的以太坊节点(geth

节点)，都是区块链客户端节点的例子。

总的来说，图 7-1 提供了一个典型的 Dapp 栈架构概览。你可以此栈为指导，来实现一个称为微支付通道的区块链功能，以解决塑料清理这一全球性问题。

在开始设计 Dapp 之前，我们先了解一下 web3。如果你愿意，也可直接学习 7.2 节的应用设计。

7.1.2　web3 包

web3 API 是一个大单元，包含许多表示各种函数的包。它由 6 个包组成：core、eth、net、providers、shh 和 utils(如图 7-2 所示)。你将在本章中使用 web3.eth、web3.providers 以及 web3.utils：

- eth 包及其子包使应用能够与账号和智能合约进行交互。
- providers 包让你可以设置一个特定的 web3 提供程序，如 Ganache。
- utils 包提供了通用实用程序函数的标准实现，以便 Dapp 可以统一使用。

在其他包中，web3.core 实现了区块链运行的核心协议，web3.net 实现了网络层面的交易广播和接收，而 web3.shh 则是一个名为 whisper 协议的高级概念，以允许 Dapp 之间互相通信。

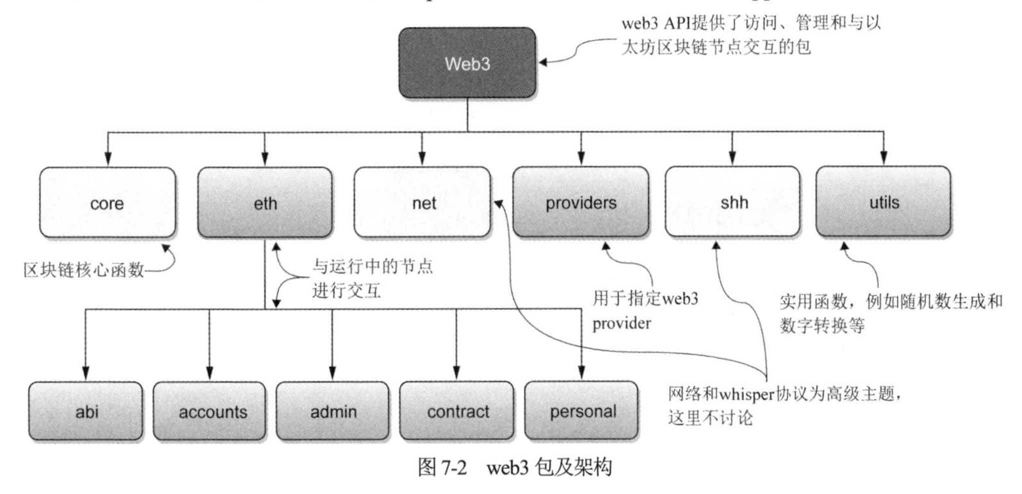

图 7-2　web3 包及架构

web3 API 能够让你使用 web3.js 库提供的 web3 类和它的所有子类。它允许你通过 RPC 端口与本地节点进行通信。还使你能够通过 web3.eth 访问 eth 对象及其函数，以及通过 web3.net 访问网络对象及其函数。你很快就会明白这一点。

在学习开发不同层次的区块链应用时，必须了解 web3(的区块链)是如何工作的。图 7-3 为图 7-1 的增强版，显示了如何在应用中使用 web3。在该图中，web3 provider 实现了 web3 API。应用程序的 app.js 使用该 web3 provider 的函数调用来访问底层区块链客户端节点，并与之进行交互。该图还显示了客户端节点与区块链网络之间的关系。区块链网络连接着许多客户端节点，如图 7-3 所示。

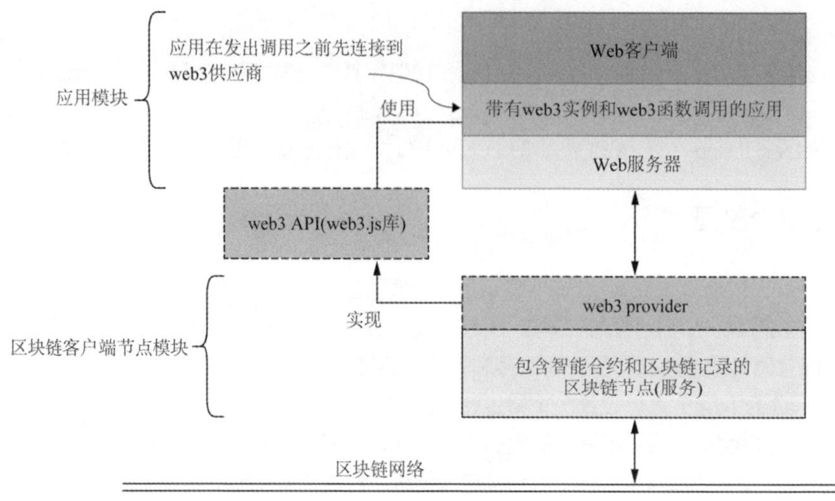

图 7-3 web3 API 的使用

为了应用和说明 web3 的概念，7.2 节和 7.3 节描述了渠道概念和一个用于促进全球塑料清理的微支付渠道 Dapp，并提供了端到端的实现。微支付渠道，是基于 Solidity 文档中提供的例子来实现的。全球塑料清理应用则是为本章特别创建的。

7.2 通道(channel)的概念

现在你必须认识到，区块链并不是为了取代现有的应用，而是为了解决传统方法无法解决的问题。不要想着使用区块链系统来取代你的现有系统，或者仅仅是为了使用区块链技术，而将一种语言(如 Java 或者 Python)编写的现有应用移植到 Solidity 上。你必须考虑更新的、前所未有的区块链应用程序模型。类似于你在第 4~6 章中学到的 Dapp——用于投票(ballot)、拍卖(blindauction)和在市场上交易(ASK airlines)——你在本章中学到的通道概念，非常适合基于区块链的去中心化应用。在 7.3 节中，你将创建一个微支付渠道，它可以实现新的商业模型，以鼓励不同的人能参与区块链技术所创造的生态系统。

通道的概念无处不在，从地质学到商业均会涉及。通道是信息从一个点传递到另外一个点的路径。在本章中，你将把它用作支付机制。这一概念通常被称为支付通道。许多加密货币区块链(包括比特币、以太坊和 HyperLedger)都实现了通道的概念。旁路概念在比特币中被用作闪电通道的模型，在以太坊中被用作可信任方之间的链下交易的状态通道。注意，这些通道是除了主要的加密货币转移通道之外的旁路。添加这些旁路是为了解决区块链网络的可扩展性，缩短交易时间，以及创建微支付通道。

定义 支付通道是一种将付款金额从一个账号转移到另外一个账号的手段。旁路通道是一种链下工具，通过智能合约、哈希函数、加密签名和身份管理等链上区块链功能实现。

7.3 微支付通道

微支付在世界各地都是一种古老的做法。许多地方的夫妻店经济依靠微支付来维持日常生活，以及维持当地经济等。这些支付通道通常不涉及传统的金融机构，如银行等。随着数字时代的到来，人们也在努力将这些微支付数字化，但是其成效有限。比特币区块链则改变了这一切，它证明了未知参与者之间在线支付的可行性。随着这一突破，人们对于微支付的兴趣已复苏，这是理所当然的。

以下是关于微支付的一些基本情况：

- 它是由发送方和接收方账户地址标识的端点定义的。
- 它促进了发送方和接收方之间的小额(微型)和频繁的支付。
- 支付价值低于主通道交易收取的交易费用(这个特点是可以理解的)。
- 发送方和接收方之间的关系是暂时的，通常在支付结算并与主通道同步之后终止。

图 7-4 显示了这些概念以及两个账户之间的链上主通道和链下旁路通道之间的关系。任何人都可以加入或者离开主通道，任何账户都可以与任何其他账户进行交易。主通道上的每一笔交易都会被记录在区块链上。主通道是永久性的，就像比特币和以太坊的主链一样。

现在来看看图 7-4 中的旁路通道。微支付通道是选定账户之间——本例中是两个账户之间——的旁路通道的一个例子，并且是临时性的。旁路通道账户之间的交易是在链下进行的，在旁路通道与主通道同步之前，它不会被记录在链上。当其中一个参与者的账户在主通道上发送交易时，这种同步就会发生，系统会捕捉并汇总链下交易的细节。在与主通道同步之后，旁路通道可能会解散。微支付通道的概念在 Solidity 文档和许多在线出版物中均有讨论。

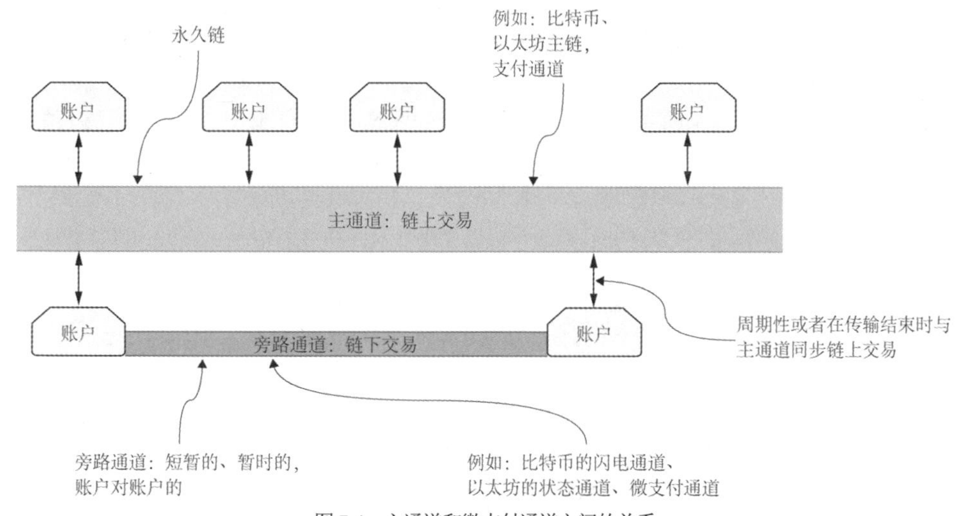

图 7-4 主通道和微支付通道之间的关系

7.4 微支付通道用例

为了激励微支付通道，让我们考虑一个现实世界中的问题：地球上的塑料回收问题。没有任何一个国家能回避此问题，它正在影响海洋和陆地上的生态系统，包括森林和河流。任何一个组织，如联合国，都不可能派人去清理世界上的所有国家。即使由类似联合国的非政府组织提供资金，最佳策略也是安排当地人来清理。所以这个问题是一个完美的去中心化问题：全球范围内的参与者是分散的，并且不一定互相认识。让我们研究一下区块链是如何帮助解决这一问题的。我们使用缩写 MPC(Micro Payment Channel)来代表该 Dapp。

问题陈述 假设一个类似于联合国的非政府组织希望从环境中收集塑料，并将其存放在指定地点以进行回收和妥善处理，还愿意为每一箱可回收塑料支付一定的奖励(微支付)。你需要设计和开发一个去中心化的解决方案来推进这一过程。

下面是一些假设和细节内容：

- 需要一些审核机制，以确保收集的塑料箱中包含适当数量和正确种类的塑料。否则，垃圾箱会被拒收。
- 工人或者机器人可以将塑料收集在垃圾箱中，并将其存放在指定地点。每次工人收集的垃圾被核实后，就会向赞助机构发送一条信息。在收到信息后，赞助机构通过一个在机构和工人之间建立的通道发送授权的链下微支付。塑料收集的过程中，可能会存在向工人多次付款的微支付操作。在一个给定的时段(如一天内)，微支付的数额是所有之前的微支付金额加上当前金额的总和。
- 工人不必在每次收集塑料垃圾箱时就兑现这些微支付并产生费用，而是可以等到当天的最后一个塑料箱回收。然后通过链上交易接收付款。按照设计，这个单一的交易请求是针对最后一笔微支付的数额，因为它是累计的数额。
- 付款被认领后，通道关闭。一个新的通道会被建立，并对每个工人和每个工人的会话重复该过程。这种账户的打开和关闭在传统的银行系统中是不可能的，但是在区块链中就是一个很正常的过程。

让我们来设计和开发 MPC-Dapp，以展示它是如何通过使用链下微支付通道来解决这些问题的。该链下工具将由使用智能合约和安全数字签名的链上区块链服务支持。当然，所有这些操作都将使用 web3 API 访问这些区块链服务。不过，在开发基于区块链的解决方案之前，不要忽视传统的金融系统，如银行等。也可以评估它们是否可以在不涉及区块链的情况下解决 MPC 问题。

7.4.1 传统的银行解决方案

图 7-5 显示了一个可能的解决方案，使用传统的银行系统来支付大规模的、分散的全球塑料清理费用。在本示例中，MPC 的组织者将把代管资金存入银行，并以某种方式(如通过链下消息)让预先确定的工人知道他们可以开始清理工作。在该方案中，你可以假定组织者(发送者)和工人之间的关系是一对一的。一个工人在垃圾箱中收集垃圾(在本示例中为 5、1 和 2，如图 7-5 所示)，并不断地向组织者发送关于收集的信息。在本示例中，组织者首先会签发一张 5 美元的支票(每个垃圾箱 1 美元)，然后是一张 1 美元的支票，最后是一张 2 美元的支票。

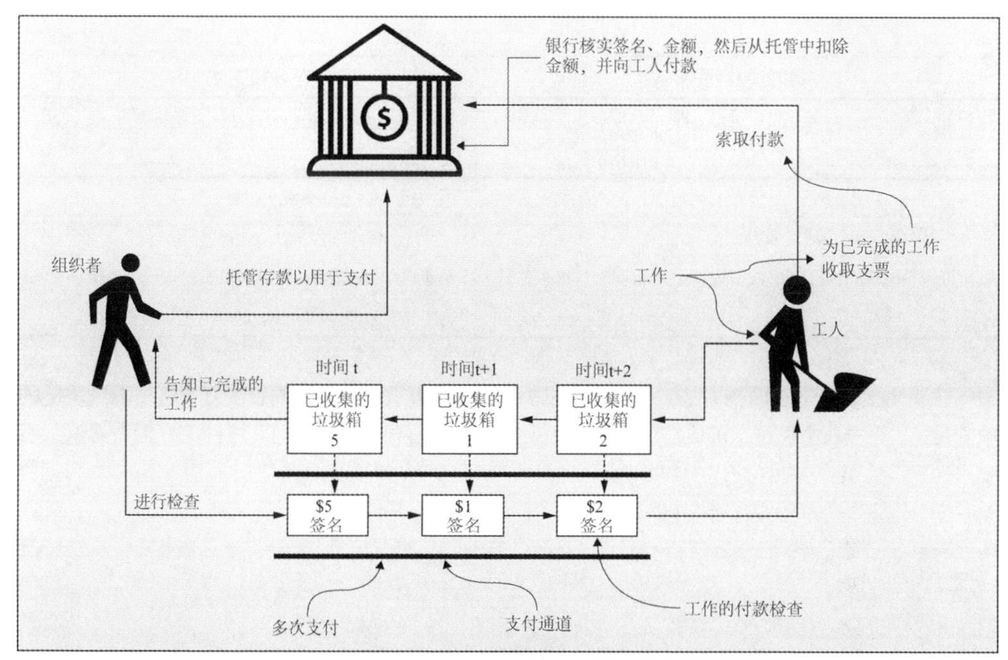

图 7-5　传统的银行支票支付方式

工人将支票交给银行兑现。银行核实支票上的签名，并从组织者存入的代管资金中支取给工人。工人可以在任意时刻停止工作。该过程就像拼车服务一样。工人可以想工作时工作，想兑现时兑现。循环往复，许多分散的工人与组织者连接并建立通道，以获得全球清理工作的报酬。

注意，该解决方案使用了传统的银行系统来创建一个新的支付模式：为那些可能没有银行账户的工人提供小额支付。该模式是一个假设性的尝试，试图将新的功能添加到传统的基础设施中。从概念上讲，这个想法似乎可行，但与区块链解决方案比，这一传统的方法存在重大问题，如表 7.1 所示。该表强调了诸如账户创建和小额支付等问题，它研究了传统系统的不足之处，以及区块链解决方案是如何优雅地解决这些问题的。

表 7.1　传统银行和区块链支付通道

传统的银行系统	区块链支付通道
开设账号——对于数百万人而言，由于缺乏凭证，如工作单位或者家庭住址等，他们是无法在传统的银行系统中开设账户的	区块链正是基于身份验证和未知参与者之间的点对点交互这些概念。它可以快速创建账户(数字身份)
小额支付——涉及的付款金额可能太小，不值得建立账户	区块链在设计上天然支持在线数字微支付
支票兑现费用——为每一个收集的塑料桶用普通支票进行付款，可能会产生大量的支票，而支票兑现费用可能会高于付款	区块链方法，使用累计支票支付的方式来解决在线数字支票的兑现问题，这有助于最大限度地降低费用
支票验证过程——在传统系统中，对于大量的支票来说，签署支票和签名验证可能会很麻烦	区块链使用哈希和加密函数来进行大规模的自动化数字签名验证

(续表)

传统的银行系统	区块链支付通道
账户的永久性——当一个账户被打开时，它是永久性的，不适合随意打开-关闭的模式，这适合于分散的用户	区块链用户可以随心所欲地加入或者离开，它天然支持开放-关闭通道。因此，暂时的通道是一种常态
成本效益——对于一个随意分散的用户而言，为小额支付创建一个账户是不符合成本效益的	区块链天然支持小额支付和临时用户
敏捷性——传统的银行账户，在设计上是长期的、永久性的	基于区块链的支付通道可以快速打开和关闭，并且是瞬时性的，能够适应新的应用模式，如 MPC

让我们比较一下这两种方法。图 7-6 为图 7-5 的修改版，但所描述的解决方案是基于区块链的微支付的。图 7-6 中强调了区块链版本和传统系统之间的差异。你可以花几分钟来仔细查看这些数字，注意区块链在 MPC 应用中的差异。

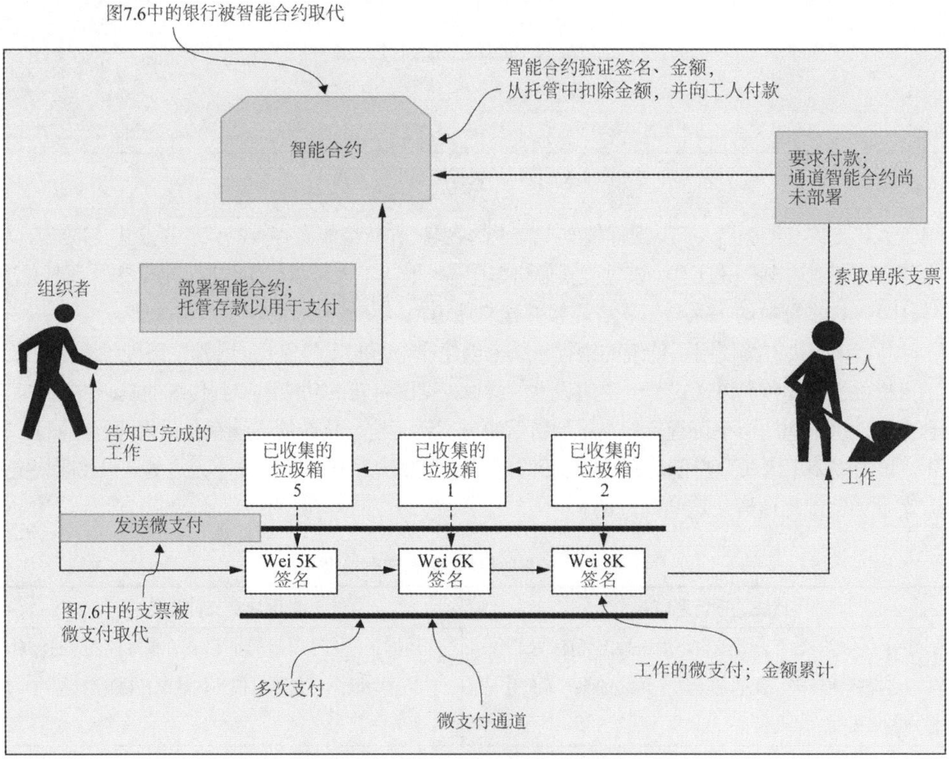

图 7-6 传统对比基于区块链的系统，突出显示了差异

以下是传统解决方案和区块链解决方案之间的重要区别：智能合约取代银行，而数字微支付取代支票支付。注意图 7-6 所示的基于区块链的 MPC 操作：

- 组织者打开通道。智能合约被部署，并初始化两个参与者的账户：组织者和工人。组织者将存款放入托管账户以用于支付。为每个工人创建一个通道。
- 微支付取代支票。

- 组织者以 wei 支付微支付(例如，1 000wei 用于一个垃圾箱)，然后在链下发送签名信息。
- 发送的微支付金额是单调递增的，最后一次微支付将结算该次的累计支付金额。
- 工人通过最近一次向组织者发送的收款信息来兑现报酬，然后通过销毁(使用自毁函数)智能合约来关闭通道。

如你所见，区块链解决方案非常适合于解决表 7.1 中讨论的问题。

注意　如果收集的垃圾箱数量为 3、1 和 2，则微支付为 3、4(3+1)和 6(3+1+2)——累计值。

在工人索要这一次累计金额后，合约就会被解除或者取消，从而解决众多小额支票的成本以及数字支付的欺诈性重复消费(数字支票重复消费的技术术语)等问题。微支付就像是一次性的现金支付。你不必与供应商建立正式的财务关系，例如创建和维护一个账户，因此没有成本开销。注意，MPC 应用中没有纸质支票。因此，该应用为分散的参与者提供了一个安全、可靠的在线数字微支付机制。

7.4.2 用户和角色

设计原则(DP)可参见附录 B。让我们应用它们来设计 MPC 的解决方案。DP1 原则建议在编码之前要进行设计，DP2 和 DP3 则是关于识别用户及其角色的内容。可使用图 7-6 来识别 MPC 的用户和用户的角色。微支付通道 MPC-Dapp 的用户，包括为大规模塑料清理工作筹集资金的组织者和从事可回收塑料清理工作的工人。任何人都可以成为工人。在 MPC 中，你所要做的只是收集塑料垃圾并将其送到适当的地点。因此，世界上任何拥有可访问区块链的身份(账户地址)的人(无论信用好坏)，都可以加入该活动。并且他们不必拥有银行账户。组织者和工人(以及智能合约)的身份是他们的 160 位账号。在本示例中，这些账号是可以在数分钟之内创建的以太坊区块链账号。

例如，肯尼亚蒙巴萨的一名高中生可以为自己创建一个身份，以访问 MPC 网页或者应用，并主动地在自己和组织者之间开辟一个微通道。当他们每天步行去学校时，他们就可以收集可回收的塑料垃圾，将其存放在一个可验证的回收站中，并从 MPC 组织者那里得到 0.001 以太币的微支付。在回家的路上，他们也是这么做的。并且他们收集了两个垃圾桶，因为他们有更多的时间。他们在家附近的一个站点存入后，得到了 0.002 以太币的微支付。一个月左右，他们的最后一笔微支付金额为 0.09 以太币。他们很高兴可以在周末用这笔钱来看电影，他们通过向 MPC 智能合约发送消息(交易)来索取这笔钱(0.09 以太币)。不仅让工作的人得到一笔小小的收入，蒙巴萨的街道上也清除了一些塑料垃圾。当付款结算完毕，该通道就会被关闭。工人们也可以选择打开另一个通道并继续努力，当然他们也可以选择不做。他们的朋友和邻居都可以加入到该工作中来。因此，基于区块链的解决方案是松散耦合的，但也是敏捷的(能够快速、高效地设置和解散)。这就是这种范式的魅力所在。

7.4.3 链上和链下操作

从前面几节的讨论、比较和场景来看，MPC 中的交互模式与典型的网络应用明显不同，后者的交互往往遵循请求-响应模式。你甚至可以说，微支付通道是一种非常适合区块链技术的新范式。在该新范式中，有链下和链上操作，就像你在第 6 章中了解的链上和链下数据一样，这就引出了下一个设计原则。

设计原则 10 区块链应用的一个重要设计决策，就是确定哪些数据和操作应该在链上编码，哪些数据和操作应该在链下实现。

为了更好地理解链上和链下操作，让我们再一次分析 MPC 问题。图 7-7 所示的操作顺序展示了全球大规模塑料垃圾清理的微支付通道概况。操作流程如下：

(1) 微支付通道打开。通过部署智能合约，在发送方(组织者)和接收方(工人)之间建立一个一次性的微支付通道。

(2) 收集塑料。在离线(和链下)操作中，工人或者机器人在垃圾箱中收集塑料垃圾。

(3) 核实收集工作。链下核实是通过适当的自动化仪器完成的，发送者-组织者被告知有多少垃圾箱被收集，以及由谁收集(核实工人身份)。

(4) 支付微支付。组织者使用步骤 3 中核实的垃圾箱数量，向工人发送链下签名的微支付信息。

(5) 要求付款。使用在智能合约上执行的单个链上交易，工人从组织者托管的账户金额中支取报酬。

(6) 通道关闭。付款后，通道被销毁，智能合约关闭。

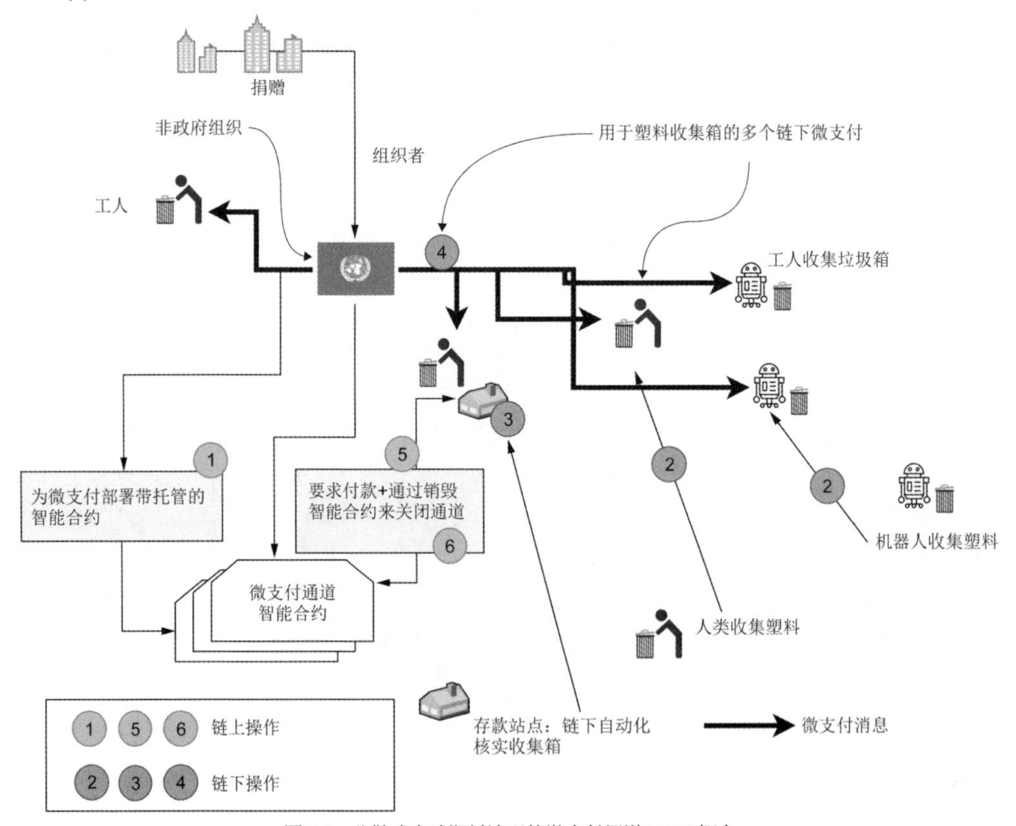

图 7-7 分散式全球塑料清理的微支付渠道(MPC)概念

上述流程指导了 MPC-Dapp 的智能合约和 Web 用户部分的设计。操作 1、5 和 6，用于部署 MPC 和支付请求，是链上的，将用于指导下一步智能合约的设计。操作 2、3 和 4 是链下的，只有操作 4 是在本书的 MPC 应用实现范围之内。识别图 7-7 中的操作，并确保在继续设计之前理解它们。

7.4.4 MPC 智能合约(MPC-contract)

回忆一下你在前几章中遵循的应用模式。在 MPC-Dapp 中也使用同样的结构，如下所示：

```
MPC-Dapp
|
|- MPC-contract
|
|- MPC-app
```

对于 MPC-contract，你将使用的智能合约是 Solidity 文档中讨论的代码的简化版本。合约图将帮助你更好地理解代码。图 7-8 显示了 MPC 的合约图(应用 DP4)。

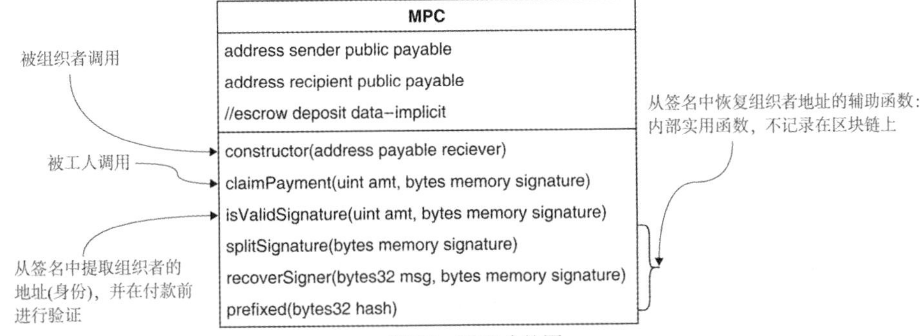

图 7-8 MPC 合约图

该合约有两个公共函数，包括构造函数。这些函数对图 7-7 中识别出的两个链上操作(1 和 5)进行编码：

- 构造函数允许组织者部署智能合约。
- claimPayment()函数由工人在他们想要索取微支付时调用。

claimPayment()函数是验证索赔者发送的所有数据的地方。许多条目都可能被验证。但是在本示例中，唯一被验证的是发送者的签名。此时，isValidSignature()就会被调用以检查加密签名。该函数又与另外 3 个函数——recoverSigner()、splitSignature()和 prefixed()，以及内置函数 ecrecover()一起工作，以从工人/索赔者发送的签名哈希中获取签名者信息/数据。这种多功能流程对于确保自动验证系统和区块链网络的稳健性是必要的，因为参与者可以随意加入和离开。此外，当你使用数字智能合约取代实体银行时，你需要用到所有这些加密函数来取代传统系统中用于阻止欺诈和防止滥用的措施。另外，也可以在你未来的任何 Dapp 开发中使用这一代码段来恢复签名者。

以下是实现了合约图中规定的所有函数的智能合约代码：

- 组织者和工人之间的链接或者微通道通过组织者调用构造函数部署智能合约而建立。
- 工人的地址作为接收方参数在构造函数中被发送。组织者是 msg.sender，以调用部署合约。
- 注意 claimPayment()方法在函数体的入口处有各种验证检查。这些验证检查是用 require 子句指定的。如果 require 子句中的条件失败，函数调用将被回退，失败也被记录在回执树中。如果失败，区块链的分布式账本技术(DLT)上就不会有该交易的记录。

- 智能合约可以隐式地持有以太币的余额，因为以太坊的每个有效地址都可以有一个账号余额。你可以通过智能合约地址发送和接收价值(以太币)。MPC 使用了智能合约的这一独特属性。想象一下，一段计算机代码居然有一个身份(账号地址)和一个账号余额！
- 需要验证的条件包括有效签名、有效的接收人(工人)，以及充足的托管金额。如果对这些条件的验证是成功的，兑现金额就会转账，然后智能合约和微支付通道会通过自毁声明进行关闭。想象一下，一个银行在每一个通道关闭之后都会销毁！这对于一家实体银行来说显然是不可能的，但是对于智能合约来说却是可能的。

通过查看代码清单 7.1 中的智能合约代码，可以了解这一新的范式。

代码清单 7.1 MPC.sol

```
contract MPC{
    address payable public sender;
    address payable public recipient;
    constructor (address payable receiver) public payable
    {
        sender = msg.sender;
        recipient = receiver;
    }

    function isValidSignature(uint256 amount, bytes memory signedMessage)
         internal view returns (bool)
    {
         bytes32 message = prefixed(keccak256(abi.encodePacked(this,
                                                       amount)));
         return recoverSigner(message, signedMessage) == sender;
    }

    function claimPayment(uint256 amount, bytes memory signedMessage)
                                                      public{
    require(msg.sender == recipient,'Not a recipient');
    require(isValidSignature(amount, signedMessage),'Signature
                                                    Unmatch');
    require(address(this).balance > amount,'Insufficient Funds');
    recipient.transfer(amount);
    selfdestruct(sender);
}

function splitSignature(bytes memory sig) internal pure
    returns (uint8 v, bytes32 r, bytes32 s)
{
    require(sig.length == 65,'Signature length');
    assembly{
        r := mload(add(sig, 32))
        s := mload(add(sig, 64))
        v := byte(0, mload(add(sig, 96)))
    }
    return (v, r, s);
}
```

组织者和工人的地址：微支付通道的端点

signedMessage 中组织者的地址已验证

如果条件满足，claimPayment 便向工人付款

智能合约向组织者发送余额后自行销毁

balance 是账户地址的一个预定义属性

从兑现消息中复原签名者信息的函数

```
function recoverSigner(bytes32 message, bytes memory sig)
    internal pure returns (address)
{
    (uint8 v, bytes32 r, bytes32 s) = splitSignature(sig);
    return ecrecover(message, v, r, s);
}

function prefixed(bytes32 hash) internal pure returns (bytes32){
    return keccak256(abi.encodePacked("\x19Ethereum Signed
                                        Message:\n32", hash));
    }
}
```

从兑现消息中复原签名者信息的函数

智能合约已处理了链上操作，即打开一个通道(1)，支付报酬(5)，然后关闭通道(6)。还有大量的工作留给链下部分，其中最重要的是在工人收集的垃圾箱通过验证后签署微支付协议。微支付信息的签署由链下部分或者 Dapp 的 MPC-app 模块负责。

为何销毁智能合约？

考虑图 7-7 中的链上操作 6 和 claimPayment()函数中相应的 selfdestruct(sender)代码。为什么智能合约在完成付款转账后会被销毁？因为如果有人收集可回收的瓶子，并将它们存入机器以获得几分钱。那么不必为此建立一个银行账号，也不需要在兑现后记住或者跟踪机器。同理，在去中心化的通道中，你也不希望产生更多的费用(超过工人们创造的价值)。同时，他们也不应该重复兑现同一笔微支付(用比特币的术语来说，就是重复消费)。这些问题是由于 MPC 的在线参与者是临时的，而且通常对于组织来说是未知的。这就是为什么智能合约是组织者和工人之间的一个临时通道。同时，部署和取消部署 MPC 合约的成本，明显要低于支付给工人的金额。

这些关于临时通道的想法都是全新的概念，你可能在传统编程中没有见过，但是在使用智能合约设计区块链程序时需要记住它们。

7.4.5　MPC 应用部署(MPC-app)

让我们来开发 MPC-app，即 Dapp 的链下部分，用户界面也通常位于此处。回顾一下第 4 章中 MPC-Dapp 的设计模式或结构：

- 一个托管在 Node.js 服务器上的 Web 应用
- 一个具有用户界面的网络栈
- app.js 用于实现应用的黏合代码，其中有用于与区块链服务对接的 web3 调用

对于链下操作——塑料收集、在通知组织者的站点上验证垃圾箱，以及组织者对微支付进行数字签名(图 7-8 中的 2、3 和 4)，MPC-Dapp 的开发者唯一关注的就是微支付的数字签名。组织者会对微支付进行数字签名，以在稍后的兑现过程中进行验证。

下面让我们来研究数字签名操作，这是 MPC-Dapp 的一个关键特性，对参与者未知的、基于区块链的数字网络非常有用。

数字签名

何为数字签名？比如一张典型的银行支票，如图 7-9 所示。它有金额、银行信息、发送方信息、接收方信息、支票号码以及发送方签名(授权付款的唯一签名)。图 7-9 中也显示了支付通道的数字

支付信息，其细节与传统的银行支票一一对应。

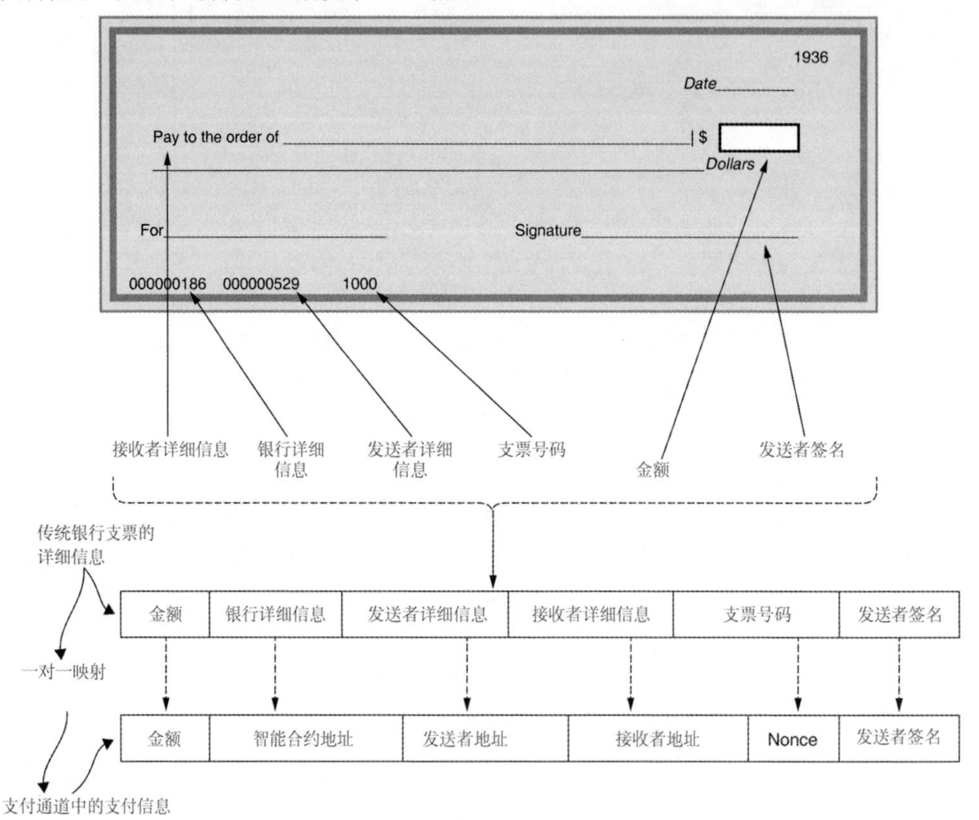

图 7-9 将传统的银行支票映射为微支付信息

注意，银行详细信息被智能合约地址取代，支票号码被发送者账号的唯一 nonce 取代。MPC 的微支付信息包含所有这些数据元素或者元素子集。传统支票上的日期则被区块链中交易的时间戳取代。交易的时间戳是在记录时创建，而不是在创建消息时创建！你应该了解银行支票和加密支付消息之间的这些重大区别。也可以将更多的元素打包到微支付消息中，以增加其稳健性。应使用最少的所需数据，以避免区块链过载。

在对消息进行签名之前，它会被哈希到一个固定的大小。第 5 章已详细探讨了哈希并提供了相关的例子。无论消息中包含了多少条目，或者消息的大小是多少，消息都会被哈希成为一个唯一的 256 位数值。数字签名操作会使用发送者的私钥对该哈希值进行加密。MetaMask 有助于安全地签名哈希值。

定义 消息的数字签名包括将消息的元素哈希成为一个固定大小的唯一值，然后使用发送者账户的私钥对其进行加密。

让我们来看看 MPC-app 中执行这些哈希和签名的代码。对于 MPC-Dapp 中的微支付消息，只需要考虑金额和智能合约的地址即可。以下来自 app.js 的代码段，对消息进行了神奇的哈希运算，并对其进行了签名：

```
constructPaymentMessage:function(contractAddress, weiamount) {
        return App.web3.utils.soliditySha3(contractAddress, weiamount)
    }
...
web3.personal.sign(message, web3.eth.defaultAccount, function(err,signedMessage)
```

在任意编辑器-阅读器中打开 MPC 代码库中的 app.js(位于 MPC-app/src/js/目录下)，如 Sublime 或者 Atom。这里显示的第一个代码段，是用于哈希消息元素的 constructPaymentMessage()，第二个代码段执行签名，来自 signMessage()函数。

你可以看到，这里使用了 web3 来访问 web3 API 中的区块链函数。web3.utils 包用于调用哈希函数 SoliditySha3(Sha 指的是安全哈希)，web3.personal 包用于调用函数 sign，该函数会对由账户的私钥计算出的哈希进行加密。回顾一下 sing 函数的参数。第一个参数是要签名的哈希消息，第二个参数是账户，其私钥被用于签名信息，第 3 个参数是一个回调函数。已签名的消息或者错误通过这个回调函数返回。这段代码足够通用。可以打开 MPC-app 目录下的 src/js/app.js，检查函数 constructPaymentMessage()和 signMessage()。也可以在其他需要安全数字签名的基于以太坊的应用中重用这些函数和模式。

注意 在用户界面、app.js 和智能合约中，MPC 的签名消息等同于银行支票上的个人签名。在后一种情况下，银行雇员会亲自验证签名。在 MPC-Dapp 中，签名消息则是从合约地址、支付金额，以及账户地址派生的属性的组合。

作为对 sign()函数调用的回应，MetaMask 会在不暴露发送者账户私钥的情况下进行消息的签名。图 7-10 中显示了请求确认签名的 MetaMask 窗口(正如其标题 Signature Request 的字面意思)的示例。图中显示了哈希的消息、签名者的账户和请求签名的消息。必须单击 Sign 按钮来确认并继续签署微支付。此外，也可通过单击 Cancel 按钮来取消请求。

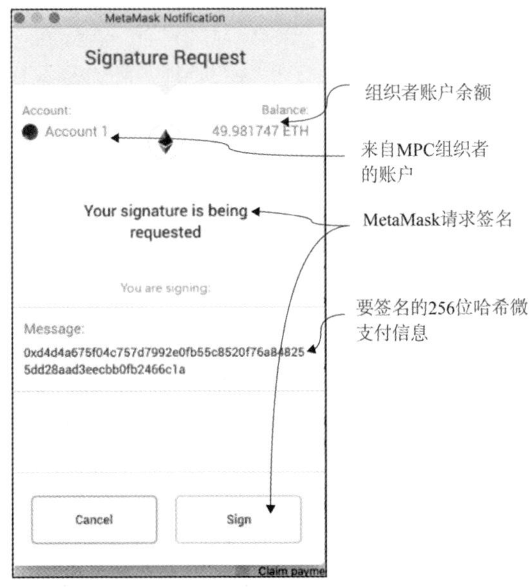

图 7-10　MPC 签名请求窗口

注意 MetaMask 会要求用户在交互前连接到网络应用，因为 MetaMask 的隐私模式默认是启用的。

7.4.6 MPC 序列图

UML 序列图(附录 A)通常在设计阶段使用，如设计原则 9(DP 9)所规定的那样。你可以用它来研究其他的交互。在这一节中，让我们用一个序列图来回顾 MPC-Dapp 中各个实体之间的交互。图 7-11 显示了包含 4 个交互实体——组织者、智能合约、工人和验证者的序列图。

我们沿着时间线从上到下来看该图。组织者账户使用两个地址部署 MPC 智能合约，这两个地址是微支付通道的参与者：发送者-组织者和接收者-工人的地址。该动作为线下微支付打开了通道。工人将塑料垃圾收集到垃圾箱中，然后交给验证者。验证者可能是一台自动化机器，验证垃圾箱的内容，并将收集到的垃圾箱数据发送给组织者。每当这些数据到达时，组织者就会向工人发送等价的微支付(链下数据)。该循环不断重复，直到工人决定结束一天的工作。他们向 MPC 合约发送 claimPayment()请求，并附上金额(在最新的消息中)和已签名的消息。智能合约对其进行验证并支付给工人。在付款被确认之后，取消部署 MPC 智能合约，通过此动作通道关闭。

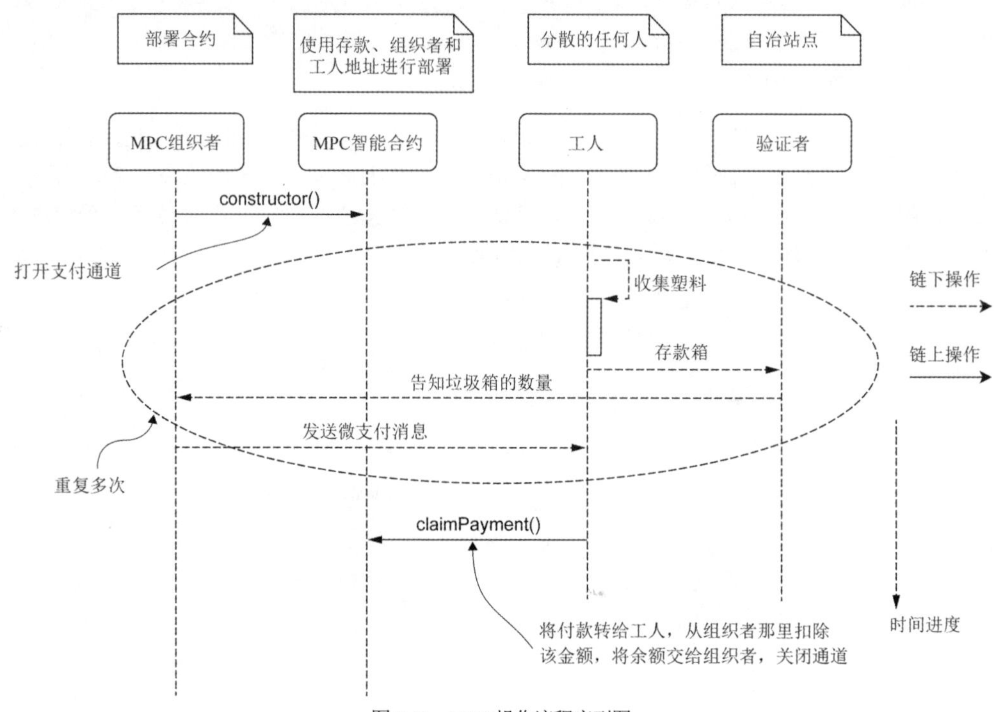

图 7-11 MPC 操作流程序列图

7.4.7　MPC 执行演示

现在，是时候演示 MPC 的工作原理了。Web 界面是一个单页的 UI，包含许多额外的细节，在 MPC-Dapp 的实际部署中这些细节不会显示。提供这些细节主要是为了便于你理解 MPC 的交互。例如，该界面会显示发送方、接收方和智能合约地址的运行账户余额，以及微支付信息。这些额外信息通常不会呈现给客户，但是为了演示的目的，这里予以展示。

从本章的代码库中下载 MPC-Dapp.zip，并解压文件以提取代码。然后在 Truffle 中完成以下编译和部署。

创建 MPC-Dapp

(1) 启动测试链。单击 Ganache 图标，然后单击 Quickstart，启动 Ganache 区块链。Ganache 测试链服务在 localhost:7545 端口启动，并通过 MetaMask 链接到 Web 用户界面。你也可使用 ganache-cli 选项从命令行界面启动 Ganache。

(2) 编译和部署智能合约。基础目录被命名为 MPC-Dapp，它有两个不同的部分：MPC-contract 和 MPC-app。在基础目录 MPC-Dapp 下输入如下命令：

```
cd MPC-contract
   (rm -r build/ for subsequent builds)
truffle migrate --reset
```

这些命令部署了 contract 目录中的所有合约。你可以看到合约的部署信息。注意合约的地址。你还会看到两个已部署的智能合约：Migrations.sol 和 MPC.sol。在随后使用 truffle migrate 命令进行构建之前，先使用 rm –r build/删除 build 目录。

(3) 启动 Web 服务器(Node.js)和 Dapp 的网络组件。从基础目录 MPC-Dapp 切换到 MPC-app 目录：

```
cd MPC-app
npm install
npm start
```

你应该能够看到一条消息，表明服务器正在启动，并在监听 localhost:3000。

(4) 启动安装了 MetaMask 插件的 Web 浏览器(Chrome)。在 localhost:3000 上启动浏览器。使用你的 MetaMask 密码，确保 MetaMask 已链接到 Ganache 区块链服务器。你可能需要使用 Ganache 测试链的 12 个助记词重新连接。单击 MetaMask，确保 MetaMask 在 Ganache 中。转到账户 1，注销。单击 Import account by using seed phrase，从 Ganache GUI 的顶部复制 seed 词，使用它们将 MetaMask 链接到本地 Ganache 测试链。

现在，你就可以与 MPC-Dapp 的 Web 界面进行交互，如图 7-12 所示。

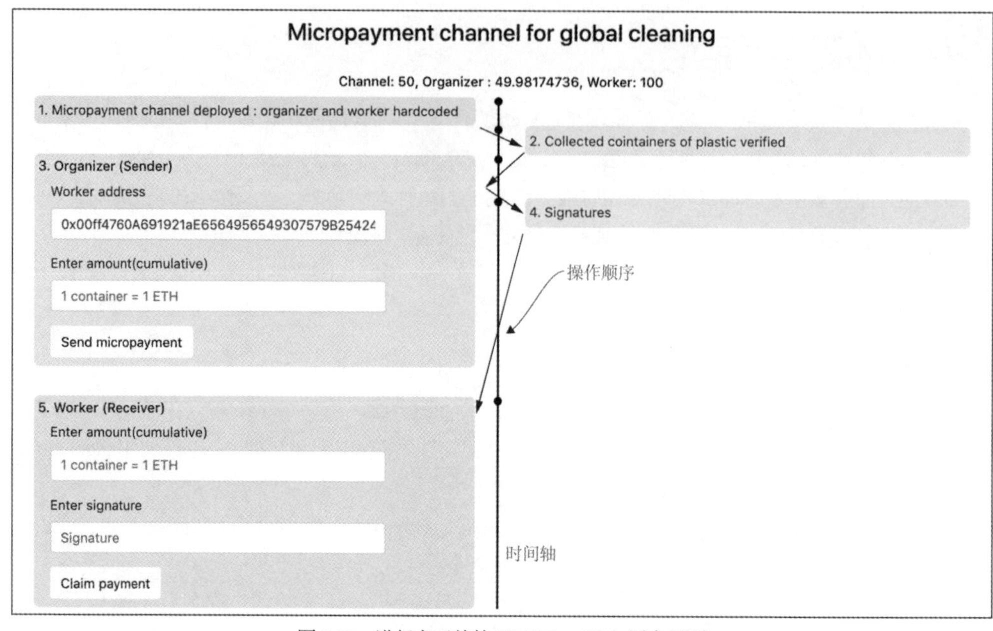

图 7-12 进行交互前的 MPC-DappWeb 用户界面

如图 7-12 所示，界面不仅带有颜色还有编号(1~5)，以突显 7.4.3 节中探讨的链下和链上操作。注意，在单个页面上，组织者或者发送者的用户界面是位于工人用户界面之上的。时间轴用一个点表示重大事件。出于演示的目的，用户界面显示了一些额外的细节。注意界面中的第 1~5 点。第 1 点表示 MPC 智能合约的部署，初始化了组织者和工人的地址。第 2 点表示工人收集可回收的塑料，并进行验证。第 3 点是组织者(MetaMask 中的账户 1)根据收集的情况发送微支付。注意，本演示中工人(接收者的地址)账号是预先填好的。第 4 点显示了微支付区域(同样是为了演示)。第 5 点是工人与 MPC 智能合约的兑现交互(MetaMask 中的账户 2)。另外，也要注意智能合约、组织者和工人这 3 个账户的余额。这些数值会随着演示的进展而更新。

与 MPC-Dapp 交互

下面模拟一个完整的微支付通道交互。在完成智能合约和 Node.js 服务器的部署之后，可以按照 7.4.7 节给出的指示，继续执行以下命令：

(1) 在 MetaMask 中，重置 Account 1 和 Account 2，将 nonce 初始化为起点。单击 Account 按钮，然后选择 Settings | Advanced Settings | Reset Account，就可以重置账户的 nonce。在组织者和工人角色之间进行切换时，你需要重新加载 UI 页面。

(2) 在 MetaMask 的账户 1 中，在组织者用户界面中，输入容器(箱子)的数量 1，然后单击 Send Micropayment 按钮。MetaMask 会弹出窗口，要求你在微支付上签名。在你单击 MetaMask 中的 Sign 后，右侧面板上会显示出微支付的数额 1，以及签名的信息。

(3) 对单调递增的数值重复步骤 2，先用数字 3，后用 7(即收集了 7 个垃圾箱)，如图 7-13 所示。

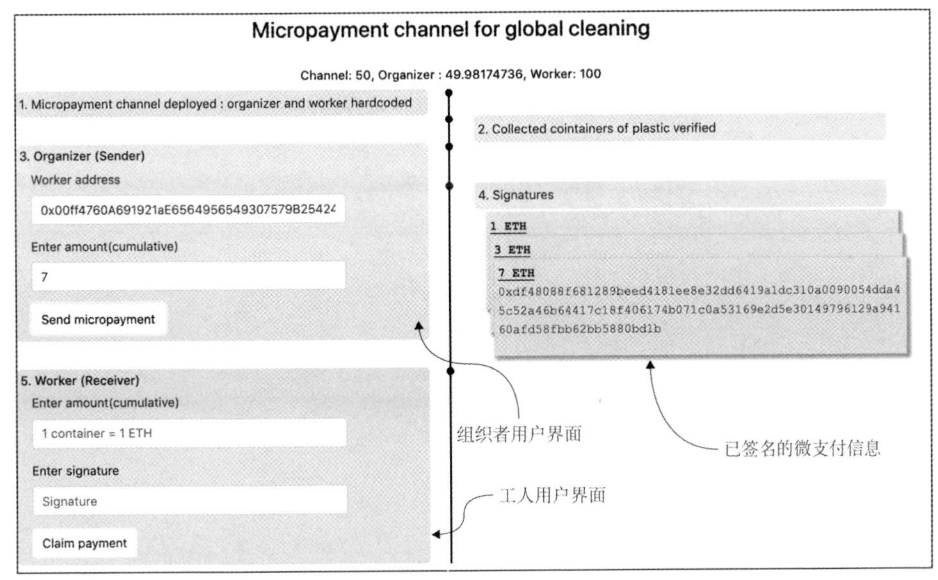

图 7-13　1、3 和 7 个以太币三次微支付之后的 MPC Web 界面

(4) 现在，我们假设工人想支取报酬。确保现在处于账户 2，也就是 MetaMask 的工人账户。在工人用户界面中输入最高的微支付数值(在本例中为 7)，复制已签名的微支付信息，粘贴验证，然后单击 Claim Payment 按钮。这些操作将调用 MPC 合约。如果输入的数字是正确的，工人将从智能合约中获得报酬。如果交易成功，支付给工人后的托管押金余额将返还给组织者，MPC 智能合约将关闭。注意，用户界面顶部的余额也将相应地改变(Channel = 0，Organizer = 92.98…，Worker = 106.99…)，如图 7-14 所示。

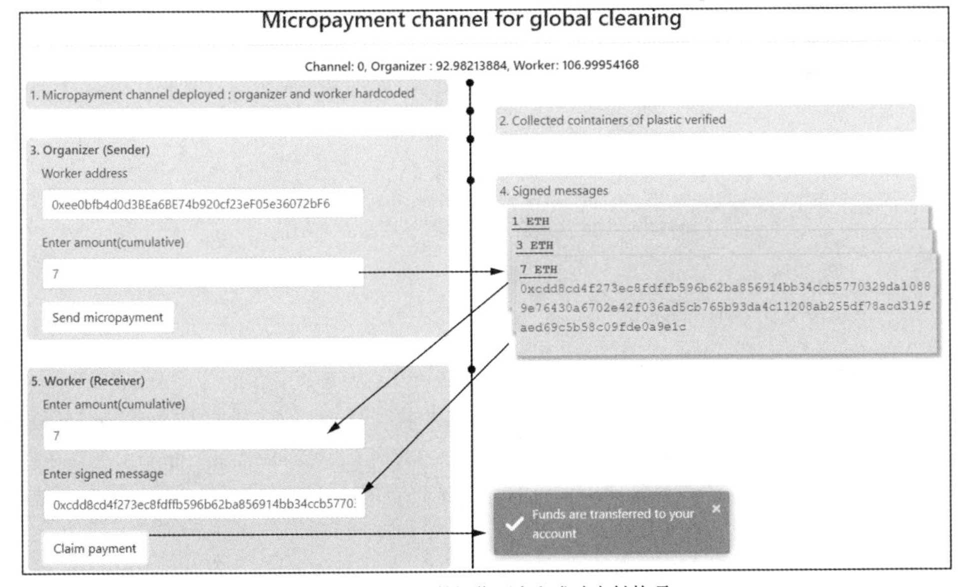

图 7-14　MPC 的操作顺序和成功支付款项

(5) 如果款项支付成功，用户界面的底部就会出现一条绿色的通知消息，如图 7-14 所示。如果支付不成功，则会出现一条红色的通知消息。

组织者和工人的账户开始时的余额都是 100 以太币，最终分别为 92.98 和 106.99。还有一些零星的以太币用于区块链上执行交易的费用。

(6) 在领取成功并关闭通道后，智能合约将不再存在。所以任何调用都会导致 MetaMask 中的错误，如图 7-15 所示。

图 7-15 通道关闭后访问智能合约时的错误信息

7.4.8 访问 web3 provider

本章主要是介绍用于访问区块链节点服务的 web3 API。7.4.5 节中已介绍了这些服务。那么，MPC 代码中的其他 web3 调用位于哪里？它们位于 MPC-app 的 app.js 中。事实上，web3 是 MPC-app 网页应用程序访问 MPC-contract 和区块链服务的方式。MPC-app 的核心组件是 app.js，它是用户界面和区块链服务(包括智能合约)之间的桥梁。你已在 7.4.5 节中看到了 web3 如何通过 web3.utils 包中的哈希函数来形成微支付消息。

该函数是用来哈希微支付细节的：

```
web3.utils.soliditySha3(contractAddress,weiamount)
```

web3 的 personal 包中指定的另外一个函数用于签名消息：

```
web3.personal.sign(message,web3.eth.defaultAccount,function(err,signedMessage)
```

要访问部署在区块链上的智能合约，即 Ganache 上的 MPC，可通过以下方式：

```
web3.eth.Contract(data.abi, contractAddress, ..)
```

与加密货币相关的内部计算属于以太坊的wei计算，所以当需要进行转换时，会调用web3.utilis：

```
web3.utils.toWei(amount,'ether')
```

在 app.js 代码中经常使用一个函数来访问链(这里指 Ganache 测试链)上的账户余额：

```
web3.eth.getBalance(accounts[1])
```

web3 在 app.js 代码中出现了 30 多处，并在其执行过程中也被多次调用。因此，了解 web3.js 对 Dapp 的设计和开发至关重要。

代码清单 7.2 显示了 app.js 的代码。在该 app.js 中，有 5 种对 web3 包的调用：

- 用于通过 web3 provider 来初始化 web3 对象——在本示例中，Ganache 本地测试链位于 http://127.0.01:7545。
- 用于通过智能合约应用二进制接口和合约地址来初始化 web3 合约对象。
- 用于访问在用户界面中显示的账户和余额的详细信息，以支持用户交互。
- 用于特定应用(在本示例中为 MPC)的消息哈希和签名。
- 用于将 wei 转换为以太币的实用函数。

代码清单 7.2　app.js

```
App = {
  web3: null,
  contracts: {},
    url:'http://127.0.0.1:7545',        ← 用于初始化应用的数
    network_id:5777,                      据 App
  …
  init: function() {
    return App.initWeb3();
  },

  initWeb3: function() {
        …
        App.web3 = new Web3(App.url);   ← 用 Ganache 初始化
      }                                    web3，即这里的 web3
      return App.initContract();           provider
  },

  initContract: function() {
    …
      App.contracts.Payment = new App.web3.eth.Contract(data.abi,
              data.networks[App.network_id].address, {});   ← 连接到智能合约 ABI
…     })                                                       和地址

  … },
```

```
  populateAddress : function(){
    ..
       new Web3(App.url).eth.getAccounts((err, accounts) => {   ◄── 获取在 web3 provider
…   },                                                              Ganache 中创建的账户

  handleSignedMessage:function(receiver,amount){
…
   var weiamount=App.web3.utils.toWei(amount, 'ether');
   …
  },

  constructPaymentMessage:function(contractAddress, weiamount) {
    return App.web3.utils.soliditySha3(contractAddress,weiamount)  ◄── web3.utils 用于对消
  },                                                                  息进行哈希

  signMessage:function (message,amount) {
   web3.personal.sign(message, web3.eth.defaultAccount, function(err,
                                   signedMessage)   ◄── web3.personal 用于签名
  {
  …    },

  handleTransfer:function(amount,signedMessage){
        if(App.web3.utils.isHexStrict(signedMessage)){
        var weiamount=App.web3.utils.toWei(amount,'ether')    ── web3.utils 用于将付
        var amount=App.web3.utils.toHex(weiamount)               款转换为 wei
        …}
```

MPC-Dapp 中的 app.js 展示了各种 web3 包的用法，从 web3.eth 到 web3.utils 等。可以观察代码清单 7.2 所示的各种函数的结构流程。接下来，让我们看看如何在 Dapp 的开发中使用这些信息。

Dapp 应用编码

可以花点时间研究一下 app.js，因为你需要为每一个 Dapp 都编写一个特定的 app.js。你可以在未来的 Dapp 开发中以代码清单 7.2 为基础编写 app.js。当你想为一个 Dapp 编写 app.js 时，可使用本章中的 web3 知识，按以下流程操作：

- 定义初始化数据。
- 实例化 web3 对象，并使用 web3 provider 对其进行初始化。在本章中，web3 provider 为 Ganache。在此后的章节中，它将是其他以太坊客户端节点。
- 使用合约的 ABI(.json 文件)和它的部署地址链接合约。
- 对访问智能合约的函数和(Web)用户界面的交互进行编码。
- 添加用于支持的函数，以方便 Dapp 的测试和演示。在代码清单 7.2 中，populateAddress()就是这样一个函数，用于在用户界面中显示账户地址及其余额。

至此，你已理解了本章介绍的新 Dapp、MPC 以及旁路通道等概念。

7.4.9 MPC 扩展

与数字民主(第 4 章中的 Ballot)、市场(第 6 章中的 ASK)以及在线拍卖(第 6 章中的盲拍)模式不同，本章中的微支付通道模式无法用传统模式来解决。相信你也想知道 MPC 的智能合约是否可以

保持开放，而不是在一次兑付款项后就自毁。MPC 的智能合约也可以扩展，以处理其他条件和情况，包括

- 基于时间长度的通道
- 工人在一定时间内没有领取报酬
- 延长通道，而不是关闭
- 组织者过早地关闭通道
- 在微支付信息中加入其他条目，如 nonce
- 双向支付
- 一对多通道
- 其他与应用相关的标准

7.4.10　微支付通道的意义

当你有大笔款项需要转移时，依然可使用常规的金融系统。然而最近，摩根大通使用 Quorum 区块链(网址见链接[1])在其客户间转移了大量的金额。该交易属于链上交易。当然，使用常规的链上交易来进行商业贸易、支付和涉及比特币和以太币等加密货币的转账是可行的。但目前金融系统的困难在于微型金额的转移，这些金额对于企业来说并不太重要，但是对参与的客户来讲很有价值。该问题可借助链下通道解决，它提供了一种方便的手段来转移较小的零星面额(微支付)，并与主通道保持定期或者一次性同步。7.4.4 和 7.4.5 节使用该模式解决了全球可回收塑料清理问题。

7.4.11　其他 web3 包

从前面的讨论中可以看出，web3 确实是一个强大的包，如代码清单 7.2 所示。下面研究 web3 的一些子包。

一般来说，web3.eth 可以让外部应用和运行中的以太坊节点交互。在它的子类中，web3.eth.person 可用来处理节点内账户的创建和管理，同时管理密钥库中的私钥，这就是为什么它被称为个人 API 的原因。例如，web3.eth.personal.newAccount()可以在节点内创建新的账户。你可能已注意到，在 MPC-app 中，使用的是 web3.personal.sign()，而不是 web3.eth.personal.sign()。后者要求使用密码以获得更高的安全性，用户在从普通设备上进行签名时，可以选择使用密码，以提供额外的安全性。

web3.eth.debug 有助于在区块级别进行调试。例如，debug.dumpBlock(16)显示了 16 号区块的区块头细节信息。因此，web3 的调试对象使你可以一窥区块链，研究区块链，并通过查看区块链中记录的数据来调试应用中的任何问题。

web3.eth.miner 允许用户控制节点的挖矿操作，并设置各种区块挖矿的特定设置。通过示例可以很简单地理解这一点。miner.start()启动挖矿操作，miner.stop()停止挖矿操作。也可使用 miner.start(6)，在该过程中，6 个平行线程将被分配给挖矿操作。顺便说一下，挖矿是为链上选择一个新的区块的过程。

可以根据你要解决问题来探索更多的包。你随时可以在 Node.js 环境中安装 web3(require("web3"))，连接到 Ganache 测试链中的 web3 provider，并从命令行中测试 web3 命令，

在将其编码到你的应用中前，建议先了解它们是如何运作的。

7.5 回顾

在本章中，你学到了数字签名的第一手经验。尽管该功能是在 Dapp 的应用部分(MPC-app)启动的，但它使用区块链服务对消息进行哈希和签名。web3 会访问 Ganache 节点中 web3 provider 的哈希和签名函数来完成这些任务(哈希和签名)。非常重要的一点是，你无法用任何你偏好的哈希方法代替，也无法用任何你喜欢的方式进行签名。你是在一个共用的区块链网络中，每个人都必须使用同样的语言，并遵循区块链服务所提供的方法。这就是你所做的。你可使用 web3 提供的 SHA3 函数进行哈希，并在 web3 和 MetaMask 的帮助下使用账户的私钥进行签名。

微支付通道的智能合约相当简单，它有一个构造函数和两个公共函数来验证签名并支付款项。智能合约中的其他函数会访问底层区块链函数，从而让你得到微支付消息的签名者。再者，你必须使用标准函数来完成智能合约中的任务。智能合约在区块链基础设施控制的沙箱(以太坊的 EVM)中运行，因此当智能合约函数执行时，所有的参与者都可得到一致的结果。

web3 API 是底层区块链服务的一个接口。即使是对从以太币到 wei，以及从十六进制到显示数字这样的简单转换，也需要使用 web3(utils)库函数。因为这些操作必须对所有参与者保持一致。

智能合约中不需要编写成千上万的代码，也不需要使用其他代码的组合和继承。区块链基础设施提供了许多服务，应用程序适当调用即可。

最后，你是否意识到，所有的实体——如组织者、智能合约、工人和验证者——都可以是自主的机器或者软件程序，且能够自动清理地球并收取加密的报酬？是不是不可思议？未来可以没有人类参与？

7.6 最佳实践

以下是支付通道的一些最佳实践：

- 在求助于区块链解决方案之前，可以先检查一下传统的解决方案。传统的银行系统可以很好地满足你的许多日常需求，例如支付你的信用卡账单。在传统的解决方案适用的地方，应使用传统方案而不是过度地依赖区块链解决方案。
- 在开始设计 Dapp 之前，可使用真实世界的场景来分析问题和区块链解决方案的可行性。
- 在区块链生态系统中，有链上和链下操作。可将链下操作保留在原位，并采用适当的方法将其与链上操作联系起来。
- 对任何可在区块链节点上执行的计算使用 web3 库函数，即 web3 provider。注意，在区块链节点上进行的计算是 256 位的，而你的普通 Web 应用可能运行在标准的 64 位机器上，因此可能需要进行转换。为此，要使用 web3.utils 包中的函数，而不是转换器。
- 旁路通道的概念，对于解决可扩展性问题和降低主通道的交易时间极为有用。

- 一般来说，如果在函数内部调用 selfdestruct()命令，可以删除已部署的不再需要的智能合约。该功能在 MPC 示例的微支付通道中被用来关闭通道。不仅塑料需要清理，智能合约也需要在使用结束后及时清理。清理是防止区块链网络过载的必要措施。

7.7　本章小结

- 微支付通道的概念非常适合区块链提供的服务。
- 消息的数字签名包括将其打包成标准大小、对其进行哈希，以及使用发送者的私钥对其进行加密。
- 一个智能合约虽然在部署时是不可变的，但是可使用 selfdestruct()命令删除。
- web3 API 将区块链的服务暴露给了应用层。
- 链上和链下操作的概念，是对第 6 章中涉及的链上和链下数据的补充。
- 智能合约可以是长期运行的永久程序，也可以是短期使用后销毁的固定期限程序。
- 通道和旁路通道的组合，是解决涉及未知对等参与者的行星级去中心化应用的通用工具。

第8章

使用 Infura 进行公开部署

本章内容：

- 探索以太坊节点和网络基础设施
- 了解基础设施供应商 Infura 提供的服务
- 为在公共网络上部署 Dapp 定义路线图
- 在 Infura 节点和 Ropsten 网络上部署 Dapp
- 与多个去中心化的参与者合作

区块链从根本上说是一种公共基础设施，就像是高速公路或者是普通公路。到目前为止，你一直在使用 Ganache 测试链(Ganache 位于 localhost:7545)来部署你的应用，这就像在教练场学习驾驶，或者在实验室中处理实验原型一样。现在，让我们到公共道路上来练习你所学到的 Dapp 开发技能。要在公共道路上开车，你不必自己修路，只需要使用现有的基础设施即可。同样，要在公共区块链上进行部署，需要类似云服务的公共基础设施支持。这里将介绍 Infura(网址见链接[1])，一个类似云的服务，用于托管区块链节点。Infura 还提供了一个通往公共网络(如 Ropsten)的网关。

在本章中，你将朝着扩大区块链生态系统和增强开发技能迈出重要一步：从本地测试链托管 Dapp 转到公共链。这一步，对于去中心化的参与者访问你的 Dapp 并与之交互是不可或缺的。你将通过部署熟悉的盲拍和微支付通道 Dapp 来学习如何使用 Infura。对于这两种部署，Infura 将提供可扩展的基础设施来托管节点，而 Ropsten 将作为公共网络。其重点是，模拟去中心化网络中参与者的多种角色。

注意：你必须完成第 7 章，才能充分理解本章内容。

8.1 节点和网络

当我们考虑电子邮件和消息传递等应用时，我们大多数人只看到了客户端的用户界面如电子邮件客户端)。大多数应用的背后是服务器——管理电子邮件、存储电子邮件、格式化电子邮件和过滤电子邮件等的应用服务器。同样，如第 6 章所述，节点是区块链服务的服务器。节点管理区块链相关操作。一个网络连接着各个节点。节点网络上的操作(第 1 章)由一个协议或者一组规则控制。图 8-1 复制了第 1 章中的图，以复习节点网络的概念。

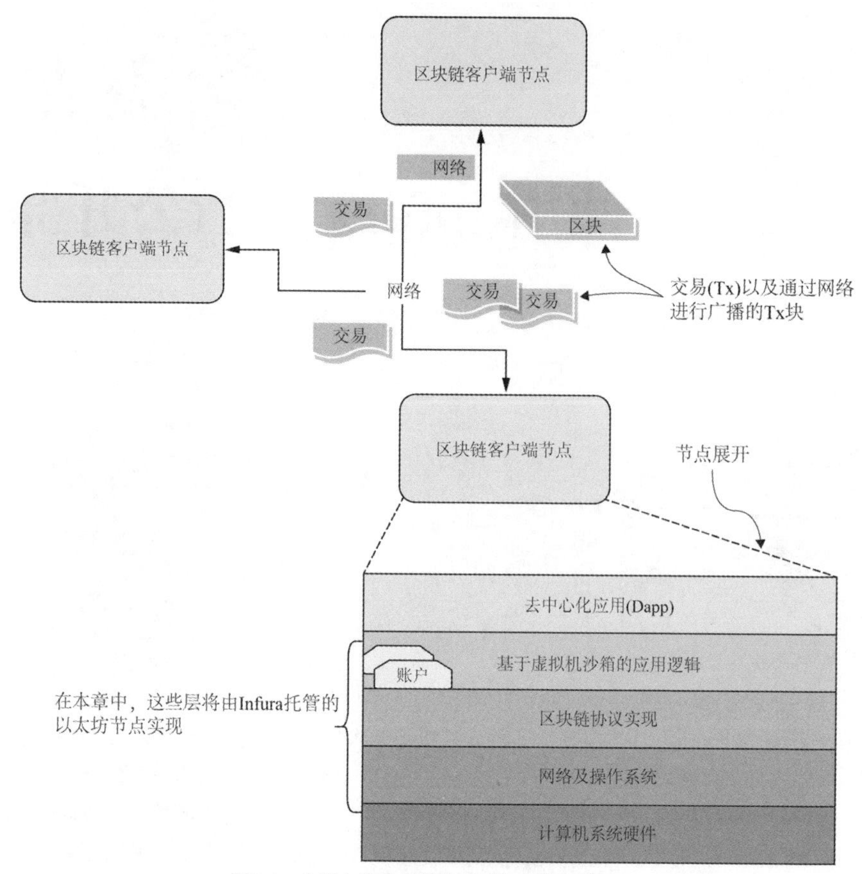

图 8-1 由以太坊节点组成的网络(改编自图 1-6)

在前面的章节中，你使用了 Remix IDE 的模拟 JavaScript 环境实现的节点，及 Ganache 的本地测试节点。这些本地测试环境对于原型设计来说是没有问题的。但是，你如何从 Ganache 中的测试节点升级到以太坊的生产节点呢？此举需要建立以太坊节点，按照以太坊协议的规定保护它们，并管理账户和协议的要求。通常情况下，建立和管理区块链节点并非个人开发者的责任。试想一下：你会自己运行一个电子邮件服务器来与你的电子邮件客户端交互吗？不会，你的 IT 部门会为你完成这些。而这正是 Infura 所扮演的角色：它是一个安全的、生产就绪的、可扩展的基础设施，可以取代你的本地原型环境来支持你的区块链节点。它提供访问以太坊网络的节点和 API。让我们来学习如何使用 Infura 提供的节点和网络。

8.2 Infura 区块链基础设施

图 8-2 概述了 Infura 为支持不断扩大的基于区块链的 Dapp 生态系统所提供的各种服务。图的左下角是熟悉的 Ganache，在前几章中用作 Dapp 的测试节点。你可以用 Infura 替换它。图 8-2 的大部分是关于 Infura 基础设施所提供的服务，其主要功能是提供以太坊区块链的节点。它还使端点和

API 连接到节点成为可能。公共网络则负责连接这些节点。这里使用 Ropsten 网络，如图 8-1 所示。Infura 还提供其他服务，例如连接到 IPFS(星际文件系统)的网关，它可以作为一些链下数据的去中心化存储。在本章，你将重点关注以太坊网络的端点，并使用 API 访问它。

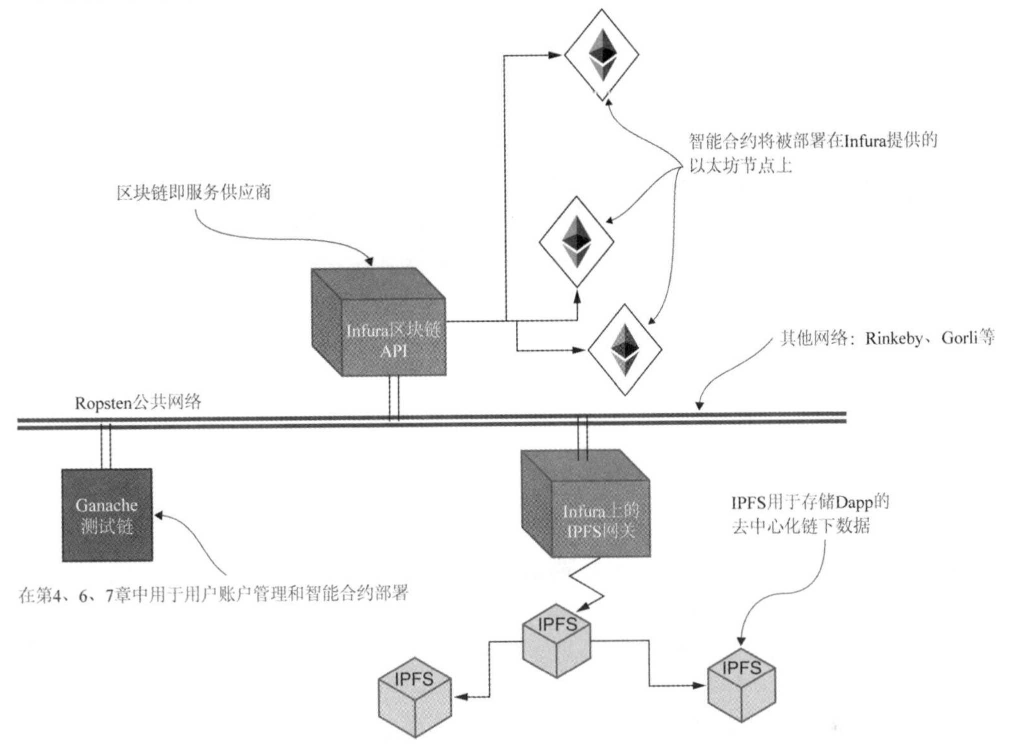

图 8-2　扩展区块链的生态系统：Infura、Ropsten 和 IPFS

8.3　使用 Infura 进行公开部署

Infura 是为以太坊 Geth 客户端节点提供的基础设施服务(Geth 是基于 Go 语言的以太坊节点的首字母缩写)。Infura 有两个产品：一个是免费的，但是项目数量受限；另一个 Infura+是付费服务，可以提供更多的项目和资源，以及用于部署的技术支持。本书将只使用 Infura 的免费版本。

图 8-3 是 Infura 的欢迎页面，显示了为以太坊区块链节点、IPFS(用于链下分散存储)，以及 web3 provider 提供的服务。注册 Infura 的免费版本，以跟随本书探索其功能。

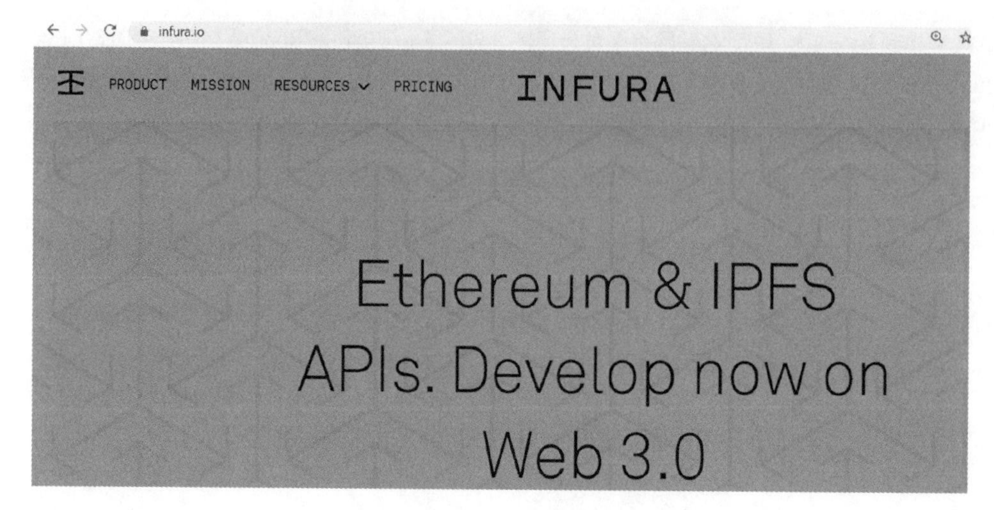

图 8-3 Infura 主页

区块链节点即服务

Infura 是一个类似云的基础设施，它使得以太坊节点成为一种服务。它还可以方便地连接到许多公共网络，如主网(使用真正的以太坊)、Ropsten 和 Rinkeby(使用测试以太坊)，并为 IPFS 这一去中心化的文件系统提供网关。它提供了一个易于使用的仪表板，用于创建部署智能合约的以太坊项目，为项目配置安全设置，并选择要连接的公共网络。

图 8-4 显示了 Infura 用于创建项目的仪表板。在 Infura 上注册后，你就应该能够登录，并通过单击 Dashboard 打开仪表板，然后单击左侧面板上的以太坊符号。使用免费版本时，你最多可以创建 3 个项目，并可以自定义项目名称。在仪表板上，可单击 Create New Project 创建新项目。

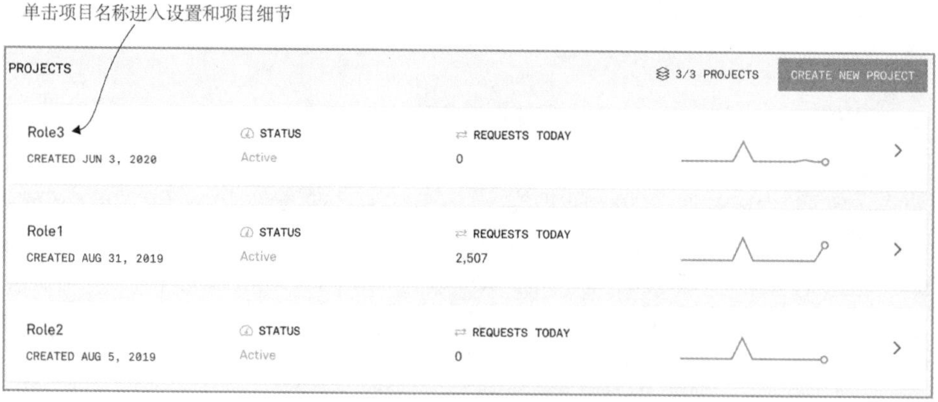

图 8-4 用于创建项目的 Infura 仪表板

项目的创建包括命名项目和可选地使用密码配置其安全设置。项目名称和节点配置可以在项目创建后查看和编辑。在图 8-4 中，可以将节点或者项目命名为 Role1、Role2 和 Role3，以代表可能在上面部署的 Dapp 的通用角色。可以将每个项目都当作 Ganache 的一个节点，但它是一个能供去中心化网络参与者使用的生产版本。尽管将这些项目命名为 Role1、Role2 和 Role3，是为了不受任何特定应用程序的限制，但是每个项目都可以承载多个智能合约。你可以在 Infura 的一个项目中部署多个 Dapp，这取决于预期的负载。但是这种在不同的项目中分配角色名称的做法，是为了方便交互和测试、负载均衡，以及避免 Dapp 的共同租借和关注点分离。例如，第 6 章中的盲拍智能合约可以部署在项目 Role1 上，而 MPC(第 7 章的微支付通道)智能合约可以部署在 Infura 基础设施的 Role2 项目上。Infura 还增加了一些有用的功能，如检测项目节点的健康状态和负载指标(如传入请求的数量)等。

当你熟悉了 Infura 的新基础设施之后，就可以修改一些熟悉的智能合约，为部署到 Infura 以太坊节点和 Ropsten 网络做准备。

注意　随着以太坊技术的发展，Infura 的界面也在不断变化。当你使用 Infura 进行开发时，需要注意其中的差异。

8.4　公开部署的端到端流程

要在 Infura 和 Ropsten 这样的公共网络上部署智能合约，你需要数个项目，如图 8-5 所示。该路线图从使用公私密钥对生成账户开始，到去中心化的终端用户交互结束。在前面的章节中，账户是通过 Ganache 等测试链预先创建的。但在本章中，你需要从头开始：生成私钥。

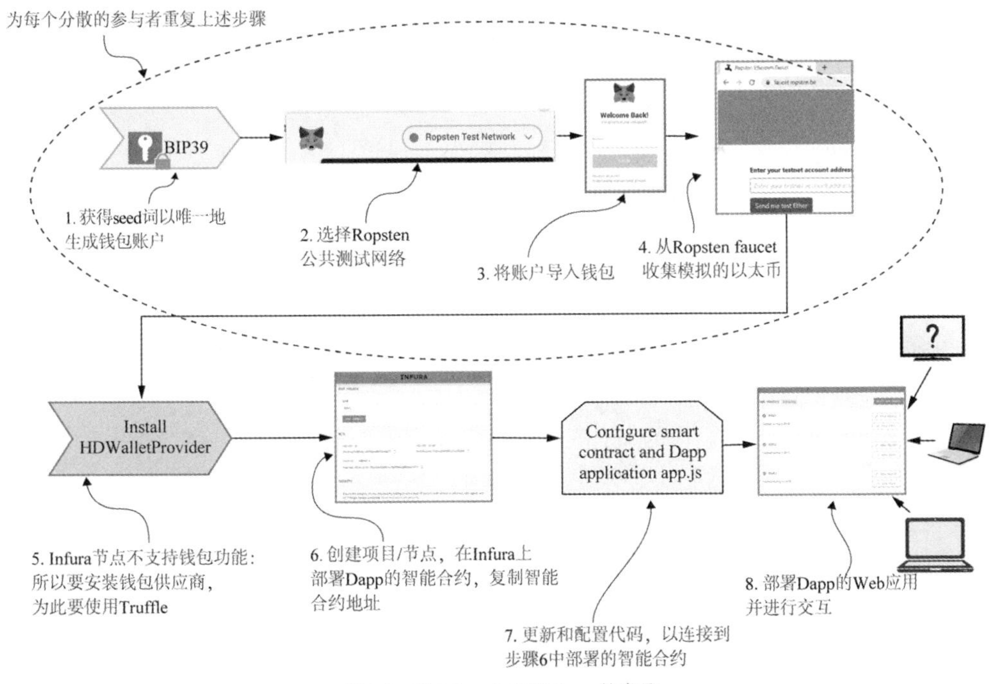
为每个分散的参与者重复上述步骤
BIP39
Ropsten Test Network
Welcome Back!
Enter your testnet account address
Send me test Ether
1. 获得seed词以唯一地生成钱包账户
2. 选择Ropsten公共测试网络
3. 将账户导入钱包
4. 从Ropsten faucet收集模拟的以太币
Install HDWalletProvider
INFURA
Configure smart contract and Dapp application app.js
?
5. Infura节点不支持钱包功能：所以要安装钱包供应商，为此要使用Truffle
6. 创建项目/节点，在Infura上部署Dapp的智能合约，复制智能合约地址
7. 更新和配置代码，以连接到步骤6中部署的智能合约
8. 部署Dapp的Web应用并进行交互

图 8-5　在 Infura 上部署 Dapp 的步骤

图 8-5 显示了将在本章中详细描述的步骤，这里使用了两个熟悉的 Dapp——盲拍和 MPC。这

里将使用盲拍来介绍公共部署过程，并使用第二个 Dapp：MPC 来重复和巩固在盲拍 Dapp 中学到的步骤。图 8-5 说明了在 Infura 提供的以太坊区块链节点上部署 Dapp 的过程，这些节点是通过 Ropsten 测试网络联网的。虽然可以在一个 Infura 项目中部署两个 Dapp(盲拍和 MPC)的智能合约，但这里选择用 Infura 提供的两个项目来分离不相关的项目。

8.4.1 账号生成及管理

Ganache 提供了一组初始账户，每个账户的余额为 100 测试以太币。你可使用 12 个助记词将这些账户导入 MetaMask。当你从测试环境转移到开发环境时，你将没有 Ganache 测试链，因此你需要自己管理账户地址。图 8-5 中的第 1 步描述了相关的细节。首先，你需要生成一个 seed 短语，以作为账号的助记符。可使用 BIP39(Bitcoin Improvement Protocol 39，比特币改进协议 39)，如图 8-6 所示，该生成工具的网址见链接[2]。

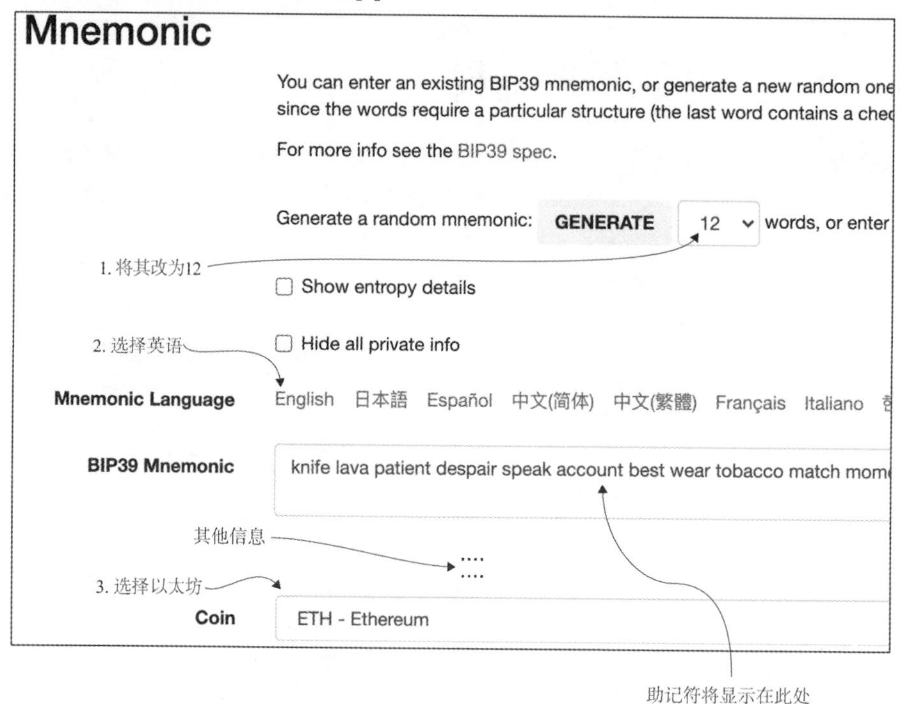

图 8-6 BIP39 助记符生成界面

注意 助记符是一种记住事实和物品的方法——联想记忆。例如一个关于行星顺序的常用记忆法是记住 *my very educated mother just served us nachos*(Mars—火星、Venus—金星、Earth—地球、Mercury—水星、Jupiter—木星、Saturn—土星、Uranus—天王星，以及 Neptune—海王星)。在区块链账户中，助记符能够映射为数字 seed，从中生成一组确定性的账户。确定性意味着每次使用该助记符时，都会复原为相同的账户序列。

打开 BIP39 工具并执行以下操作：

(1) 从下拉的生成随机助记符框中选择 12，表示私钥的助记符中的单词数。

(2) 选择英语。

(3) 在币框中选择 ETH。

(4) 作为对上述选择的响应，一个由 12 个单词组成的助记符将出现在助记符框中，表示一个唯一的私有-公共密钥对。

(5) 将助记符或者 seed 短语复制到一个文件中，以便在后续步骤中使用。

你可以在每次恢复钱包时使用此助记符为其生成一套确定的账户。为什么要使用助记符而非实际的账户？因为助记符更容易记住，而且在转录的过程中不容易出错。

专业提示　最佳实践是将助记符保存在安全、可靠和私密的地方。在获得助记符之后，建议将其保存在一个有密码保护的文件中。

8.4.2　选择网络并导入账户

你将使用 Ropsten 测试网络来连接节点，这些节点将托管 Dapp 的各种可执行逻辑(智能合约)。使用 MetaMask 选择一个网络(在本示例中为 Ropsten)来导入与你生成的 seed 短语助记符相关的账户。要在 Ropsten 上启用账户，步骤如下：

(1) 单击 MetaMask 图标，在浏览器中打开。

(2) 锁定任何打开的账户，单击它们的图标，然后单击 Lock。

(3) 在 MetaMask 中选择 Ropsten 测试网络(图 8-5 中的步骤 2)。

(4) 单击 Import Using Account Seed Phrase，恢复账户(图 8-5 中的步骤 3)。

显示的 MetaMask 页面如图 8-7 所示，还有输入 seed 短语(助记符)和密码的界面。输入数据后，会在 MetaMask 界面中恢复(或者重新连接)账户，最初只显示账户 1。你可以随时通过单击 MetaMask 中的创建账户选项来创建更多账户。

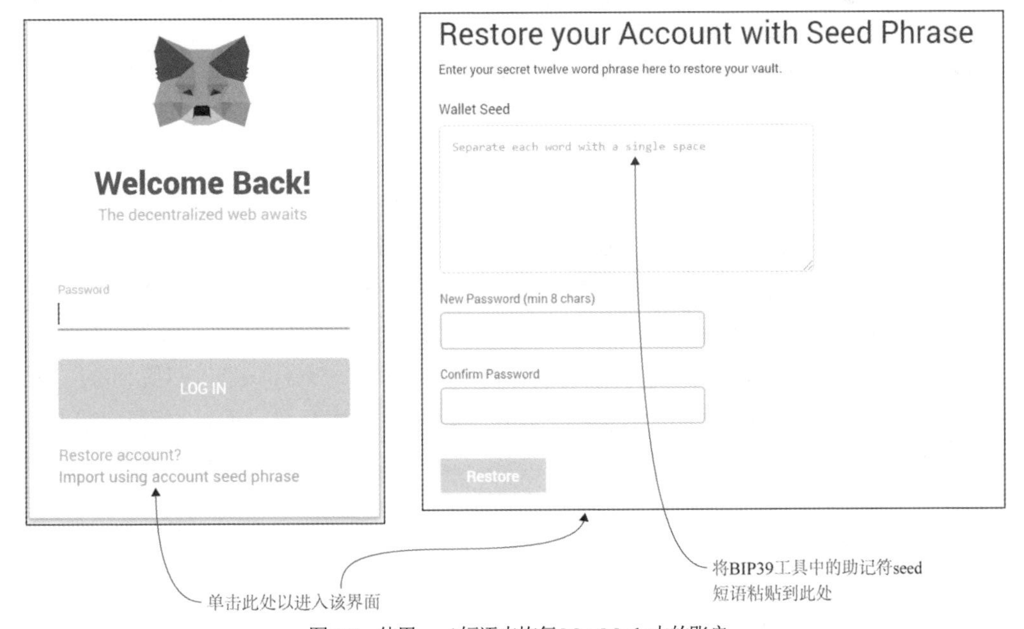

图 8-7　使用 seed 短语来恢复 MetaMask 中的账户

现在，你已设置好了账户，查看一下，此时账户余额为 0。你需要使用一些(测试)以太币来补充账户，以支付交易费用以及商品和服务的付款。

8.4.3　从 faucet 处收集以太币

要在任何公共网络上运行，你都需要以太币。Ganache 为每个账户提供了 100 个 ETH，但是现在你需要从 faucet 处收集测试用以太币，通过这种方式你可以为自己的开发请求并获得测试用以太币。有许多测试以太币 faucet 可用，但是这里推荐其中的两个：MetaMask faucet(网址见链接[3])和 Ropsten faucet(网址见链接[4])。图 8-8 显示了 Ropsten faucet。它限制 24 小时内每个账户的申请上限为 1 个 ETH。如果你在收到以太币之后的 24 小时之内申请更多以太币，将被列入灰名单(拒绝)。

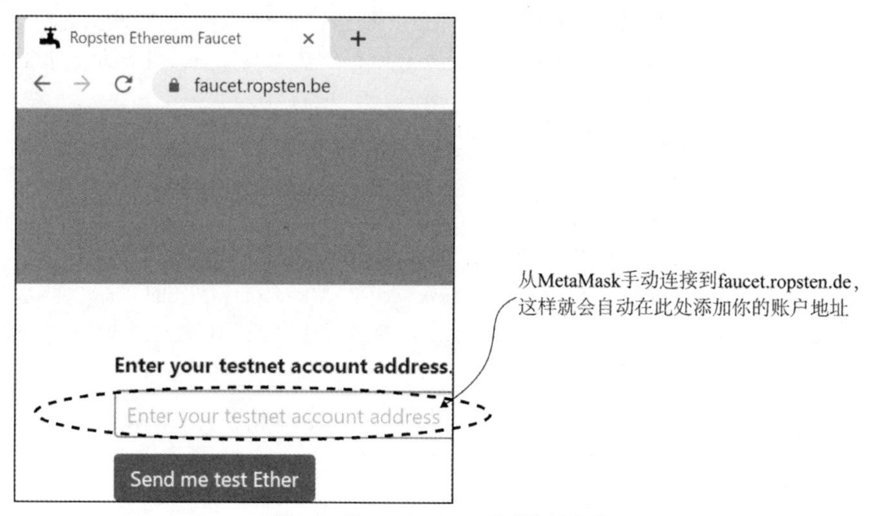

图 8-8　从 Ropsten faucet 处获取以太币

MetaMask faucet 是内置的(如图 8-9 所示)，它每次会给你 1 个 ETH，每个账户的最大余额为 5 个 ETH。现在尝试两种方法，将以太币存入新创建的账户。收集以太币是图 8-5 中的第 4 步。使用这两个以太币 faucet，然后每天坚持为你的账户收集以太币，这样你就有足够的资金来运行 MPC、盲拍和其他 Dapp 了。此外，也可编写一个脚本，来自动为你的账户收集以太币！可使用 1 ETH 来支付交易费用，但是这样的盲拍 Dapp 中可能需要更多的以太币——最多可达 5 个以便于演示。所以你需要收集更多的以太币。作为一种变通的方法，你总是可以用较低面额(wei、dai 等)的以太币来进行支付，但是这种做法令人提不起兴趣。

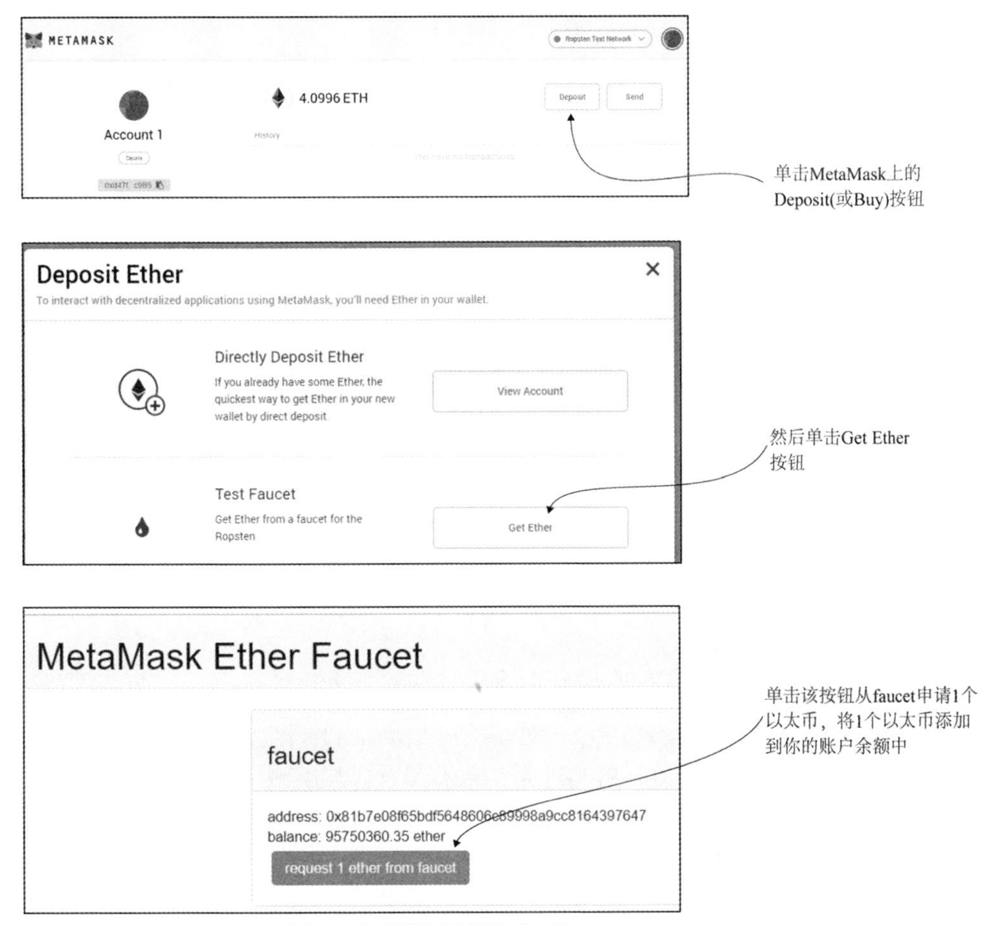

图 8-9　用于获取测试用以太币的 MetaMask faucet

8.4.4　在 Infura 上创建区块链节点

现在是时候在 Infura 上提供区块链节点了。如果你还没有这样做(8.3 节)，你可以登录并创建具有适当名称的新项目。你可以随时编辑项目的任何属性，也可以在开发阶段删除或者重建一个项目。区块链节点可以在任何一个公共网络上工作，如主网(真正的以太坊公共网络)、Kovan、Ropsten、Rinkeby 和 Gorli 测试网等。以下是获得 Infura-Ropsten 端点地址的步骤：

- 单击 Infura 主页左上角的仪表板一词。
- 单击左侧面板上的以太坊符号。
- 单击你创建的项目名称(如 Role1)，然后单击 Settings。你将看到图 8-10 所示的屏幕。
- 从端点的下拉列表中选择 Ropsten 作为网络端点，并复制出现的端点地址。即使为你的实验选择了 Ropsten 测试网络，通过从端点下拉列表中选择网络名称来切换到其他网络也是很简单的。

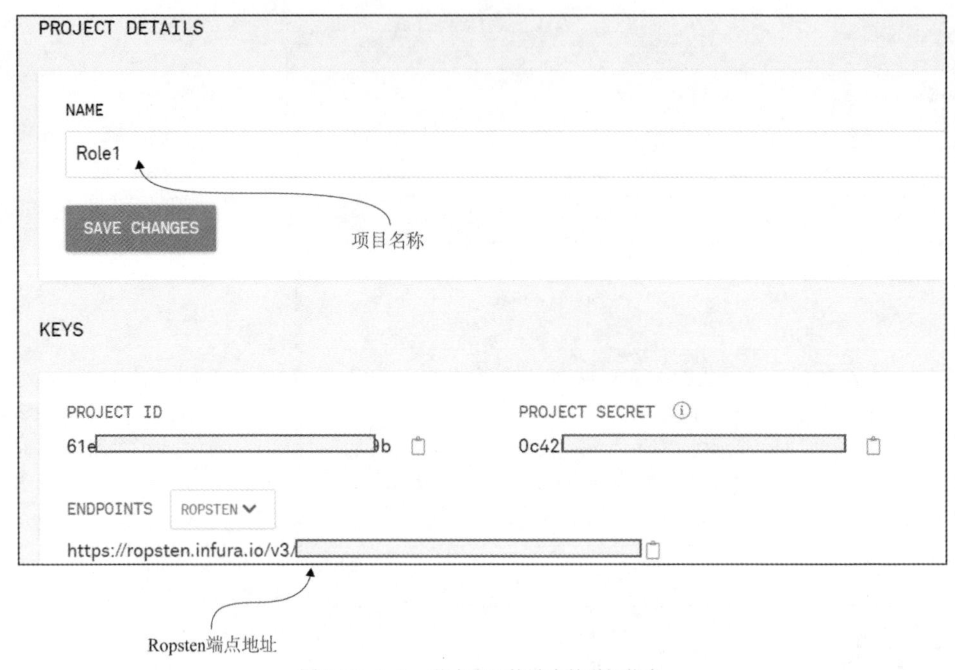

图 8-10 Infura 节点和网络端点的详细信息

图 8-10 所示的端点地址是配置智能合约和 Dapp 所必需的，以便在 Infura 节点和 Ropsten 网络上部署它们和进行交互。在图 8-10 中，端点是隐藏的，这样你就不会无意中使用这里所创建的节点。你应该保护在开发过程中所使用的端点。

8.4.5 安装 HDWalletProvider

Infura 节点管理着区块链网关和基础设施服务。但是出于安全和隐私的考虑，它不支持交易签名和账户管理等功能。所以你需要为钱包管理器开发软件模块。Truffle 套件包含了一个名为 HDWalletProvider(网址见链接[5])的 web3 供应商，其中包含钱包管理。为了安装 HDWalletProvider 模块，需要使用 npm 安装程序。在 contract 目录下的 truffle-config.js 中添加一行代码来安装该模块。该文件已包含在我们所提供的代码中：

```
const HDWalletProvider = require('truffle-hdwallet-provider');
```

在部署智能合约和网络应用之前，还有其他参数需要配置。

8.4.6 配置并部署智能合约

智能合约的成功部署，需要一个节点、网络、账户地址以及以太币余额。你可通过添加 truffle-config.js(用于配置 Ganache 本地链)来配置这些元素。你需要为智能合约的部署配置如下条目：

- 由 require('truffle-hdwallet-provider')指定的 HDWalletProvider 安装。
- 代表部署者的账户地址的助记符，以用于部署和提取交易费用。

- Ropsten-Infura 以太坊节点的端点地址。

npm 工具用于安装 HDWalletProvider。部署的 Ropsten 网络和节点 provider 则是由助记符和 Infura-Ropsten 端点配置的，如代码清单 8.1 所示。Truffle 的 migrate 命令将使用该配置文件来部署智能合约。

代码清单 8.1　truffle-config.js

进行配置需要先安装 HDWalletProvider

```
const HDWalletProvider = require('truffle-hdwallet-provider');
mnemonic=' add your mnemonic here,,';
module.exports = {
  networks: {
    ropsten: {
      provider: () => new HDWalletProvider(mnemonic,
       ➥ 'https://ropsten.infura.io/v3/…'),
      network_id: 3,
      gas: 5000000,
      …
    }
  },…
```

代表账户地址的助记符

使用助记符和 Infura-Ropsten 端点来实例化 HDWalletProvider

可通过使用 truffle migrate 命令，将 Ropsten 作为网络选项(network 前有两个连字符)来部署智能合约：

```
truffle migrate --network ropsten
```

该命令完成以下任务：

- 编译智能合约。
- 生成智能合约的应用二进制接口(ABI)代码，以作为 build 目录下的 JSON 文件。
- 生成智能合约的地址。
- 将智能合约部署在 truffle-config.js 文件中指定的 Ropsten 网络上。

下一步，你将配置和部署 Web 应用，以访问智能合约并与之交互。

8.4.7　配置和部署 Web 应用

要配置 Web 应用，需要以下内容：

- 部署智能合约的网络——该网络通过其名称或者数字进行标识，例如，主网的标识符为 1、Ganache 为 5777、Ropsten 是 3 等。MetaMask 钱包允许用户选择想要连接的网络，如图 8-11 所示。
- 智能合约地址——在网络中，选择要访问的智能合约地址。
- ABI——ABI 是应用程序来调用智能合约函数的接口，在智能合约的编译过程中以 JSON 文件的形式生成，可以在 build 目录中找到。

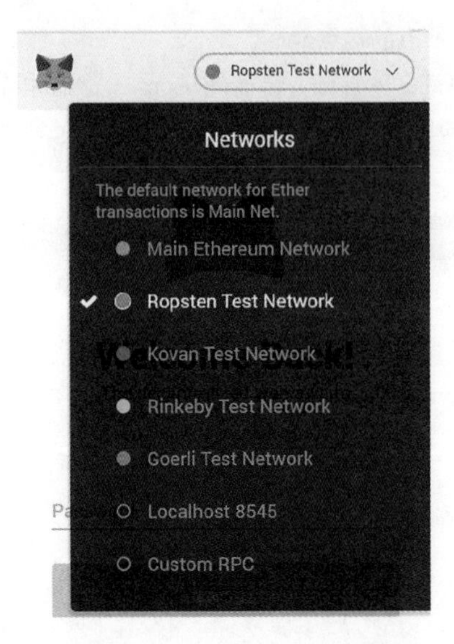

图 8-11 MetaMask 钱包选择以太坊网络

最后两项是在 app.js(Dapp 的 Web 应用部分的 src/js/app.js)中配置的。当在 app.js 中配置好这些细节之后，Web 应用就可使用 npm 命令进行部署。在成功部署智能合约和 Web 应用后，就可以通过网络接口与 Dapp 进行交互。

到目前为止，我们已概述了公开部署 Dapp 的步骤。让我们将这些方法付诸实践。在接下来的章节中，我们将使用熟悉的盲拍 Dapp(8.5 节)演示在 Infura 节点和 Ropsten 网络上进行公开部署的步骤，并使用 MPC-Dapp(8.6 节)进行强化。

8.5 在 Infura 上部署盲拍 Dapp

盲拍问题和基本的解决方案在之前的章节中已介绍过，所以你现在应该很熟悉该 Dapp。如果不熟悉，请回顾一下第 5 章到第 7 章的内容。这里有 3 个重要的步骤：设置环境，配置和部署受益人，以及配置和部署竞标者。此模式也是你在开发其他 Dapp 时常用的：

- 设置环境。
- 配置和部署不同的角色(受益人和竞标者)。
- 与各种 Web 界面交互。

8.5.1 设置盲拍环境

让我们应用图 8-5 所示的路线图中的所有步骤。以下是演示前的一些准备工作。这些步骤在第 4~7 章和第 8.4 节中已进行了详细讨论，因此你应该很熟悉：

- 盲拍包含两个角色的代码库：受益人和竞标者。可以下载相应章节的代码文件 BlindAuction-Dapp-Infura.zip。提取或解压它来得到所有文件。
- 安装了最新 MetaMask 插件(网址见链接[6])的 Chrome 浏览器。

- 由 BIP39 工具为每个角色生成包含 12 个单词的助记符。你需要为每个受益人、bidder 1 和 bidder 2 准备一个助记符，然后将这些角色保存在一个名为 BAEnv.txt(代码清单 8.2)的文件中，以便快速参考，或方便以后自动访问配置。
- 每个角色的账户地址。将 3 个角色的助记符恢复或导入 MetaMask 中(一次一个)，并将每个角色的账户 1 地址复制到 BAEnv.txt 中。
- 通过 Ropsten 和/或 MetaMask faucet 收集以太币，要保证每个账户至少有 5 ETH 的余额。也可在一个账户中接收以太币并将它们发送到其他账户中。
- 一个 Infura 项目，用来托管受益人部署的智能合约。
- 项目的 Ropsten 网络的端点地址，保存在 BAEnv.txt 中。关于 Infura 上的 Ropsten 端点，详见 8.4.4 节。
- 在 BAEnv.txt 文件中完成上述所有配置，其中包含代码清单 8.2 中给出的细节。你可以从本章的代码库中下载模板 BAEnv.txt，并准备好所有需要的数据。如本节所述。在开始探索盲拍 Dapp 之前，文件中所有缺失的数据都应该填写设置细节。

注意　环境中的参数可以在.env 文件中设置，并通过.env 实例的一个变量来访问。这将引入生产环境中常见的隐蔽层。出于测试的目的，你可以在 xyzEnv.txt 文件中使用这一现成的引用。该文件包含了所有的配置细节，如助记符和 Infura 端点等。该文件也包含了与应用进行交互的参数值。

代码清单 8.2　盲拍配置参数(BAEnv.txt)

```
BIP39 mnemonic generation tool:
   https://iancoleman.io/bip39/#english

Beneficiary details:
    1. Mnemonic or seed phrase from BIP39 tool:

    2. Account address Account1 on Metamask:

    3. Infura project name: Role1

    4. Infura endpoint address for Ropsten:
    https://ropsten.infura.io/v3/......

Bidder1 Details:
    1. Mnemonic or seed phrase from BIP39 tool:

    2. Account address Account1 on MetaMask:

Bidder2 details:
    1. Mnemonic or seed phrase from BIP39 tool:

    2. Account address Account1 on MetaMask:

BlindAuction contract address on deployment of smart contract from
➥ Beneficiary:
…
```

该地址可以在智能合约的部署上得到

```
Keccak hash values for 1, 2 and 3: for bids
1
0xeef3620c18bdc1beca6224de9c623311d384a20fc9e6e958d393e16b74214ebe
2
0x54e5698906dca642811eb2f3a357ebfdc587856bb3208f7bca6a502cadd7157a
3
0x74bbb8fdcb48d6f82df6e9067fd9633fff4cab1103f0d5cb8b4de7214cbdcea1
```

用于计算竞标的哈希值

8.5.2 分散的参与者

在盲拍问题中，受益人和竞标者是不同的参与者，他们拥有自己的笔记本电脑或者机器来配置和部署 Dapp。但是你需要在一台笔记本电脑上模拟这 3 个角色，方法如下：

- 每次以不同的角色进行交互，在 MetaMask 中切换相应的账户：受益人、竞标者 1 或竞标者 2。
- (可选)为受益人和竞标者的 Web 服务使用不同的监听端口—3000、3010、3020，以便在进行交互时快速识别不同的角色。如果你愿意，也可以改变 index.js 文件中显示的消息和服务器的端口号。

下载完盲拍代码并解压之后，你就会看到图 8-12 所示的目录结构。该图展示了你在设计过程的早期确定的不同角色。beneficiary(受益人)的目录结构有两个通常的组件，拍卖合约和拍卖应用，而 bidders(竞标者)则只有拍卖应用的 Web 组件。

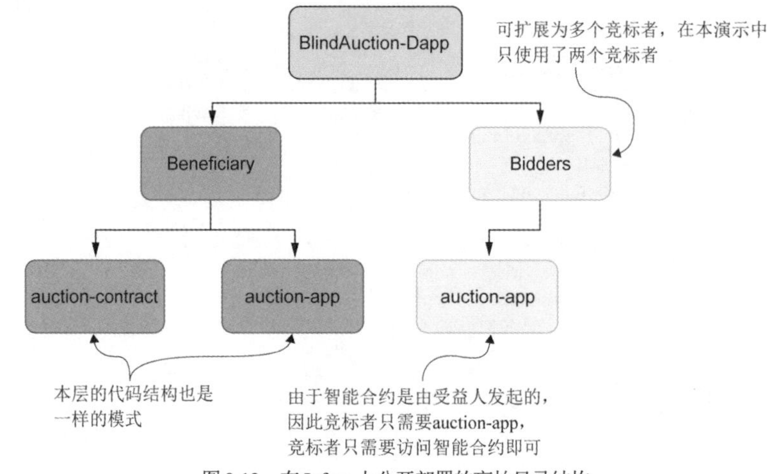

图 8-12 在 Infura 上公开部署的盲拍目录结构

注意图 8-12 中的受益人合约、受益人应用以及竞标者应用的主目录。你需要导航到对应的目录以进行相应的部署。接下来，在代码中配置以太坊区块链网络和节点设置相关的参数。请严格按照以下说明操作，切勿跳过任何步骤。

8.5.3 配置和部署受益人账户

首先从受益人账户部署智能合约。这一步需要使用 npm 命令来安装 HDWalletProvider 模块：

```
cd Beneficiary/auction-contract
npm install
```

上述命令将安装 HDWalletProvider 模块，你会看到一系列以警告结尾的消息，没有任何漏洞。有时候，根据你的 Truffle 和 npm 版本的不同，你也可能会得到一些低级别的警告，这也没关系。

接下来，在 auction-contract 目录中，找到并编辑 truffle-config.js 文件，如代码清单 8.3 所示，输入两个详细信息：受益人的助记符，以及保存在 BAEnv.txt 中的 Ropsten-Infura 端点。注意，助记符应在单引号中，Ropsten-Infura 端点的字符串应附加到 https://之后，也放置于引号内。然后保存 truffle-config.js 文件。

代码清单 8.3　truffle-config.js

```
const HDWalletProvider = require('truffle-hdwallet-provider');
beneficiary=' ';                    ← 在单引号内添加受益人的助记符
module.exports = {
  networks: {
    ropsten: {
      provider: () => new HDWalletProvider(beneficiary, 'https:// '),   ← 添加 Infura-Ropsten 端点
          network_id: 3,
      gas: 5000000,
          skipDryRun: false          ← 在实际部署之前，先模拟合约部署
        }
  },

  compilers: {
    solc: {
      version: "0.5.8"
    }
  }
};
```

保存该配置后，通过在 beneficiary-contract 目录的终端窗口中执行如下 Truffle 命令来部署智能合约：

```
truffle migrate --network Ropsten
```

这一步将比本地部署花费更多的时间，你会在页面上看到部署的进度信息。部署完成后，你会看到盲拍智能合约在 Infura-Ropsten 公共网络上的实际部署。与其他任何公共基础设施一样，这一过程的耗时长短取决于网络的流量状况。你需要有点耐心，如果命令超时，可以再试一次。我也有过因为网络流量超时而失败的经历。

这一步还将在 build 目录中创建 BlindAuction.json ABI 文件。Web(以及其他外部)应用将使用该 ABI 来访问智能合约的函数。

部署合约的部分输出如图 8-13 所示。在输出信息中，可以找到智能合约地址，将其复制并存储到 BAEnv.txt 中，以便稍后在配置竞标者 Web 应用时使用。此外，也可以研究一下输出的其他内容，如账户余额和最终成本等。注意，应用 src/js/app.js 将直接访问智能合约部署过程中创建的智能合约 JSON(BlindAuction.json)文件。

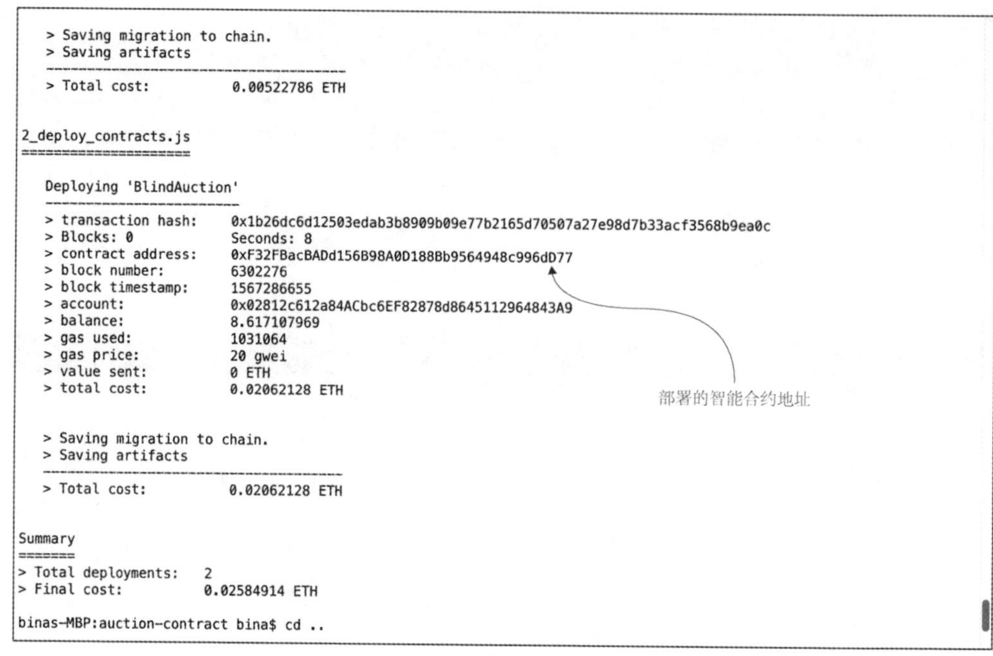

> Saving migration to chain.
> Saving artifacts
> Total cost: 0.00522786 ETH
2_deploy_contracts.js
Deploying 'BlindAuction'
> transaction hash: 0x1b26dc6d12503edab3b8909b09e77b2165d70507a27e98d7b33acf3568b9ea0c
> Blocks: 0 Seconds: 8
> contract address: 0xF32FBacBADd156B98A0D188Bb9564948c996dD77
> block number: 6302276
> block timestamp: 1567286655
> account: 0x02812c612a84ACbc6EF82878d8645112964843A9
> balance: 8.617107969
> gas used: 1031064
> gas price: 20 gwei
> value sent: 0 ETH
> total cost: 0.02062128 ETH
部署的智能合约地址
> Saving migration to chain.
> Saving artifacts
> Total cost: 0.02062128 ETH
Summary
> Total deployments: 2
> Final cost: 0.02584914 ETH
binas-MBP:auction-contract bina$ cd ..

图 8-13　合约部署的输出

当合约成功部署之后，导航到 Web 应用(即图 8-12 中的受益人分支的 auction-app)。将 Infura 端点更新为 app.js 中的 URL，并保存。然后安装所需的 node 模块，并启动 Web 服务器(Node.js 服务器)。命令如下：

```
cd Beneficiary/auction-app
npm install
npm start
```

这一步将启动监听端口 3000 的受益人应用，你将看到消息 Auction Dapp listening on port 3000！

现在，使用 MetaMask 连接到 Ropsten 网络，盲拍智能合约已经部署到该网络。可使用 Chrome 浏览器打开 localhost:3000，然后重新加载。你将看到受益人界面。单击 MetaMask 插件，通过使用 MetaMask 插件底部的 Import Account Using Seed Phrase 命令，以及从 BAEnv.txt 中复制的受益人的助记符和操作受益人钱包的密码来导入和恢复账户。现在，受益人已经设置完毕。

接下来，你将需要配置两个竞标者，他们每个都有自己的参数。他们模拟和代表两个未知的对等参与者：盲拍 Dapp 中的竞标者。

8.5.4　配置和部署竞标者

配置竞标者包括更新每个竞标者的 Web 应用 app.js。为了演示，这里将部署两个竞标者。在现实中，所有竞标者将有相同的代码，但是他们将使用各自的环境文件 BAEnv.txt 来进行参数配置，该文件是你通过填写代码清单 8.2 来创建的。

从 Dapp 的基础目录导航到 Bidders/auction-app/src/js，用你选择的任意代码编辑器来编辑 app.js 文件。按照如下所示来更新智能合约地址。使用你之前在 BAEnv.txt 中为竞标者 1 保存的值填充参数。然后保存文件 app.js：

```
App = {
    web3Provider: null,
    contracts: {},
    names: new Array(),
    …
    chairPerson:null,
    currentAccount:null,
    address:'…',
… // smart contract ABI is already embedded in the app.js provided
```

将 app.js 保存至 src/js 目录下，返回到 auction-app 的基础目录(cd ../..)，然后安装所需的模块，并启动 Web 服务器(Node.js 服务器)，更新 index.js 文件的端口为 3000：

```
npm install
npm start
```

这一步将启动竞标者 1 应用并监听端口 3010，你会看到消息 Auction Dapp listening on port 3010！

现在，可使用 Chrome 浏览器打开 localhost:3010 并重新加载。你就会看到竞标者 1 的网页界面。单击 MetaMask，使用其底部的 Import Account Using Seed Phrase 命令，以及从 BAEnv.txt 中复制的竞标者 1 的助记符和操作竞标者 1 钱包的密码来导入和恢复账户。现在，你已经设置好了竞标者 1。

重复同样的步骤，在不同的终端窗口配置和部署竞标者 2。配置竞标者 2 的 index.js，使其端口号为 3020，代码如下所示：

```
var express = require('express');
var app = express();
app.use(express.static('src'));
app.listen(3020, function () {
   console.log('Bidder 2: Blind Auction listening on port 3020!');
});
```

现在，所有的参与者都已启动并正在运行，可以开始交互了。

8.5.5　与已部署的盲拍 Dapp 交互

在竞标者开始使用盲拍 Dapp 进行交互之前，请确保 MetaMask 已恢复了各参与者的钱包，并已准备好进行交易。还要确保所有参与者的账户中至少有 4 个 ETH 的余额。你必须要认识到你正在扮演至少 3 个参与者的角色：受益人、竞标者 1 和竞标者 2。

- 受益人——受益人的 Web 应用被绑定到 localhost:3000 上，Ropsten 网络的账户地址通过其助记符恢复。
- 竞标者 1——竞标者 1 的 Web 应用被绑定到 localhost:3010 上，Ropsten 网络的账户地址通过其助记符恢复。
- 竞标者 2——竞标者 2 的 Web 应用被绑定到 localhost:3020 上，Ropsten 网络的账户地址通过其助记符恢复。

遗憾的是，每次在参与者之间切换时，你都必须要恢复该参与者对应的 MetaMask 钱包。如果你有不同的机器，为每个测试参与者各分配一台，就可以避免此类切换。

图 8-14 按照从上到下的顺序，显示了交互测试计划的时间流。

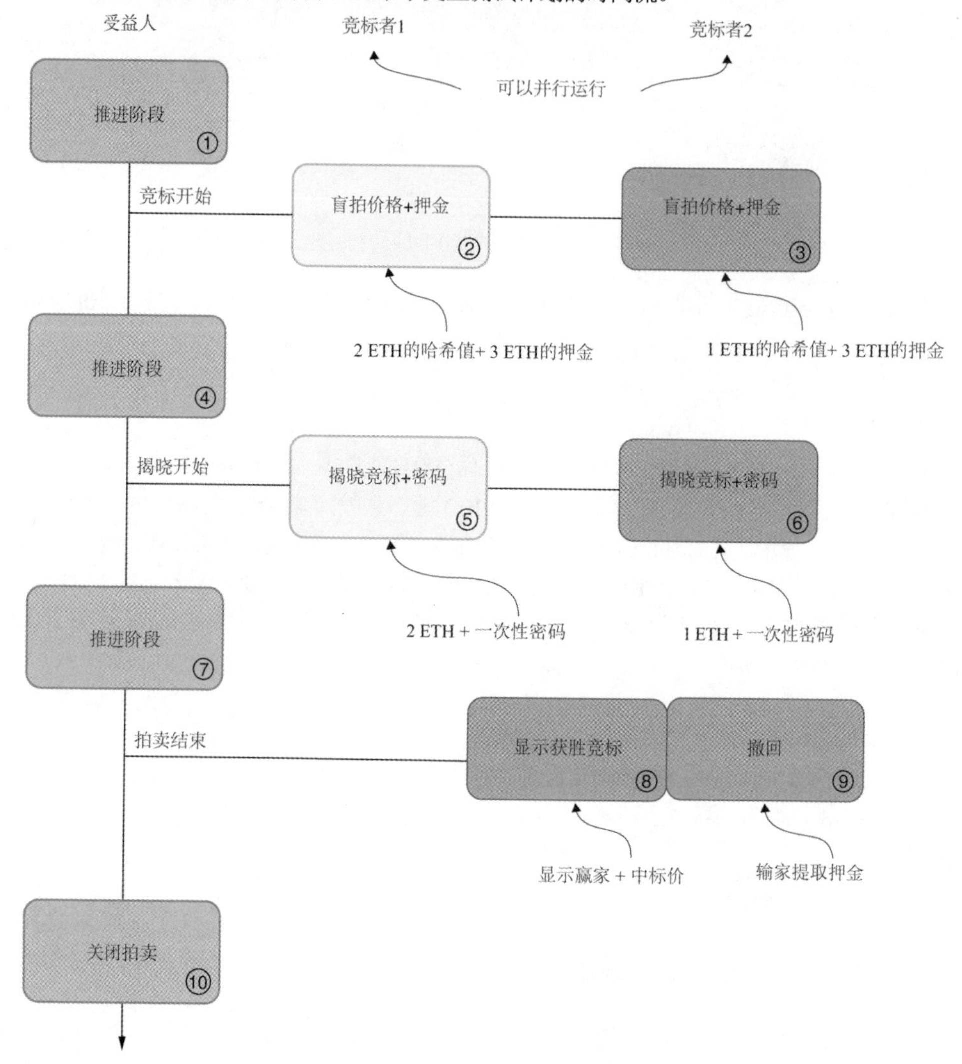

图 8-14　公开盲拍 Dapp 的交互计划

第 5 章和第 6 章的盲拍 Dapp 的本地版本已展示了类似的交互序列。图 8-14 显示了公开环境下的交互序列。其中的每笔交易都要比本地版本花费更多的时间，因为你需要与 Infura 上的网络流量及远程节点竞争，在 Ropsten 上与公共网络竞争。注意，图 8-14 中的交互是按照顺序编号的：

- 动作 1、4、7 和 10 是由受益人执行的，它们推动了拍卖的各个阶段，并最终结束拍卖。
- 动作 2，由竞标者 1 执行，发生在竞标阶段。输入 Keccak 哈希值和 BAEnv.txt 中的一次性密码，出价为 2 个 ETH，押金为 3 个 ETH。
- 动作 3，由竞标者 2 执行，发生在竞标阶段。输入 Keccak 哈希值和 BAEnv.txt 中的一次性密码，出价为 1 个 ETH，押金为 3 个 ETH。

- 第 5 次拍卖，由竞标者 1 进行，发生在揭晓阶段。揭晓了竞标者 1 的出价为 2 个 ETH，一次性密码为 0x426526。
- 第 6 次拍卖，由竞标者 2 进行，发生在揭晓阶段。揭晓了竞标者 2 的出价为 1 个 ETH，一次性密码为 0x426526。
- 动作 8，任何人可以在拍卖结束后查看中标者的信息。
- 动作 9，任何押金尚未退回的未中标者可以撤回押金。

提示　可以将图 8-14 作为交互顺序的参考标准，不同的参与者采用不同的颜色标记。如果让世界上任何地方的两个朋友在两个竞标者界面中进行操作，他们就可以并行交互。这种情况下，就可以避免单机模拟交互，而不必在 MetaMask 中来回切换了。

在交易到达时，网络会对交易进行排序，如果它们被打包在了同一个区块中，它们甚至可能会具有相同的时间戳。图 8-15 中并列显示了受益人页面和一个竞标者页面，上面有各种用于交互的按钮，如推进阶段和投标等。你可以花几分钟来查看一下界面，熟悉一下这些按钮。现在，你已做好准备按照图 8-14 中指定的顺序和前面的操作列表来运行操作序列了。

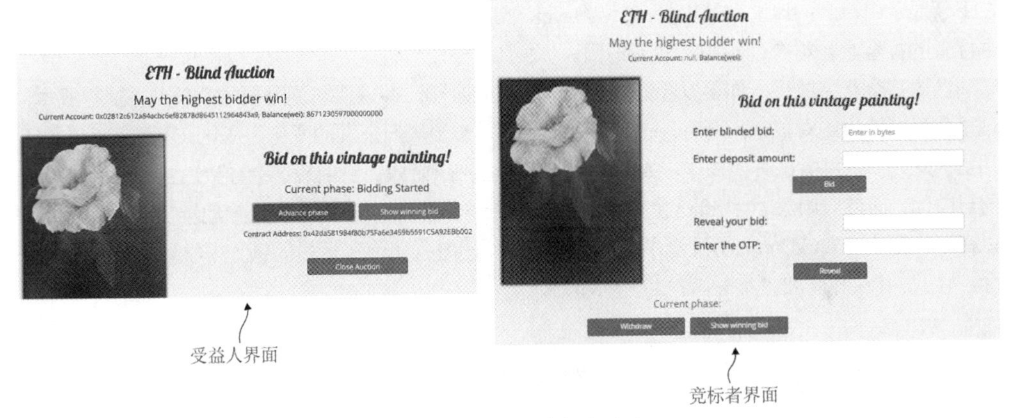

图 8-15　受益人和竞标者界面

交互开始时，受益人会将阶段推进至 Biding。然后等待 MetaMask 确认你的交易，直到在页面左上角收到通知(图 8-16)。

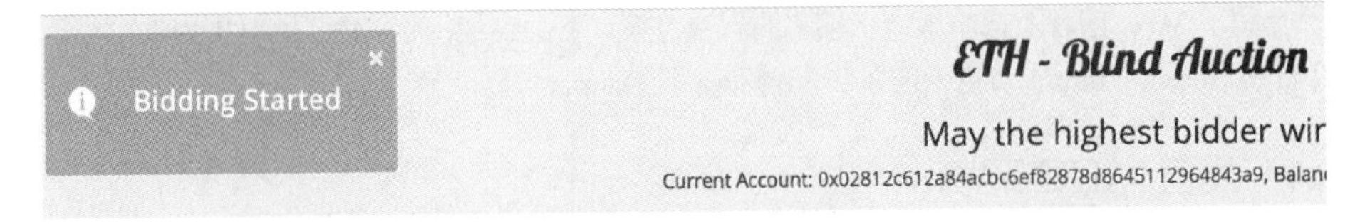

图 8-16　竞标阶段的通知

让竞标者盲拍出价并缴纳押金。BAEnv.txt 将提供 1 个 ETH 和 2 个 ETH 的哈希值，为方便起见，这里重复了该内容。3 个 ETH 的第二个参数值为押金：

```
Bidder 1: (a bid of 2 ETH and deposit of 3 ETH)
0x54e5698906dca642811eb2f3a357ebfdc587856bb3208f7bca6a502cadd7157a
```

```
3
Bidder 2: (a bid of 1 ETH and deposit of 3 ETH)
0xeef3620c18bdc1beca6224de9c623311d384a20fc9e6e958d393e16b74214ebe
3
```

当竞标者——本示例中为两个——在他们的机器上给出竞标价后，受益人通过单击界面上的 Advance Phase 按钮进入揭晓阶段。然后等待揭晓通知出现在左上角。接下来，竞标者会将他们的出价和一次性密码(投标阶段用于屏蔽或哈希出价)一起披露。这里使用的一次性密码为 0x426526(0x 表示后面的数字为十六进制编码)：

```
Bidder 1:
2
0x426526
Bidder 2:
1
0x426526
```

之后，受益人通过单击 Advance Phase 按钮进入下一阶段以结束拍卖。通过这个实验设计，你知道竞标者 1 赢得了投标。竞标者 2 可通过单击 Show Winning Bid 按钮来验证这一点，在页面的左下角显示中标者的地址及其出价，单位为 wei。然后竞标者 2 可以单击 Withdraw 按钮来提取押金。中标者的押金余额将在确定中标者后退回。

当这些交互完成后，你可以验证所有 3 个账户的余额，并确保它们是原始余额减去执行成本。这里并没有给出绝对数字，因为这些数字可能会随着初始账户余额的变化而变化。受益人可以关闭拍卖。此外，也可尝试其他操作，如竞价、揭晓或者推进阶段。它们应该会导致出错，因为此时合约已关闭。即使应用关闭，Infura 上的节点、Ropsten 网络，以及你的 3 个账户地址仍然存在。你可以在下次探索 MPC-Dapp 的过程中重用这些资源，同时强化你在盲拍的例子中学到的公开部署概念。让我们按照同样的步骤部署和测试 MPC。

8.6　在 Infura 上部署 MPC Dapp

现在让我们将图 8-5 路线图中的步骤应用于微支付通道问题。MPC 是关于智能合约和链下通道的，为大规模塑料清理提供数字微支付激励。它有两个主要角色：组织者，在合约中存入托管金额以用于支付；所有参与者(工人)，他们清理垃圾箱中的塑料，用收集的垃圾箱换取小额报酬。第 7 章已介绍了 MPC 问题及在本地链上部署的解决方案。下面继续探索 MPC，介绍如何在使用公共网络(如 Ropsten)的 Infura 节点上准备、配置和部署 Dapp。

8.6.1　配置 MPC 环境

在开始演示 MPC 之前回顾一下先决条件。这些先决条件与图 8-5 所示的步骤 1~8 对应，并且在 Infura 和 Ropsten 上设置公共区块链节点，以为公开交互部署 Dapp。你可以重用为盲拍应用创建的助记符、账户(及余额)和 Infura 节点。本次探索需要以下条目：

- MPC，包含两个角色(组织者和工人)的代码库。可以下载相应章节的代码文件 MPC-Dapp-Infura.zip，然后提取或解压它来得到所有文件。

- 安装了最新 MetaMask 插件(网址见链接[6])的 Chrome 浏览器。
- 由 BIP39 工具为每个角色生成包含 12 个单词的助记符。你需要为组织者和工人各准备一个助记符，并将它们保存在名为 MPCEnv.txt(代码清单 8.4)的文件中，以便快速参考项目参数，或方便以后自动访问配置。
- 每个角色的账户地址：将两个角色的助记符恢复或导入 MetaMask 中(一次一个)，并将每个角色的账户 1 地址复制到 MPCEnv.txt 中。
- 通过 Ropsten 和/或 MetaMask faucet 收集以太币，确保每个账户至少有 5 ETH 的余额。
- 一个 Infura 项目，使用 Ropsten 端点地址重用你在 Infura 上创建的项目。关于 Infura 节点上的 Ropsten 端点，详见 8.4.4 节。
- 当你完成上述先决条件之后，你应该得到一个 MPCEnv.txt 文件，其中包含了代码清单 8.4 中给出的细节。你可以从本章的代码库中下载该 MPCEnv.txt，并填写你的演示所需的所有数据。除了智能合约的地址，其他所有的空白数据都应在开始 MPC-Dapp 的演示之前进行填充。要确保.env 文件是安全的，并且有密码保护。

代码清单 8.4　MPC 配置参数(MPCEnv.txt)

```
Organizer details:
   1. Mnemonic or seed phrase for organizer:

   2. Account address Account1 on MetaMask:

   3. Infura project name: Role2

Infura end point address for Ropsten: https://ropsten.infura.io/v3/
   ...

Worker Details:
   1. Mnemonic or seed phrase from BIP39 tool:

   2. Account address Account1 on MetaMask:

MPC smart contract address obtained during deployment:
   ...
```

该演示是在一台机器上模拟的，每当你以不同的角色(组织者和工人)进行交互时，你就需要切换 MetaMask 中的账户。这里还为组织者和工人的 Web 服务器使用了不同的监听端口——3000、3010，以便在交互时能快速识别不同的角色：组织者或工人。

下载完 MPC 代码并解压之后，就会看到图 8-17 所示的目录结构。该目录结构被扩展以包含不同的角色，这些角色是你在设计早期确定的。组织者的目录结构有两个通常的组件，MPC-contract 和 MPC-app，而工人则只有 app 组件，即 MPC-app。在代码中配置 Ropsten 网络和 Infura 节点设置相关的参数。注意，你所遵循的步骤与你在部署盲拍 Dapp 时所用的步骤相同。应该仔细遵循以下说明，不要错过任何步骤。

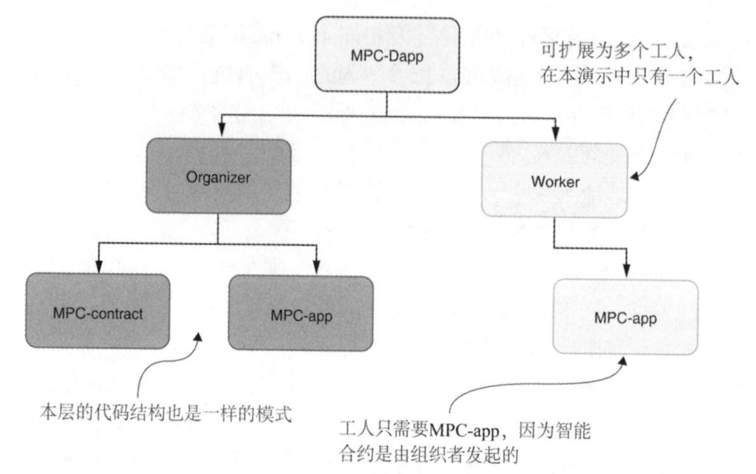

图 8-17 在 Infura 上公开部署的 MPC 的目录结构

8.6.2 配置并部署组织者

与盲拍部署的步骤相同，但还需要些特定的 MPC 配置，例如提供工人的地址作为智能合约部署的参数和设置由组织者托管的押金。部署智能合约需要一个 Infura Ropsten 端点。还需要两组 Ropsten 账户和本地机器上的端口。一组代表组织者(微支付的发送者)，另一组代表工人接收者。配置 MPC-contract 目录需要以下内容：

- migrations/2_deploy_contracts.js(代码清单 8.5)中的工人(接收者)地址。
- migrations/2_deploy_contracts.js(代码清单 8.5)中设置的托管押金或者通道余额。
- truffle-config.js(代码清单 8.6)中使用 Infura 端点和组织者助记符设置的 HDWalletProvider 地址。

代码清单 8.5 2_deploy_contracts.js

```
var MPC = artifacts.require("MPC");

module.exports = function(deployer,networks,accounts) {
  …
  if(networks=='ropsten'){
    var receiver='0xd47fEd9f17622d64e154C3af70eE18C4920Bc9B5';
    var balance=1000000000000000000;
    deployer.deploy(MPC,receiver,{value:balance});
  }
};
```

修改来自 MPCEnv.txt 的工人账户地址

通道余额或者托管押金，1 ETH=1 000 000 000 000 000 000

当构造函数部署智能合约时，你在 2_deploy_contracts.js 中设置的参数、接收方或者工人的地址，以及通道余额或者托管押金都将被传递给智能合约。这样就建立起了微支付的通道和金额。该通道的余额将和组织者及工人的余额一起显示在 Web 界面中。你只有 1 ETH 可供使用，因此微支付的累积金额必须在此范围内。然后保存更新后的 2_deploy_contracts.js 文件。

现在，更新 truffle-config.js，添加组织者的助记符和 Infura 端点，以便组织者部署智能合约。代码清单 8.6 显示了该文件。除了变量名不同外，该文件与盲拍用例的配置文件完全相同。你可以从前面创建的备查 MPCEnv.txt 文件中获取相关参数(收集环境参数并保存到一个文件中备用的好处显而易见)。然后，保存更新之后的 truffle-config.js。

代码清单 8.6　truffle-config.js

```
organizer=' ';                          ◄── 添加组织者的助记符
module.exports = {
  networks: {
    ropsten: {
        provider: () => new HDWalletProvider(organizer, 'https:// '),  ◄── 添加 Infura-Ropsten 端点
        network_id: 3,
        gas: 5000000,
        skipDryRun: false               ◄── 模拟针对任何问题的合约部署
    }
  },
…
};
```

导航到基础目录 MPC-Dapp，运行以下命令来安装所需的模块，并在公共 Ropsten 网络上编译和迁移智能合约。第二条命令需要一些时间才能完成，因为你正在 Infura 基础设施和公共 Ropsten 测试网络上进行部署：

```
npm install
truffle migrate --network ropsten
```

如果一切顺利，你就能收到成功完成的消息。有时，如果流量太大，部署命令可能会超时。要意识到这种可能性。然后重复执行 truffle migrate 命令，直到智能合约部署成功。

现在，导航到组织者目录的 MPC-app，启动 Web 服务器(Node.js 服务器)。这一步将启动监听端口 3000 的组织者应用：

```
npm install
npm start
```

你将看到显示 MPC Dapp listening on port 3000 消息！现在，可使用 Chrome 浏览器打开 localhost:3000 并重新加载。你将看到组织者界面。单击 MetaMask，然后通过使用 MetaMask 底部的 Import Account Using Seed Phrase 命令来导入和恢复账户，从文件 MPCEnv.txt 中复制受益人的助记符和操作受益人钱包的密码。你将看到熟悉的组织者 Web 界面，如图 8-18 所示。注意右上角显示的智能合约地址，它允许你对工人进行配置。你可以将该地址复制到 MPCEnv.txt 文件中来配置工人应用。你也可看到这里部署的账户余额。当然显示的数字可能会不太一样。

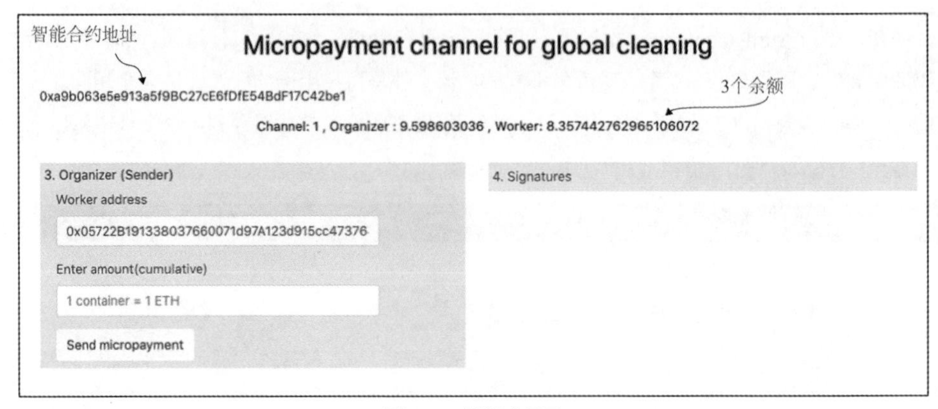

图 8-18 组织者界面

现在，你已准备好部署组织者了。整个 MPC-Dapp 的交互细节如图 8-19 所示。在该图中，你可以看到组织者和工人的交互是顺序进行的。换句话说，当进入垃圾箱时，组织者会不断地发送链下微支付。在发出所有的链下签名微支付后，工人会领取一笔累积的付款。

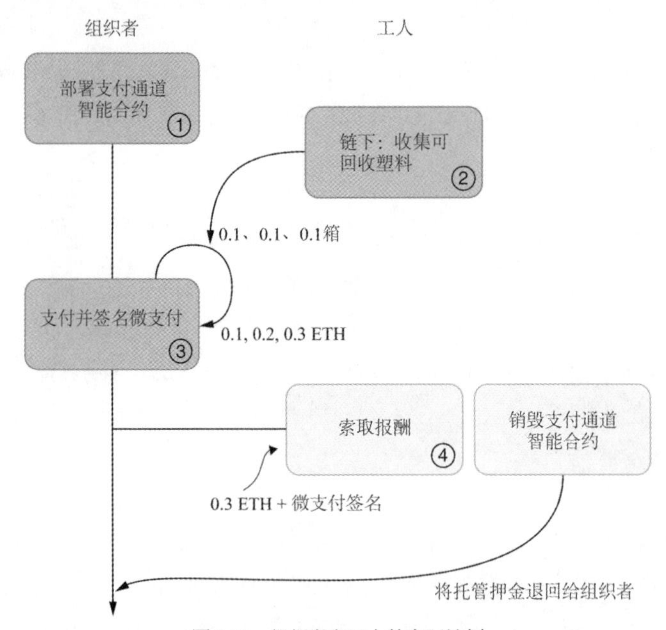

图 8-19 组织者和工人的交互计划

让我们假设工人已先后完成了 0.1 箱、0.1 箱和 0.1 箱的塑料制品收集，结果累计的微支付为 0.1 ETH、0.2 ETH 和 0.3 ETH。在组织者的界面中，将微支付一一输入。这些步骤，就是你与组织者的所有交互，结果页面如图 8-20 所示。实际中的数字可能会有所不同。保存最后一次与工人交互的签名信息。接下来，你将使用参数配置工人或者微支付的接收方。

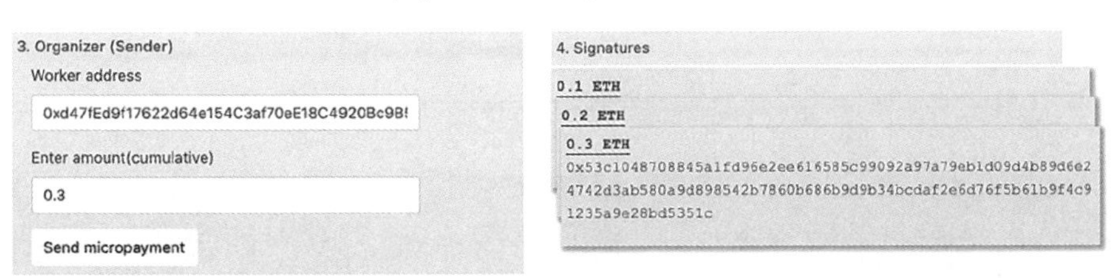

图 8-20　三次累计的微支付：0.1、0.2 和 0.3 个 ETH

8.6.3　配置并部署工人

配置和部署工人涉及使用 MPC-Dapp 的 Worker 路径，该路径下仅包含 MPC-app 组件。回想一下图 8-17 中的目录结构。这里用两个参数更新 Worker 目录下的 MPC-app 的 src/js/app.js——智能合约的地址和智能合约的 ABI(包含在 app.js 中)：

```
App = {
  web3: null,
  contracts: {},
  address:'0xb86709182892a6e28dedfF3cB591DAF9dCFfcF24',
  network_id:3,

  ...
```

来自 MPCEnv.txt 的 MPC 智能合约地址

保存 app.js，导航到 worker 的 MPC-app 目录，然后执行如下命令。现在，你应该已很熟悉该例程了：

```
npm install
npm start
```

成功部署工人应用之后，可使用 MetaMask 钱包在 localhost:3010 上打开 Chrome 浏览器。务必使用工人的助记符来恢复 MetaMask 上的工人账户。你将看到图 8-21 所示的熟悉界面。输入 0.3 这一累计支付额，以及你与组织者的交互中保存的签名信息。单击 Claim payment，在 MetaMask 中确认后，你就会看到交易正在处理中。确认交易之后，你会看到关于将金额转移到工人账户的通知。此后，智能合约通道关闭。图 8-21 显示工人的余额字段为空，因为智能合约无法再执行余额查询。

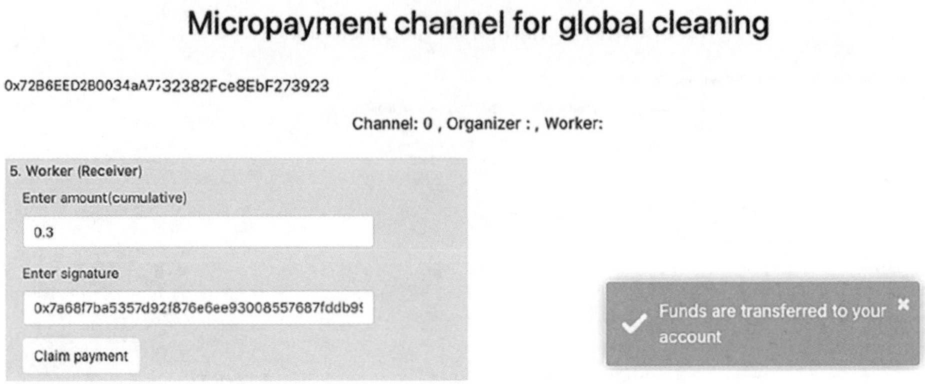

图 8-21 工人与单次累计微支付的交互

这样就完成了 MPC-Dapp 的演示。这里没有详细说明 MPC 的结果，因为第 7 章中有详细的讨论。本章的目的是学习在公共链和 Infura 提供的以太坊节点基础设施上部署的步骤。我们为两种不同类型的交互完成了哈希和盲输入及解码处理，使用了一次性密码(盲拍 Dapp)和微支付及链下旁路通道(MPC-Dapp)。

8.7 回顾

在公共基础设施上进行部署是一个涉及多方面的过程，但回顾路线图可以看出，这是关于设置区块链节点和配置系统的内容。路线图中的这些步骤，对于从使用本地区块链进行测试转为使用公共链进行测试是必不可少的。在公共链中，你将与数千名你不认识的其他参与者一起操作。

与本地部署相比，Dapp 部署(truffle migrate 命令)和交易确认需要更长的时间。这种延迟是可以理解的，因为涉及众多参与者及交易。你必须亲身体验用户对真实区块链网络上交易确认时间的担忧。

你可能会认为，在 Infura 等基础设施上创建以太坊区块链节点是再次回归中心化系统。但是该设置是实验性质的，在实际生产中，环境参与者有可能会在本地或者云环境提供的节点上托管项目。

为应用程序管理以太币或者加密货币余额的经济学，基本上是一个未被探索的领域。你可能想知道，为什么需要这种加密货币来部署 Dapp 并与之交互。你之前的所有开发都不需要这些账户和余额！记住，你正处于一个具有未知参与者的去中心化的领域中，尤其是一些公共网络。加密货币或者以太币，是去中心化系统中信任和安全的代价，可以防止开放资源被滥用。

8.8 最佳实践

区块链本质上是公开的。可以将区块链视为去中心化公共用例解决方案的一部分。例如当前应用尚未触及的较新的应用领域和角色、用户及人口统计等内容。

与你使用 Ganache 的方式类似，建议在 Infura 上设置一个永久的三项目、三角色的环境，并在你的开发和学习中重复使用这一设置。应重复使用相同的账户从 faucet 中补充以太币。以太币 faucet 每天只能给你有限的金额，或者是由你的账户余额所决定的金额。你应该每天持续收集以太币，就像你获得津贴或者临时工资一样。虽然你可以购买任意数量的真以太币在以太坊主网上进行交易，但在测试开发上浪费真的以太币是否值得？

要确保生成的助记符安全可靠。不要公开助记符。此外，在测试和开发期间应该使用相同的账户地址——至少 3 个，且至少将其中一个作为以太币的银行。在 Dapp 开发过程中，建议继续为不同的角色重复使用相同的账户。这种重用有利于学习。

8.9　本章小结

- Infura 的公共基础设施将以太坊节点作为服务提供，使公开部署你的 Dapp 成为可能。
- 本章中的路线图提供了在公共基础设施上部署 Dapp 的步骤。这些步骤包括获取环境设置参数、使用参数来配置各个组件、部署智能合约、对 Web 服务器进行基于包的管理，以及创建用于测试 Dapp 的交互计划。
- 两个 Dapp——盲拍和 MPC——说明了如何配置 Dapp 以进行公开部署。
- 在公共网络上操作时，需要使用该网络允许的加密货币。这就是信任成本。
- MetaMask 钱包有助于账户管理。就像在现实生活中一样，你会出于不同的目的来切换账户。

第 III 部分

路线图及未来之路

第III部分侧重于扩展以太坊生态系统，内容涵盖资产代币化、标准、测试驱动的开发。也包含第 I 部分和第 II 部分中介绍的概念、工具和技术的路线图，以及未来的机会。同时通过房地产代币的开发，也提出了可替代和不可替代的代币及标准的概念。你将学习开发基于 JavaScript 的测试脚本。这里不仅展示了一种直观的方法来编写 JS 测试，还使用 Truffle 测试框架和命令来运行它们。本部分会探讨一张路线图，并提供一种基于区块链的解决方案，解决作者所在机构的低效率的教育证书管理问题。最后，通过回顾社区在积极参与解决的区块链技术中的诸多开放性问题来进行总结。当然，或许你也可以参与其中。你应该寻找机会使用区块链的信任和完整性特性来解决问题。

第 9 章将重点关注区块链领域中两个备受瞩目的领域：代币和货币。你将学习如何将不可替代代币应用(RES4-Dapp)编码为 ERC721 标准代币。第 10 章介绍如何编写测试脚本。通过使用 it()、describe()和 beforeEach()原语以及 3 个示例脚本来解释自动化测试，以测试 Counter.sol、Ballot.sol 和 BlindAuction.sol。在第 11 章中，将提供路线图来指导你的 Dapp 开发。作者也会以自己感兴趣的教育认证(DCC-Dapp)为例，说明如何使用路线图。第 12 章通过讨论区块链应用所特有的问题和解决方案，来概述区块链未来的发展方向。

第 9 章

资产代币化

本章内容：

- 开发资产代币化的智能合约
- 回顾以太坊改进提案(EIP)的流程和标准
- 了解可替代和不可替代的代币
- 探索用于可替代和不可替代资产的 ERC 标准代币 ERC20 和 ERC721
- 设计和开发符合 ERC721 标准的房地产代币

智能合约可以将任何资产代币化，无论是有形资产(实物、金融)还是无形资产(品牌、绩效)。代币化是指用数字单位表示资产，可以像法定货币或者加密货币一样进行转移、交易、交换、监管和管理。资产的示例包括计算组件、文件、数字媒体上的照片、房地产、收藏品、股票，甚至是安全和性能等无形资产。资产可以是虚拟的、实物的，甚至想象的！CryptoKitties(加密猫)就是一个在以太坊区块链上推出的虚拟宠物家族成功代币化的例子。你可以购买、交易，以及繁殖作为数字宠物的 CryptoKitties。你可以在 Etherscan 上看到许多其他使用中的代币。除了对数字宠物的炒作之外，代币化也有可能成为区块链创新的一个极具颠覆性和预见性的因素。

资产代币化还有助于推进以下方面：

- 具有智能合约特性的资产行为规范管理；
- 通过区块链分布式账本技术(DLT)简化资产信息的记录和共享；
- 商品和服务的可追溯性，例如在供应链中；
- 更快地确认商业交易，如房地产销售(数小时而非数月)；
- 许多企业正在进行的数字化转型；
- 资产的商品化和货币化；
- 开发新的资产在线交易工具；
- 开发创新的应用模型。

总体而言，代币化有望推动区块链技术的广泛适用性。

前面的第 6~8 章的重点是端到端的去中心化应用程序开发。在本章中，将通过引入代币的概念来探索区块链技术更广泛的影响。你将了解围绕代币构建的标准，以及可替代和不可替代的代币。新型智能合约 RES4 代币演示了将房地产资产转换为加密资产的代币概念。你将设计和开发一个

RES4 Dapp，体会如何利用区块链的信任、不可变记录，以及中介功能实现房地产资产的高效交易。

代币需要符合标准，以促进不同代币应用之间的无缝交互。这种情况类似于不同法定货币在金融市场和交易所的互通互换。以太坊通过以太坊改进提案(Ethereum Improvement Proposal，EIP)流程发起的协议改进来提供这些标准。RES4 不仅仅是另外一个智能合约，它将被设计成为以太坊的标准代币，从而向你展示如何开发符合以太坊标准的代币。

9.1　以太坊标准

任何时候，一项技术在许多方面都呈现指数级增长，并且对从政治到宠物店等各行各业都产生深刻而广泛的影响时，我们就要制定一些标准了，这并不奇怪。回顾一下操作系统的标准演进。便携式操作系统接口(POSIX)标准的引入，是为了实现操作系统之间的互操作性。互联网工程工作组(IETF)的成立，则是为了通过征求意见(RFC)来定义互联网标准。由于国际标准化组织(ISO)的航空标准，商业航班可以降落在任意国家/地区的任意合规机场内。标准能够为任意领域带来秩序、安全、规范化及清晰度。它们对于诸如区块链之类的新兴且备受关注的技术尤其重要。让我们来探索一下代币的历史。在比特币和智能合约出现后的几年内，出现了许多独立的加密货币和代币。这种扩张，就引发了关于代币的许多问题和疑问，例如

- 它代表什么？
- 该代币的价值是多少，应当如何评估其价值？
- 你能用它做什么？
- 它是投资类代币，还是实用代币？
- 你能否将其换成另一种类型的代币或者任何法定货币？
- 它是可替代的，还是不可替代的？
- 它的数量有限制吗？

这些担忧不仅关系到你和我，也关系到美国证券交易委员会(SEC)和监管机构，他们正试图监管加密货币行业，以保护投资者免受欺诈性产品和投资的影响。以太坊社区通过开发、讨论和引入标准等过程不断地解决这些问题。不仅开发了一种改进其区块链基础协议的方法，还为推进应用开发提供了标准。

9.1.1　以太坊改进提案

让我们来看看以太坊中的标准是如何演变的。标准是基于 EIP(网址见链接[1])制定的，以促进以太坊生态系统的改进。EIP 是一种管理协议的规范、协议的改进、协议的更新、客户端 API，以及合约标准的方法。EIP 可用于处理不同类别的问题，包括以下几类：

- 核心或核心以太坊协议；
- 网络或者网络级别的改进；
- 诸如 ABI、RPC 等的接口或者其他接口；
- 以太坊征求意见(ERC)或者应用级约定和标准。

9.1.2 ERC20 代币标准

作为对引入以太坊的直接回应，大量代表各种服务和业务的加密货币代币应运而生。因此引入了 ERC20 标准接口，以使基于以太坊的加密货币遵循标准并变得兼容。ERC20 标准规定了一系列规则，允许代币在以太坊网络中相互交互、交换和交易。

OpenZeppelin 组织(网址见链接[2])是一个支持以太坊协议的活跃社区。网上有关于它的改进和代币标准的讨论(网址见链接[3])。以下是 ERC20 接口的部分定义：

```
contract ERC20 {
        function totalSupply() public view returns (uint256);
        function balanceOf(address tokenOwner) public view returns (uint256 balance);
        function allowance(address tokenOwner, address spender) public view
                           returns (uint256 remaining);
        function transfer(address to, uint256 tokens) public returns
                                                     (bool success);
        function approve(address spender, uint256 tokens) public returns
                                                     (bool success);
        function transferFrom(address from, address to, uint256 tokens)
                                         public returns (bool success);
        //events
        event Transfer(address indexed from, address indexed to,uint256 tokens);
        event Approval(address indexed tokenOwner, address indexed spender,
                                                         uint256 tokens);
    }
```

ERC20 定义还包含代币名称、代币符号和一个属性(decimal)，该属性指定如何表示代币的小数部分——比例因子。要为符合 ERC20 标准的资产或者实用程序创建和部署代币，你需要实施包含 ERC 接口所需函数的智能合约：

```
contract MyToken is ERC20 {

// implement the functions required by ERC20 interface standard
// other functions…
}
```

当前已部署了数百个符合 ERC20 标准的代币，你可以在 Etherscan 上看到它们。这些代币都搭载在以太坊网络上，可使用与以太坊节点相同的地址进行操作。更重要的是，从理论上讲，一个 ERC20 代币可以在加密货币交易平台兑换任何其他 ERC20 代币。这一概念为 Dapp 打开了一个全新的世界!

Etherscan(网址见链接[4])上的常规 ERC20 代币交易的视图如图 9-1 所示。这里显示了两种不同的 ERC20 代币从一个账户转移到另外一个账户。也可以通过 ERC20 代币的代币跟踪器来定位许多此类转账。此交易的链接如图 9-1 所示。它显示了交易的历史记录(网址见链接[5])。可以单击它来查看交易的记录，以了解代币交易的详细信息。

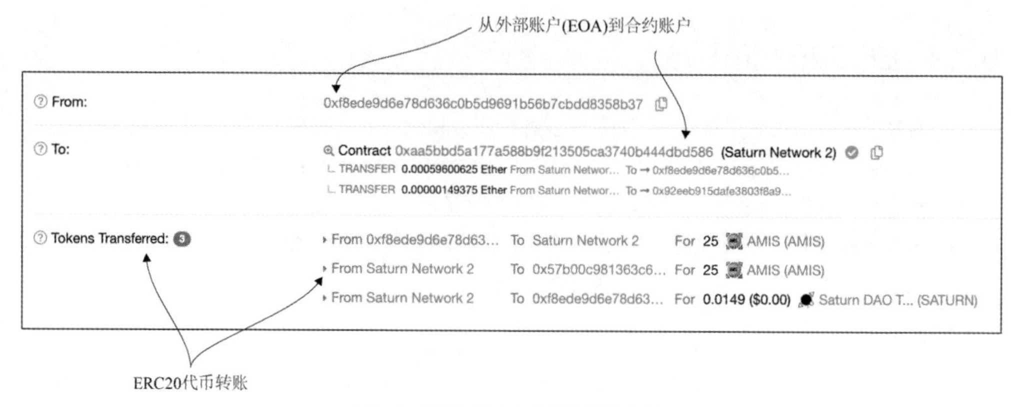

图 9-1 使用 ERC20 代币转账的交易

注意 在撰写本书时，ERC20 正被 ERC777 所取代，ERC777 是一种改进版本的可替代代币的标准。

9.1.3 可替代和不可替代的代币

ERC20 代币就如同货币，用户可以通过花费代币来购买某些实用程序或者服务。例如，在 Grid+ 应用中，有一个用于支付能源消耗的 ERC20 代币。符合 ERC20 标准的代币(如 Augur 的 REP 代币)可以与同类代币进行交换，这就意味着它是一种可替代代币(Fungible Token，FT)。

一张美元钞票可以与另外一张美元钞票进行交换，因此它是可替代的。但当一种代币代表一种资产或者一只宠物，比如现实世界中的一只小狗，当小狗成长为一只赢得世界比赛的超级狗时，该代币的价值就将得到巨大的提升。类似的例子还有 Pokémon card(神奇宝贝卡)、棒球卡和房地产。在这些示例中，给定的代币可能会升值或贬值，这取决于很多因素。这种类型的代币被称为不可替代代币(No-Fungible Token，NFT)。此时，代币虽然属于同一类型，但是由于其价值不等，因此无法进行等价交换。

定义 可替代代币(FT)的价值与同类代币的其他代币价值相同。一个 FT 可以与给定类别中的任何其他 FT 进行等价交换。

定义 不可替代代币(NFT)是给定代币类别中的唯一代币。NFT 与给定类别中的任何其他 NFT 都不等价。

图 9-2 进一步说明了可替代和不可替代的概念。

如图 9-2 所示，每张普通的一美元钞票与其他一美元钞票的面值相同。该等式适用于 1 ETH 和 1 比特币，因此它们被认为是可替代物品。也就是说一件物品可以用任意其他同类物品进行替代。但是一只宠物狗与世界上其他任何宠物狗都不一样。例如宠物狗米莉和宠物狗莱利不一样！

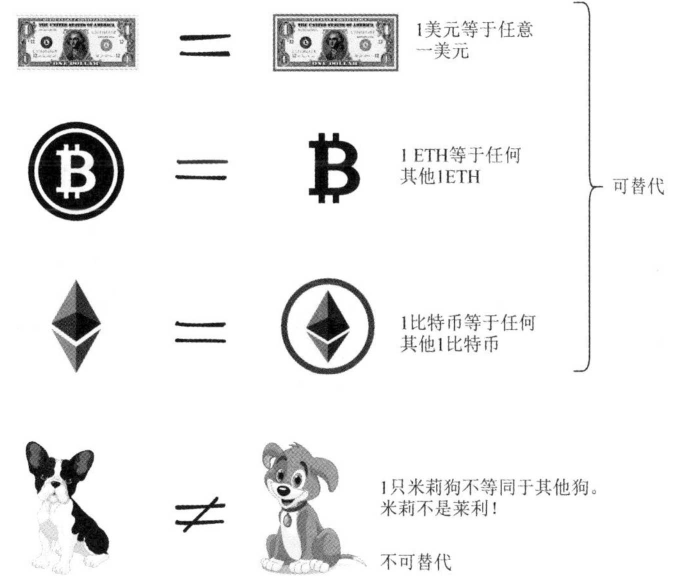

图 9-2　可替代资产与不可替代资产

在极受欢迎的 CryptoKitties(网址见链接[6])Dapp 中，一个代币(符号为 CK)代表一只小猫，其创建、生命周期、繁殖等规则被写入不可变的以太坊区块链及其支持的智能合约中。在预定的时间内，一定数量的新代币会被释放并拍卖，以筹集新的资金。资产——本示例中为小猫——也会因需求和各自的特征而升值或者贬值。每一项资产都是独一无二的，一项资产与另外一项资产不同。小猫也不可互换。所以这些代币也是不可替代的。

以太坊社区已分别设计了可替代和不可替代的代币，以及每种类型代币的标准。ERC20 是可替代代币，现已部署了数以千计的可交换的符合 ERC20 标准的加密货币。ERC721 则是不可替代代币的标准，正是 CryptoKitties 使其名声大噪。

除了觉得好玩有趣，你还需要认真发掘 ERC721 代币模型的用途。ERC721 适用于广泛的不可替代资产。它可以代表许多用例，从股票到房地产，再到收藏艺术品，等等。也可以考虑将 ERC721 代币作为分时度假和出租物业的模型——甚至可能是火星上的一块土地。其可能性是无限的。

在 9.2 节中，你将探索一种代表房地产资产的符合 ERC721 标准的代币。

9.2　RES4：不可替代的房地产代币

有史以来，财产所有权——包括土地所有权、住房和房地产——一直是一个棘手问题。许多战争和世仇都与土地资产有关。让我们将房地产视为不可替代资产，然后为其设计和开发代币 Dapp。值得注意的是，尽管房地产是本次探索的重点资产，但是我们所设计的代币，同样也代表着许多企业、社会经济、文化和艺术应用中的众多其他资产。

我们将从问题陈述开始，然后应用设计原则(附录 B)来设计和开发应用。该房地产代币被称为 RES4。

问题陈述　为城镇中的新房地产开发项目设计和开发一个房地产代币去中心化应用。城镇主管可以添加一块房地产作为资产(RES4代币)，同时将其分配给所有者。这项任务涉及创建RES4代币的整个过程(假设资产所有者的资金通过不在本主题范围内的其他方式进行转移)。代币的持有者可通过在代币资产上进行建造来增加代币的价值，也允许向买家出售，有购买资格的买家可以购买资产。房地产资产可能升值或者贬值，具体取决于城镇评估员的判断。为简单起见，假设城镇主管和评估员具有相同的身份，他们能够代表城镇，并执行相关操作。

RES4是现实世界房地产业务的简化版本。你可以在完成RES4智能合约和Dapp的开发之后，对其基础设计进行改进。

9.2.1　用例图

要进行智能合约设计，你需要从设计原则2开始：设计用例图。图9-3显示了RES4代币的参与者，包括：

- 城镇主管(资产的开发商或建造者)
- 资产的所有者
- 资产的建造者(增加资产的价值)
- 资产购买者
- 资产价值评估员

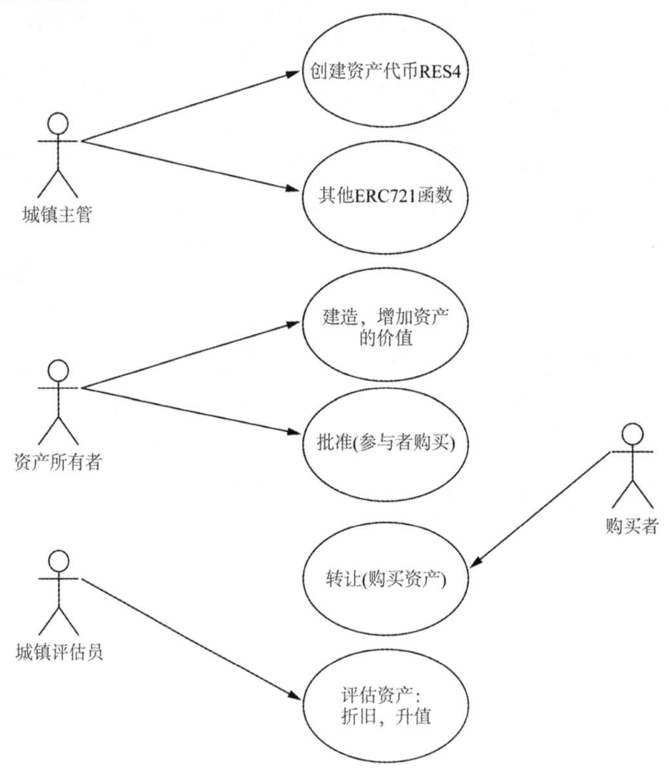

图9-3　RES4资产代币Dapp用例图

现在，让我们在用例图中描述这些元素，并开始解决 RES4 代币的 Dapp 开发问题。你可以观察这 4 个角色：城镇主管、评估员、所有者和购买者。基本操作可表示为用例：添加资产、建造资产、批准买方购买资格、购买资产，转让资产，以及评估资产。

9.2.2 合约图

合约图在用例图的指导下进一步补充了细节，添加了更多的设计元素：数据结构、修饰符、事件和函数(函数标题)。此合约图只有 3 个元素：数据、事件和函数。访问规则是在函数内部使用 require 语句(require (condition);)指定，而不是在函数标题中指定。RES4 遵循了定义一组函数标题的 ERC721 标准。

图 9-4 显示了 RES4 的合约图。除了数据和事件外，合约图中的 RES4 函数也遵循用例图。这些函数包括 addAsset()、build()、approve()和 transfer()。函数 appreciate()和 depreciate()用于指定评估者角色的操作。这些操作允许城镇主管增加或者减少资产的当前价值。合约图中的事件是按 ERC721 标准要求指定的。

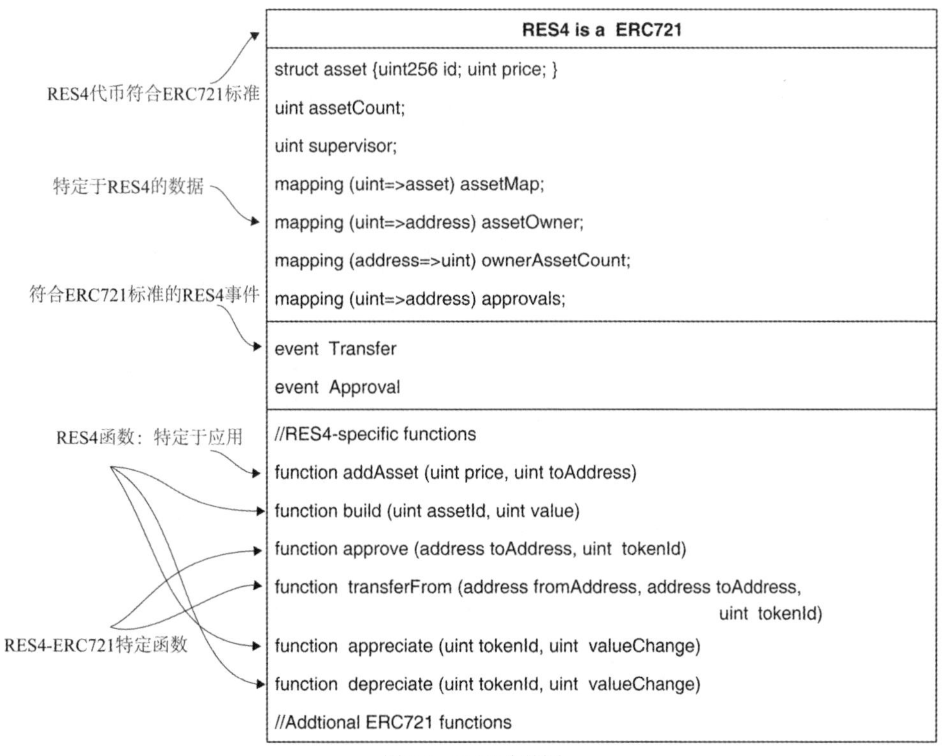

图 9-4　RES4 合约图

9.2.3 RES4 ERC721 兼容代币

想知道 ERC721 如何定义吗？可以用智能合约实现 ERC721 的规范，即 ERC721.sol，用 Solidity 编写。在本节中，让我们看看 ERC721 代币的详细信息，以及如何制作符合 ERC721 标准的代币 RES4。

ERC721 代币标准

每个 ERC721 代币都是独一无二的。ERC721 标准的要求之一是代币的供应量有限。代币数量有限并不是房地产资产的问题，如果考虑到整个城镇或者国家，乃至全世界的所有房地产资产，那么只有有限数量的资产是可能的。标准是一种接口，用于指定需要实现的函数(标题)。要使代币符合 ERC721 标准，必须要实现 ERC721 接口标准所要求的函数。ERC721 接口的设计借鉴了 ERC20 的定义。在撰写本章时，ERC721 标准也在不断发展变化。例如，一个名为 safeTransferFrom()的新函数已被添加到 ERC721 标准中。以下是 RES4 开发中用到的 ERC721 接口函数：

```
interface ERC721 {
function balanceOf(address _owner) external view returns (uint256 balance);
function ownerOf(uint256 _tokenId) external view returns (address owner);
function approve(address _to, uint256 _tokenId) external payable;
function transferFrom(address _from, address _to, uint256 _tokenId) external payable;
function safeTransferFrom(address _from, address _to, uint256 _tokenId) external payable;
…}
```

除了这些函数，我们还使用了来自另一个标准 ERC721-Enumerable 的接口：function totalSupply() public view returns (uint256total)。totalSupply()函数用于限制代币的数量。许多资产的项目数量都是有限的，包括绘画、艺术品，以及地球上可用的土地资源等。接下来的两个函数 balanceOf()和 ownerOf()提供了某地址所拥有的代币(资产)的详细信息。ERC721 通过函数 approve()来批准地址消费代币。但值得注意的是，对以房地产为资产的 RES4 而言，批准有着不同的含义：批准是指允许将资产(代币)出售给特定地址。函数 transferFrom()和 safeTransferFrom()则是将资产从一个地址转移到另外一个地址的函数的变体。

鉴于上述函数，如何将 ERC721 标准纳入你的智能合约和 Dapp 开发？这就是你接下来要学习的内容。

注意 ERC 代币标准是不断变化的，编号、支持类以及函数也在不断变化。对于代币这样的新型主题，出现这种情况是可以理解的。一些代币在实施时仅兼容部分标准。因此在开发代币时要注意这些方面。

RES4 智能合约

下面以用例图(图 9-3)和合约图(图 9-4)为指导，为 RES4 开发智能合约。图 9-5 显示了 Dapp 的框图。来观察一个新元素：ERC721 代币接口。RES4 智能合约将使用传统的面向对象设计中的继承，来添加 ERC721，如图 9-5 所示。你需要将 ERC721 作为另外一个智能合约(ERC721.sol)添加到 contract 目录中。当然，它还需要其他合约的支持。这些合约位于 helper_contracts 目录，以与主要的 RES4 合约分隔开。ERC721 接口可通过以下方式添加。你可以按照如下步骤让一个智能合约继承另外一个智能合约的功能：

(1) 在 RES4 智能合约的代码开头，导入 ERC721 标准接口：

```
import "./helper_contracts/ERC721.sol";
```

ERC721 智能合约是从 helper_contracts 目录导入的，该目录还包含 ERC721.sol 所使用的其他合约。打开 contract 目录，浏览这些辅助合约。你会发现很多支持合约。

(2) RES4 和 ERC721 之间的这种关系如图 9-5 所示。RES4 智能合约是一个 ERC721 代币，可采用以下方式在智能合约中指定继承：

```
contract RES4 is ERC721
```

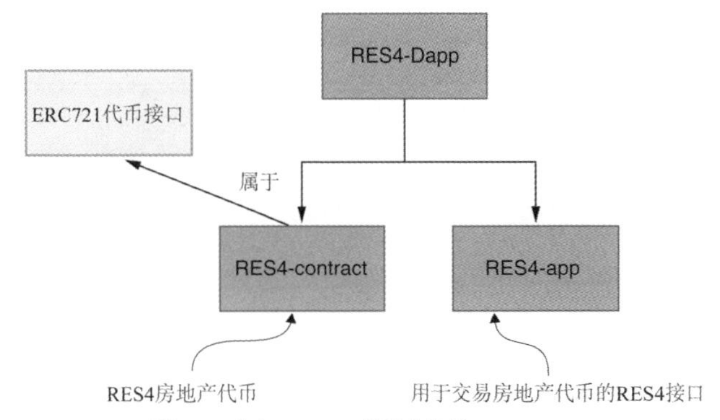

图 9-5 兼容 ERC721 智能合约的 RES4 Dapp

9.2.4 RES4 Dapp

图 9-5 显示了包含合约和应用程序的 Dapp 的整体结构。代码清单 9.1 展示了 REST 合约。ERC721 接口是从以太坊 EIP 站点(网址见链接[7])导入的。为方便起见，我们已将此 ERC721 智能合约和其他相关的标准智能合约下载并添加到 RES4-contract/contracts 中名为 helper_contracts 的目录中。

开发 RES4 智能合约

定义数据主要为了管理代币的各种属性。函数可分为四大类，如代码清单 9.1 中的注释所示：

- 映射各种属性的函数
- 符合 ERC721 标准的函数、事件和数据
- 应用程序特定(RES4 特定)的函数
- 支持上述和其他实用函数的内部函数
- 为了符合 ERC721 标准，你必须实现所有的函数，但是你的 Dapp 可能不需要或者不会使用所有这些函数。这就是为什么你会在代码清单 9.1 中看到两部分：一部分是 RES4 Dapp 所需的 ERC721 函数，还有一部分出现在底部，是 RES4 代币 DAPP 要用到的 ERC721 函数，但为了符合规范才实现这些函数。你可以在本章的代码库中找到完整的智能合约代码。

代码清单 9.1 RES4 智能合约(RES4.sol)

```
pragma soldity >=0.4.22 <=0.6.0;
import "./helper_contracts/ERC721.sol";

contract RES4 is ERC721 {          ← RES4 是一种 ERC721 代币
 struct Asset{
      uint256 assetId;
      uint256 price;
```

```
    }

    uint256 public assetsCount;
    mapping(uint256 => Asset) public assetMap;
    address public supervisor;
    mapping (uint256 => address) private assetOwner;
    mapping (address => uint256) private ownedAssetsCount;
    mapping (uint256 => address) public assetApprovals;

// Events
      event Transfer(address from, address to, uint256 tokenId);
      event Approval(address owner, address approved, uint256 tokenId);

      constructor()public {
          supervisor = msg.sender; }

// ERC721 functions

     function balanceOf() public view returns (uint256) {… }

     function ownerOf(uint256 assetId) public view returns (address) {… }

     function transferFrom(address payable from, uint256 assetId)…{ …}

     function approve(address to,uint256 assetId) public { …}

     function getApproved(uint256 assetId) … returns (address) { …}

// Additional functions added for RES4 token

     function addAsset(uint256 price,address to) public{ … }

     function clearApproval(uint256 assetId,address approved) public {…}

     function build(uint256 assetId,uint256 value) public payable { …}

     function appreciate(uint256 assetId,uint256 value) public{ …}

     function depreciate(uint256 assetId,uint256 value) public{ … }

     function getAssetsSize() public view returns(uint){… }

// Functions used internally

     function mint(address to, uint256 assetId) internal { …}

     function exists(uint256 assetId) internal view returns (bool) { … }

     function isApprovedOrOwner(address spender, uint256 assetId) {…}

// Other ERC721 functions for compliance }
```

用于管理代币的哈希表

在区块上进行索引和记录的事件

RES4 使用的 ERC721 函数

RES4 Dapp 特定函数

内部函数

可参照这个符合ERC721标准的智能合约所提供的模型，并将其用作实现其他NFT Dapp的指导。还可以重用基于 ERC721 的代码，并将你的应用的特定代码添加到该基础代码中。

转移函数

RES4.sol 中实现的 transferFrom()函数的签名，与 ERC721 中的定义略有不同。它有两个参数，来源的地址和资产 id，而不像 ERC721 中的同名函数那样有 3 个参数。在 RES4 示例中，第 3 个参数是隐含的，可以通过 msg.sender 获取。这是因为请求转移代币的并非中央机构或者指定的人，而是被批准的人，或者实际购买资产的账户。在作者看来，这种偏差是合理的，因为它(RES4 版本的 transferFrom())实现了去中心化的点对点传输，让区块链充当了中介。

9.2.5 与 RES4 Dapp 进行交互

下一步是在 RES4-app 模块中开发 RES4 的应用部分，在一个 Web 用户界面中公开其函数。可以下载 RES4-Dapp.zip，解压并查看其结构。你可以将其部署在本地 Ganache 测试链上，这里有 10 个带余额的账户随时可用。可按照图 9-5 的结构定位到 Dapp 的各个部分。然后运行以下步骤来探索 RES4 代币的工作原理：

(1) 单击 Quickstart 启动 Ganache 测试链。复制 Ganache GUI 顶部的助记符。然后使用从 Ganache 界面复制的助记符将 MetaMask 链接到 Ganache。

(2) 假设城镇主管和评估员身份能代表城镇，用 account1 地址表示。

(3) 从 RES4-contract 目录部署 RES4 代币。导航到 RES4-contract 目录，并发出 Truffle 命令以部署智能合约。默认情况下，Ganache 上的第一个账户将是部署者和城镇主管：

```
truffle migrate --reset
```

(4) 从 RES4-app 目录部署 Web 应用：

```
npm install
npm start
```

当你使用 localhost:3000 进行访问时，就可以看到 RES4 的 Web 界面(如图 9-6 所示)。

(5) 移到 MetaMask 钱包，使用 Ganache 界面上的助记符将其链接到 Ganache 测试链。

在 MetaMask 中，重置账号，重置 Account1 到 Account4 上的 nonce 值。单击 Account1 图标，选择 Settings | Advanced | Reset Account。对 Account2、Account3 和 Account4 重复此步骤。

(6) 图 9-6 中的 Web 用户界面显示了 5 种操作。在启动每个操作之前，建议先刷新浏览器：

- Add an asset(添加资产)——由城镇主管，RES4 代币的部署者执行
- Assess(评估)——由 RES4 代币的部署者，城镇主管执行
- Build(建造)——由财产所有者执行
- Approve(批准)——由财产所有者执行
- Buy(购买)——由经过批准的购买者执行

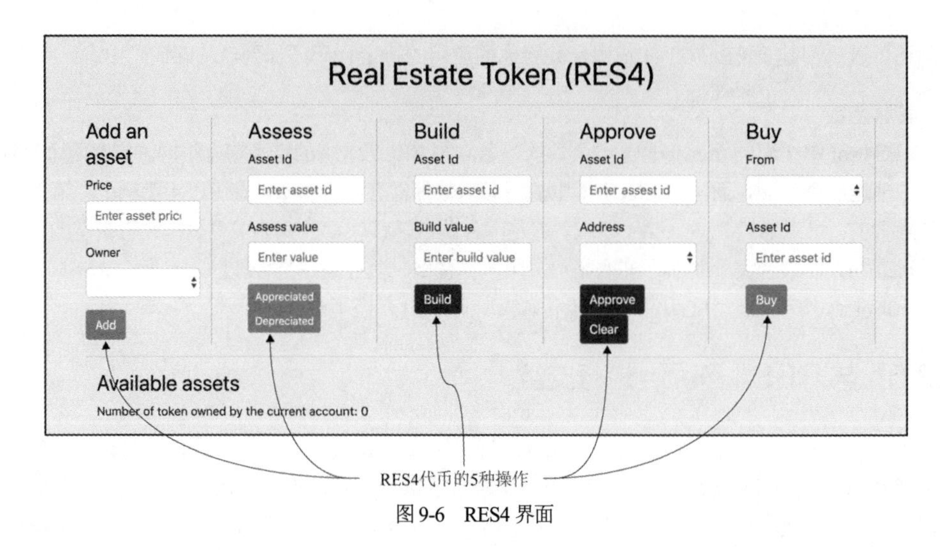

图 9-6 RES4 界面

(7) 添加一些资产(由城镇主管执行)。资产编号从 0 开始自动分配。在生产应用中，资产 ID 为 256 位。

在 MetaMask 的 Account1(城镇主管)中，添加一个值为 20 的资产，然后选择 Account2 为所有者，单击 Add 并确认。

在 MetaMask 的 Account1 中，添加一个值为 30 的资产，选择 Account3 为所有者，单击 Add 并确认。

你可以在 UI 的底部看到添加的资产，如图 9-7 所示。

资产#0 和资产#1 被添加到 UI 中，所有者分别为 Account2 和 Account3。这些资产的价值是城镇主管(Account1)分配(创建)时指定的 20 和 30。

图 9-7 为两个不同的所有者添加两个资产#0、#1(价值分别为 20 和 30)后的 RES4 界面

(8) 在资产上建造(由所有者执行)会增加资产的价值。重新加载(刷新)浏览器，并选择 MetaMask 中的 Account2。在 build 界面中输入资产 ID 为 0，build 值为 5，然后单击 build 按钮，并确认。

你会看到资产#0 的值已增加至 25，如图 9-8 所示。

Real Estate Token (RES4)

Add an asset / Price / Owner / Add
Assessment / Asset Id / Assess value / Appreciate / Depreciate
Build / Asset Id / Build value / Build
Approve / Asset Id / Address / Approve / Clear
Buy / From / Asset Id / Buy an asset

Available assets

Asset # 0
Price: 25 ETH
Owner:
0x00ff4760A691921aE656495654930757 9B25424F
Approved: None

Asset # 1
Price: 30 ETH
Owner:
0x4E24DC1Fb2a9D09Af0656ff498B93d060c1C8a27
Approved: None

资产#0的所有者在资产上建造后资产价格上涨了5 ETH

图 9-8　资产#0 被建造并增加 5 ETH 价值之后的 RES4 界面

(9) 批准出售给两个人(两个地址)，然后撤销其中的一个。在开始此操作之前先刷新浏览器。

在 MetaMask 的 Account2 中，输入资产 ID 为 0，地址为 Account3，单击 Approve(卖给 Account3)，然后确认。

再次在 Account2 中，输入资产 ID 为 0，地址为 Account3，单击 Clear(撤销对 Account3 的批售)，确认。

依旧在 Account2 中，输入资产 ID 为 0，地址为 Account4，单击 Approve(卖给 Account4)，然后确认。

你会看到图 9-9 所示的界面。

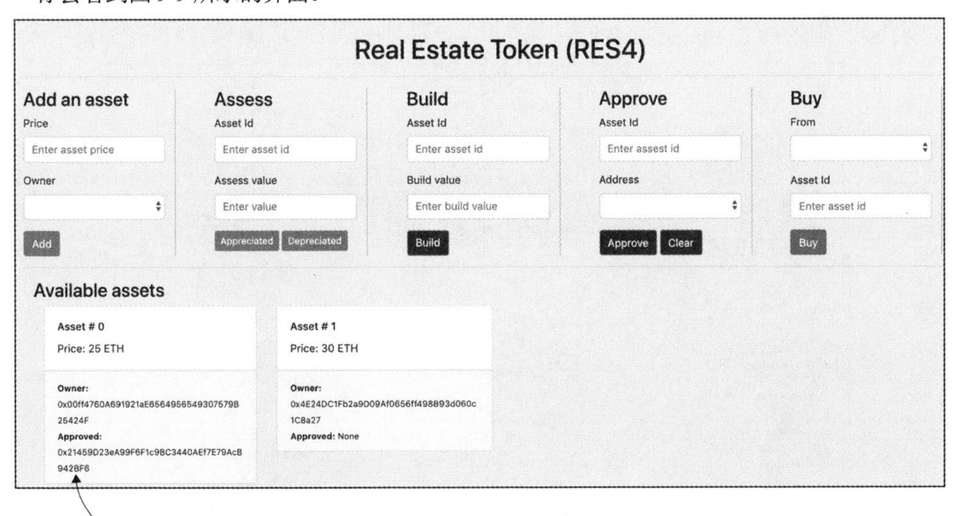

图 9-9　资产#0 已批准出售给 Account4

(10) 被批准的地址购买资产(发生资产转移)。

选择 Account4(被批准的账户)，在购买界面中输入资产 ID 为 0，Account2 地址为 From，然后单击 Buy 并确认。

资产#0 的所有权已更改为 Account4 的地址，如图 9-10 所示。

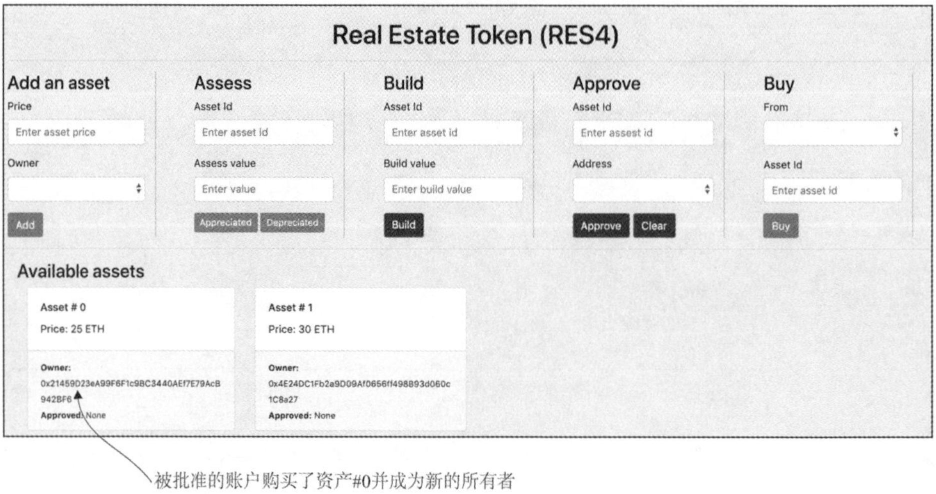

被批准的账户购买了资产#0并成为新的所有者

图 9-10　资产#0 转移给 Account4

你还可以查看账户余额，如图 9-11 所示，也可以在 Ganache UI 中查看。Ganache UI 显示了交易中涉及的所有账户的余额，以及从各个账户中添加和扣除的相应值。图 9-11 显示了 Account4，在购买资产#0 并支付交易费用后，其余额从 100 ETH 下降到 73 ETH。如图 9-11 的中间部分所示，Account2 的余额约为 118——比初始余额 100 ETH 有所增加，因为计入了出售资产#0 的费用和交易费用。图 9-11 右侧，是前面已讨论过的一些交易日志，在 MetaMask 的交易历史中显示。当然，如果你尝试过其他交易，这里的余额可能会有所不同。建议多尝试这些步骤之外的其他操作。

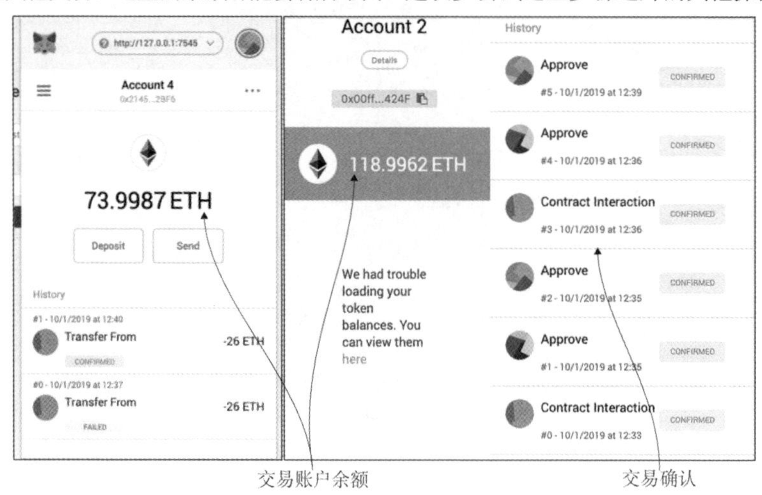

图 9-11　Account4 和 Account2 的账户余额，以及操作跟踪

注意　某些屏幕截图可能会有些模糊不清。如果你能够跟随 RES4 的部署，应该能够在自己的 UI 中清楚地看到上述结果。强烈建议你以此为指导，自行尝试这些操作。

(11) 尝试使用一个未经批准的账户购买资产。

在购买界面中输入 Account3，选择资产#1，然后单击 Buy。MetaMask 将抛出一个交易错误，因为合约会在智能合约级别进行回退。该错误消息位于 MetaMask 弹出窗口的下方，如图 9-12 所示。

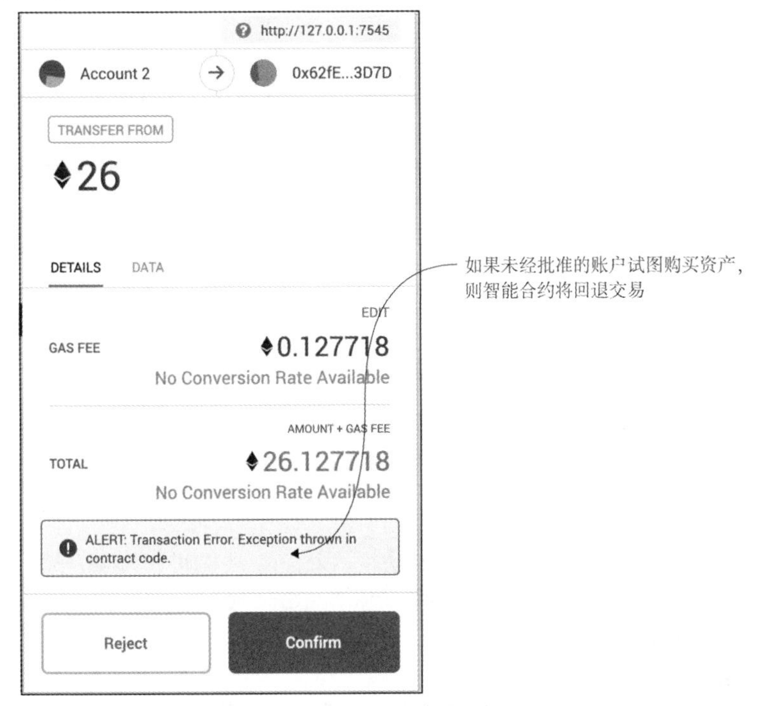

图 9-12　未经批准的账户购买会被回退

(12) 在评估界面中，评估员评估(升值)财产的价值。

在 MetaMask 的 Account1 中(城镇主管和评估员身份，代表城镇)，输入资产 ID 为 1，升值为 5，单击 Appreciated 按钮并确认。

你应该看到资产 ID 为 1 的资产价值增加了 5 ETH。

(13) 在评估界面中，评估员评估(折旧)财产的价值。

在 MetaMask 的 Account1 中(城镇主管和评估员身份，代表城镇)，输入资产 ID 为 0，折旧值为 5，单击 Depreciated 按钮并确认。

你应该看到资产 ID 为 0 的资产价值减少了 5 ETH。

评估后的资产价值如图 9-13 所示。

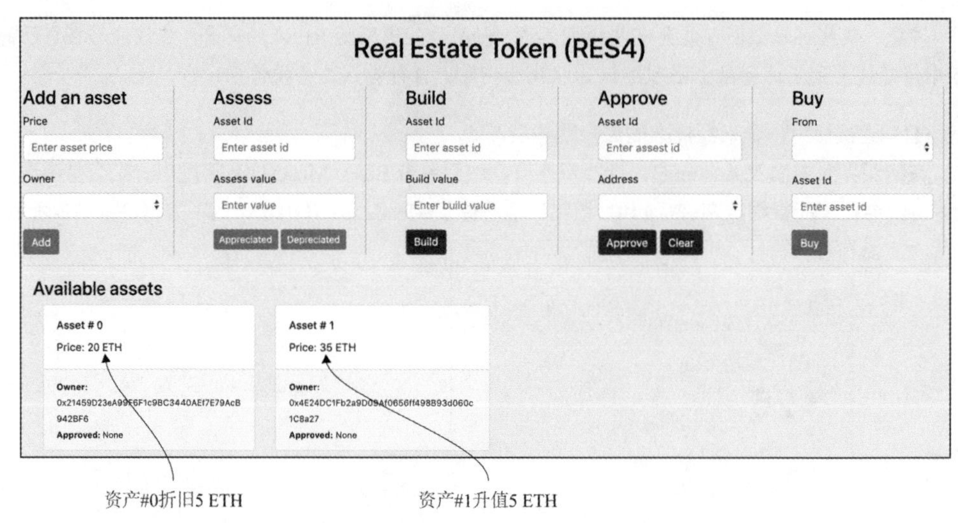

图 9-13　资产#0 贬值 5 ETH，资产#1 升值 5 ETH

(14) 从 MetaMask 中的 Account1 添加两个相同的资产到 Account4。

选择 MetaMask 中的 Account1(城镇主管)，添加一个价值为 10 的资产，选择 Account4 为所有者，单击 Add 并确认。

选择 MetaMask 中的 Account1(城镇主管)，添加一个价值为 10 的资产，选择 Account4 为所有者，单击 Add 并确认。

在 UI 中可以看到新添加的资产，如图 9-14 所示。即使资产具有相同的价值，它们也是不同的。一个可以是小红房子，另一个可能是块尚未开发的土地。RES4 代币与另外一个 RES4 代币也不同。在本示例中，Account4(0x21459…)拥有三项资产，且每项资产都是唯一的。这是 NFT(不可替代代币)ERC721 的基本特征。

图 9-14　Account4 拥有 3 种不同的资产(#0、#2 和#3)：ERC721 代币

对符合 ERC721 标准的代币 RES4 的探索，为区块链和去中心化应用开启了一个全新的视角。

NFT 确实很强大，它适用于广泛的领域：艺术品、收藏品、房地产、金融投资组合、电子游戏工艺品、人力资源，技能投资组合，等等。可以尝试在你的专业领域中找到符合 ERC721 标准的代币应用场景，并实现代币 Dapp。代币 Dapp 是加密货币创新带来的重大进步。除了可替代和不可替代代币，还有很多其他的应用模型。其中一些模型直接解决了第 3 章中介绍的信任和完整性要素。

9.3　回顾

本章中实现的符合 ERC721 标准的 RES4 代币，是 NFT(不可替代代币)的一个概念验证(POC)。这里所设计和开发的 RES4 是一个最小的实现。通过加入领域专家，你就可以进一步将 RES4 打造为成熟的房地产代币。这类设计可以包含治理规则和当地法律，以及其他限制。

NFT 资产的概念对诸多应用领域都有着广泛的影响。基于这一概念开发的模型和标准，可以实现一系列的应用，从管理固定资产到人力资源技能组合等。它还有可能将艺术品收藏家、基金经理，以及在线游戏玩家引入区块链世界，从而为区块链应用构建出一个丰富多样的生态系统。

想想看：FT 可以以任何面额转账。也就是说，你可以转让 0.5 个 ERC20 代币，甚至是 0.000005 个代币。对于任何 FT 而言皆是如此。但是对于大多数 NFT 而言，部分代币的转让实际上是不可能的，也是不可行的。你能在物理上转移 0.5 只小猫吗？另一方面，对于房子等 NFT，你可以拥有部分所有权。但是，一个财产(房子)还是不能和其他任意房产一对一地交换。然而，所有这些限制都为 ERC721 标准的改进提供了许多令人兴奋的机会。

ERC20 和 ERC721 代币为区块链技术打开了新机遇和应用模式的新世界。这些代币也代表着更多创新标准和改进的开始，将来会不断地丰富以太坊的生态系统。在作者撰写本章时，ERC20 已更新为 ERC777 这一改进版本。ERC721 增强为 ERC165，它可以检查 ERC721 代币是否确实符合标准。

此外，其他应用模式和代币 Dapp 一样令人兴奋。其中一个便是去中心化的自治组织，它能够根据输入的事实自行做出行动决策，并将其记录在区块链上。通过检查记录交易和相关状态信息的分布式账本，可以跟踪做出的决策，以及决策的原因和说明。

ERC 代币正在被提议用于身份、治理和安全。以太坊的这些代币和 EIP 必将实现新的应用模式，从而将 Dapp 生态系统转变为主流的应用架构，并推动 Dapp 成为自然系统。

标准增强的代币应用模式，也为服务和公共事业的货币化带来巨大的机会，从能源市场(Grid+)到去中心化的预测市场(Augur)等。总之，应用领域的扩展和货币化的无限可能性对于技术的可持续性发展至关重要。区块链也不例外。

9.4　最佳实践

- 比特币最初的加密货币创新催生了各种应用模式。在设计和开发 Dapp 之前，应先回顾现有的不同应用模式和标准。这些应用模式和标准将指导和简化你的设计。
- 已有一些现成的标准可用于简化代币及其特性，并实现可交互性和互操作性。在可能的情况下，应该积极研究现有的标准，并确保你的智能合约设计符合标准。

- 确定你的 Dapp 是适合公共会员、许可会员还是私人会员。这一重要的设计考虑，将决定你该使用何种区块链。例如，以太坊和比特币与公共 Dapp 相关，而 Hyperledger 的框架在设计上是基于许可的，因此它更适合于私人部署。对于 RES4 代币，你需要一个公共区块链网络，从而为任何人提供平等的机会来购买和出售房地产。

9.5 本章小结

- 区块链不仅可以实现未知的去中心化参与者之间的加密货币转移，还可以在应用中为去中心化参与者赋予强大且透明的资产转移能力。
- EIP 通过其标准对协议以及应用模型的持续改进进行管理。
- 代币模型分为可替代代币(FT)和不可替代代币(NFT)两种。
- FT 和 NFT 代币，由以太坊标准 ERC20 和 ERC721 定义。
- NFT 代币模型适用于房地产和收藏品等资产。
- 用于管理房地产资产的 RES4-Dapp 是一个端对端开发 NFT 模型的例子。
- 构建 NFT 代币 Dapp 的方法，包括使用继承、公开的 ERC721 接口来实施符合标准的智能合约，以及使用其他用于代币管理的组件。
- 不可替代代币是一种颠覆性的应用模型，涵盖从可收藏资产到金融投资组合等多个不同领域。
- 本章为推动区块链应用从加密货币扩展至加密资产迈出了重要一步。

第 10 章 测试智能合约

本章内容：

- 智能合约测试的重要性
- 用 JavaScript 编写测试脚本
- 使用 Truffle 框架来支持智能合约测试
- 解释运行测试脚本的输出
- 为计数器、投票以及盲拍智能合约开发测试脚本

本章将介绍为 Dapp 智能合约编写测试脚本的系统方法。无论是硬件还是软件，测试都是系统开发过程中的一个重要步骤。对于具有未知的对等参与者的去中心化区块链应用而言，测试尤为关键。在第 2~9 章中，你通过与 Web 用户界面的交互，测试了由智能合约(Dapp-contract)和应用(Dapp-app)组成的集成 Dapp。虽然这种方法对于测试 Dapp 的功能性是可行的，但是为了确保去中心化应用的核心逻辑的稳健性，需要对智能合约进行系统测试。这种测试涉及执行智能合约的每个函数和每个修饰符。对于这种详尽而广泛的测试，要涵盖所有可能的执行路径，采取手动输入测试命令和参数的方式会十分繁杂。那么应采取什么方式呢？可编写一个脚本，自动运行测试命令并验证结果是否符合脚本中指定的预期行为。对于这种类型的测试，你只需要编写一个包含所有测试的脚本文件，将测试过程自动化即可。

在本章，你将了解智能合约测试的自动化过程。编写测试脚本需要特定的基础知识，包括 beforeEach、it 和 describe 的用法，以及何时使用它们。本章通过 3 个不同但熟悉的智能合约(计数器、投票和盲拍)，来说明测试脚本的开发。因此，你将逐渐从一个简单的测试脚本转向一个复杂的脚本。在开发和部署智能合约的过程中，你还会了解如何使用 Truffle 工具套件来运行测试脚本，并验证测试是否通过(或失败)。

10.1 智能合约测试的重要性

我们这些亲眼见证了集成芯片和片上系统历史的人，都知道测试的重要性。测试是硬件开发过程中的一个重要阶段。一旦一种微芯片被大规模生产，那就不可能再回头去修复错误。这种设计是硬编码的。那么智能合约，也就是我们 Dapp 的核心逻辑又如何呢？智能合约就像是硬件芯片——

不可更改的代码。一旦部署，它们就是最终的，不能被更新(除非有特殊规定或者内置了逃逸舱口)。最近由于DAO黑客攻击而造成的数个百万美元级劫案，以及一些钱包问题，都是由智能合约代码中的漏洞造成的。所以，智能合约在部署到生产使用之前，必须进行彻底的测试。

10.1.1 测试类型

软件测试有多种形式，这取决于不同开发阶段的测试粒度和测试执行的时间：

- 单元测试——对单个组件的测试，如测试单个函数
- 集成测试——对集成系统的操作流程进行测试
- 系统级测试驱动开发——随着函数的添加和签入存储库，为验证系统(由团队中的不同成员开发)的完整性而进行的测试

在前几章中，为测试Dapp，你使用了一个特别的测试计划，通过从Web用户界面调用Dapp来执行操作。在本章中，你将专注于单元测试，包括对智能合约函数及修饰符进行详尽测试。这些测试是一些代码脚本，对被测智能合约的函数的执行情况进行模拟。在Truffle测试框架的支持下，测试是通过还是失败，通过检查(✔)和X标记即可一目了然。

10.1.2 测试程序的语言选择

通常，测试器或测试程序均采用与要测试的主程序相同的语言编写。在本示例中，你可使用Solidity语言将测试器本身编写成智能合约。Truffle文档提供的宠物店的示例说明了如何使用Solidity编写测试程序(网址见链接[1])。但是许多智能合约，如Ballot，为主席和投票者使用的是address数据类型。当另一个智能合约被用作测试器时，这就造成了一个问题。因此，我们将使用Truffle支持的替代语言——JavaScript(JS)——来编写我们的测试程序。Truffle不仅支持这两种语言，还有配套工具支持基于JS的测试器和JS测试框架(如Mocha、Chai等)。这些工具所提供的命令，是专门为编写干净的、富有表现力的测试代码而设计的。下面使用第2~5章中开发的3个Dapp来探索测试。选择这些熟悉的Dapp有助于你专注于测试。在后面的章节中，你将使用

- 熟悉的智能合约Counter.sol、Ballot.sol和BlindAuction.sol
- Mocha测试框架中的测试命令(it、describe等)
- Chai中的Truffle断言框架
- 在智能合约中测试带有回退条件的命令

10.2 测试计数器智能合约

前几章探讨的计数器智能合约是一个简单的合约，它有初始化、递增、递减，以及获取(数值)等函数。我们要求该计数器只允许使用正值，包括0。为使该计数器合约健壮，让我们添加修饰符，从而强制执行递增和递减的规则，以便保持计数器的正值。由此产生的计数器智能合约代码如代码清单10.1所示。值必须为正的要求通过计数器智能合约中新增的修饰符来严格把控。

代码清单 10.1　Counter.sol

```
contract Counter {
    int value; // positive value counter

   constructor() public{
    value = 0;
   }
   modifier checkIfLessThanValue(int n) {
     require (n <= value, 'Counter cannot become negative');
      _;
   }
   modifier checkIfNegative(int n) {
    require (n > 0, 'Value must be greater than zero');
      _;
   }
   function get() view public returns (int){
    return value;
   }

   function initialize (int n) checkIfNegative(n) public {
    value = n;
   }

   function increment (int n) public checkIfNegative(n) {
    value = value + n;
   }

   function decrement (int n) public checkIfNegative(n)
      checkIfLessThanValue(n) {
    value = value - n;
   }
}
```

保持计数器为正值的修饰符

使用修饰符的计数器合约函数

这里将开始讨论计数器智能合约的测试脚本。之后还会讨论两个测试脚本：一个用于投票智能合约，另一个用于盲拍。对于计数器，这里同时提供了智能合约和相应的测试脚本(代码清单 10.1 和代码清单 10.2)。对于接下来的两个智能合约，将只讨论测试脚本，因为你已知晓投票和盲拍的工作原理。

10.2.1　编写计数器测试脚本

在本节，你将了解使用 Truffle JS 测试框架提供的命令来编写测试脚本的方法。编写测试函数脚本包括以下 3 个步骤：

- 识别要测试的函数和修饰符
- 编写测试脚本来执行每个函数，并确保这些函数按预期工作
- 编写测试脚本来运行每个修饰符，并确保它们能够正常工作

如何编写这些测试脚本？需要什么样的支持结构来编写这些测试？Truffle 测试框架提供了便于编写测试的结构。以下是一些常用的测试结构。

- beforeEach()——该函数指定了其他测试的先决条件。它允许你指定在执行 it()和 describe()定义的测试之前要执行的代码。
- it()——该函数是对函数的独立测试，你可以将其视为一个独立测试或单元测试。
- describe()——该函数是一个复合测试结构，它指定了一组相关的 it()测试。Mocha 框架也支持这些函数。在测试函数(it、describe 等)中，你还会用到其他一些声明：
  - async()——允许函数异步执行，尤其是区块链上的交易需要可变的执行时间时。
  - await()——等待通过 async()模式调用的函数发出回调。
  - assert()——指定断言的条件。通常，它有助于将语句执行的实际结果与预期结果进行匹配。如果匹配失败，则断言失败。

现在，让我们来看看如何在编写计数器智能合约的测试脚本中使用这些条目(beforeEach()、it()、describe()、async()、await()，以及 assert())。代码清单 10.2 是测试计数器智能合约的 JS 代码。思考你会如何开发测试代码？

首先，定义要测试的智能合约。然后声明你正在使用的 Truffle 断言框架，并且需要一个模块。然后使用 beforeEach()函数编写部署和初始化合约的代码。在执行每个 it()测试之前，都需要执行 beforeEach()函数。代码清单 10.2 提供了一个测试脚本模型，供你参考。

该代码清单显示了智能合约中每个函数和每个修饰符的独立测试(it())。这一简单的测试脚本，由一系列对每项进行测试的 it()函数组成。每个 it()测试都有一个 assert()或 truffleAssert()语句来检查测试是否成功。此方法很简单，但却是个很好的起点。

代码清单 10.2 counterTest.js

```
const Counter = artifacts.require('../contracts/Counter.sol')
const truffleAssert = require('truffle-assertions');

contract('Counter', function () {
  let counter
  const negativeCounterError = 'Counter cannot become negative';
  const negativeValueError = 'Value must be greater than zero';

  beforeEach('Setup contract for each test', async function () {
    counter = await Counter.new()
    await counter.initialize(100)
  })

  it('Success on initialization of counter.', async function () {
   assert.equal(await counter.get(), 100)
  })

  it('Success on decrement of counter.', async function () {
   await counter.decrement(5)
   assert.equal(await counter.get(), 95)
  })

  it('Success on increment of counter.', async function () {
   await counter.increment(5)
   assert.equal(await counter.get(), 105)
  })
```

开始定义测试函数，确定被测试的智能合约

在每次测试之前都需要执行该段代码，部署并初始化合约

initialize()的测试函数

decrement()的测试函数

increment()的测试函数

```
  it('Failure on initialization of counter with negative number.',
                                          async function () {
    await truffleAssert.reverts(
       counter.initialize(-1),
       truffleAssert.ErrorType.REVERT,
       negativeValueError,
       negativeValueError
    )
  })

  it('Failure on underflow of counter.', async function () {
    await truffleAssert.reverts(
       counter.decrement(105),
       truffleAssert.ErrorType.REVERT,
       negativeCounterError,
       negativeCounterError
    )
  })

  it('Failure on increment with negative numbers.', async function () {
    await truffleAssert.reverts(
       counter.increment(-2),
       truffleAssert.ErrorType.REVERT,
       negativeValueError,
       negativeValueError
    )
  })

  it('Failure on decrement with negative numbers.', async function () {
    await truffleAssert.reverts(
       counter.decrement(-2),
       truffleAssert.ErrorType.REVERT,
       negativeValueError,
       negativeValueError
    )
  })
})
```

测试控制计数器的值>=0 的修饰符

在运行每个测试函数之前，计数器会被函数 beforeEach()设置为 100。该测试中，每个 it()测试会执行一个操作，然后等待结果，并断言(检查)结果是否符合预期。递减函数的 it()就显示了这些内容。观察描述该测试的有意义的字符串参数：'Success on decrement.'。它将计数器的值(已被 beforeEach()函数设置为 100)减去 5。然后它等待这一操作的完成，并使用 assert.equal(...)来检查结果是否为 95。这种语法可用作编写 it()测试脚本的模式：

```
it('Success on decrement of counter.', async function () {
    await counter.decrement(5)
    assert.equal(await counter.get(), 95)
  })
```

观察 it()测试的语法。它有一个测试的描述字符串，以及要执行的函数。因为该函数是一个 async()函数(异步)，因此下一步就是等待递减函数完成的代码，接着是比较结果的 assert 语句，以检查结果是否正确，就是这样。现在，你就可以参照代码清单 10.2 中的测试脚本，使用 it()定义的简单独立测试来编写测试脚本了。

10.2.2 正面测试和负面测试

回顾一下第 3 章中描述的正面测试和负面测试的概念。这里有一些关于制定测试方案的建议，以便你在开发和运行脚本时能够识别正面测试和负面测试：

- 正面测试——确保在给定一组有效输入时，智能合约能够正确执行并符合预期。在测试脚本中，所有这些测试的描述，都以‘Success on’开头。当你运行脚本时，该字符串也会输出。
- 负面测试——确保智能合约在验证和确认过程中能够捕捉到错误，并且当给定输入无效时，函数会进行回退。在测试脚本中，所有这些测试的描述都以‘Failure on’开头。当你运行脚本时，该字符串也会输出。

10.2.3 运行测试脚本

现在，是时候运行测试脚本并检查测试是否通过了。代码清单 10.2 所示的脚本展现了到目前为止所探讨的测试概念。将此脚本保存为 counterTest.js，保存在应用合约目录的 test 目录下(回顾一下第 4 章，该 test 目录是在执行 truffle init 命令时自动创建的)。通用的目录结构如图 10-1 所示。test 目录下有 test.js 脚本(本示例中为 counterTest.js)，该脚本将被自动运行以测试合约。

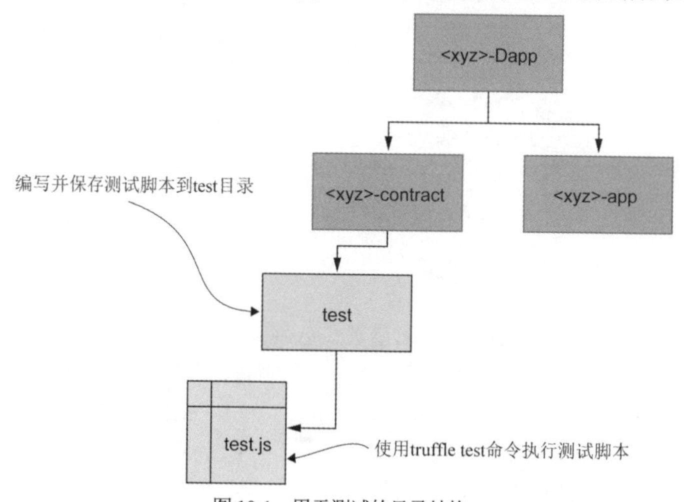

图 10-1 用于测试的目录结构

首先，我们需要启动 Ganache 测试网络，要测试的合约将被部署在该网络上。双击 Ganache 图标，然后单击 Quickstart，随后会看到 Ganache 的用户界面(也可以使用命令行界面来启动 Ganache)。然后输入如下命令(npm install 命令是用来安装 Truffle 的测试模块的)：

```
npm install
truffle test
```

接下来。测试脚本开始自动执行，你会看到测试通过，如图 10-2 所示。truffle test 命令会启动测试脚本，编译并部署合约，然后运行测试脚本。其响应截图如图 10-2 所示。

```
Contract: Counter
  ✓ Success on initialization of counter. (55ms)
  ✓ Success on decrement of counter. (116ms)
  ✓ Success on increment of counter. (132ms)
  ✓ Failure on initialization of counter with negative number. (83ms)
  ✓ Failure on underflow of counter. (71ms)
  ✓ Failure on increment with negative numbers. (65ms)
  ✓ Failure on decrement with negative numbers. (69ms)


7 passing (1s)
```

图 10-2　计数器智能合约的测试输出

你可以观察到 3 个函数的测试和 4 个修饰符的测试按照预期工作，并通过测试脚本函数末尾的断言进行验证。正面测试的输出信息以‘Success on’开头，负面测试的输出信息以‘Failure on’开头。建议在设计测试脚本时遵循这一最佳实践，以识别测试类型。测试结果前的“对勾”表示测试已通过。括号中显示的时间表示执行测试的时间。大于 100ms 的时间将显示为红色，以便你注意到某个测试的时间和成本。当你在真实网络(如以太坊主网)中测试该智能合约时，将有必要注意这些问题。目前，你不需要担心这一数字，因为你的目标是测试智能合约的功能特性，而非时间问题。

接下来，让我们探索其他的测试特性，并强化简单的计数器智能合约引入的测试方法。

10.3　测试投票智能合约

本节会测试第 3 章和第 4 章中讨论的另外一个智能合约：投票智能合约。让我们回顾一下它的功能：登记选民、投票、选出获胜者，以及推进投票阶段等。回顾一下投票智能合约及其函数，然后你就可以学习编写测试脚本了。该合约需要比计数器智能合约更多的测试。除了测试原语 beforeEach()和 it()之外，还需要引入一个新的复合测试原语 describe()。

10.3.1　编写投票测试脚本

让我们研究一下如何对熟悉的投票智能合约进行自动化测试。代码清单 10.3 显示了一个简略的测试脚本。该测试脚本版本显示了此测试的结构，包括一个新的复合测试 describe()是如何与许多 it()结合使用的。注意，describe()是 beforeEach()和 it()测试的组合。之所以会出现这种情况，是因为在投票之前必须要设置投票的条件，在测试获胜者函数之前必须完成投票，等等。

代码清单 10.3　ballotTest.js

```
…
contract('Ballot', function (accounts) {

  let ballot
```

```
beforeEach('Setup contract for each test', async function () {
  ballot = await Ballot.new(3)
});

it('Success on initialization to registration phase.',
                                        async function(){

  let state = await ballot.state()
  assert.equal(state, 1)
});

describe('Voter registration', function() {
  it('Success on registration of voters by chairperson.',
                                        async function () {...

  it('Failure on registration of voters by non-chairperson entity.',
                                 async function () { ...

  it('Failure of registration of voters in invalid phase.',
                                 async function () { ...
});

describe('Voting', function() {
   beforeEach() {}
   it() { }
   it() { }
   it() { }
   it() { }
   it() { } });

describe('Phase change', function() {


   it() { }
   it() { }
   it() { } });

describe('Requesting winner', function() {
   beforeEach() {}
   it() { }
   it() { }
   it() { }
   it() { }
   it() { } });
})
```

在每次测试之前，部署投票智能合约

独立的 it()测试用于检查投票状态/阶段

带有3个it()的复合测试 describe()，用于测试参与者登记

带有 beforeEach()和 5 个 it()的复合测试 describe()，用于测试投票

带有3个it()的复合测试 describe()，用于测试阶段改变

带有 beforeEach()和5个it()的 describe()测试，用于测试公布获胜者

现在，我们来研究一下选民登记的第一个 describe()复合测试。对于一个选民而言，登记工作

- 必须由主席执行
- 必须在登记阶段进行
- 不能由非主席的选民执行

这些测试条件被编码为 describe()测试中的 3 个 it()测试用例。这里选择介绍投票智能合约的测试，是因为它非常适合用来说明 describe()定义的复合测试用例，正如代码清单 10.3 中的另外 3 个测试用例所示。

测试投票智能合约的 vote()函数时，需要在每个 it()之前进行设置，这里通过使用 beforeEach()脚本进行描述。同样，测试 reqWinner()函数需要结合使用 beforeEach()和 it()脚本。测试投票智能合约的阶段改变函数则需要 3 个 it()测试。在设计和定义你的测试脚本时，可将这些测试用作参考示例。

现在，让我们使用 Ganache 和 Truffle 来运行测试脚本，并检查输出结果。

10.3.2 执行投票测试脚本

从代码库中下载 ballot-contract 代码。单击 Ganache 测试链的图标，然后单击 Quickstart。接下来导航到 ballot-contract 目录。使用 npm 命令，安装所需的 node 模块。之后使用 truffle test 运行测试命令。该命令从 test 目录中获取 JS 测试文件 ballotTest.js 并运行它。图 10-3 显示了你输入如下两条命令之后的测试输出：

```
npm install
truffle test
```

```
Contract: Ballot
  ✓ Success on initialization to registration phase. (55ms)
  Voter registration
    ✓ Success on registration of voters by chairperson.
    ✓ Failure on registration of voters by non-chairperson entity. (69ms)
    ✓ Failure on registration of voters in invalid phase. (281ms)
  Voting
    ✓ Success on vote. (189ms)
    ✓ Failure on voting for invalid candidate. (155ms)
    ✓ Failure on repeat vote. (195ms)
    ✓ Failure on vote by an unregistered user. (56ms)
    ✓ Failure on vote in invalid phase. (184ms)
  Phase Change
    ✓ Success on phase increment (99ms)
    ✓ Failure on phase decrement. (51ms)
    ✓ Failure on phase change by non-chairperson entity. (217ms)
  Requesting winner
    ✓ Success on query of winner with majority. (346ms)
    ✓ Success on query for the winner by a non-chairperson entity. (357ms)
    ✓ Success on tie-breaker when multiple candidates tied for the majority. (595ms
    ✓ Failure on request for winner with majority vote less than three. (281ms)
    ✓ Failure on request for winner in invalid phase. (126ms)


17 passing (6s)
```

图 10-3　投票智能合约的测试输出

运行测试后的输出显示了 5 组输出结果，形成了 17 个测试案例。选民登记、投票、阶段改变以及公布获胜者是复合 describe()的测试内容，这代表了投票智能合约的 4 个主要函数。你可根据测试脚本中定义的输出信息来识别正面和负面测试。在输出结果中，测试代码中的 describe()会输出先导信息(选民登记、投票等)。接下来，你需要详细检查其中一个 describe()结构的代码，以了解编写一个结构所需的步骤。

10.3.3 describe()和 it()测试函数

我们来分析一下 describe()函数的部分语法，它包含如下元素：

- 一个 beforeEach()函数
- 一个编码为 it()的正面测试
- 一个编码为另一个 it()的负面测试

首先，在下面的代码段中识别这些元素。注意到每个 it()都是一个异步函数，所以你要等待它完全执行并返回，再使用 assert 语句来测试结果。第一个 it()，演示了一个正面测试案例，即注册账户的参与者成功地进行了投票。而第二个 it()则演示了一个负面的测试案例，即投票者投票给一个不存在的提案号码。因此，后者应该被回退。现在，研究一下代码，了解测试的概念，以学会为你的智能合约编写测试脚本：

```
describe('Voting', function() {
    beforeEach('Setup contract for each voting test', async function () {
      // register two accounts
      await ballot.register(accounts[1], { from: accounts[0]})
      await ballot.register(accounts[2], { from: accounts[0]})
    });

    it('Success on vote.', async function () {
      //Registration -> Vote
      await ballot.changeState(2)
      let result = await ballot.vote(1, { from: accounts[1]})
      assert.equal(result.receipt.status, success)
      result = await ballot.vote(1, { from: accounts[2]})
      assert.equal(result.receipt.status, success)
    });

    it('Failure on voting for invalid candidate.', async function () {
      //Registration -> Vote
      await ballot.changeState(2)

      //number of proposals is 3: must fail when trying to vote for 10.
      await truffleAssert.reverts(
         ballot.vote(10, { from: accounts[1]}), wrongProposalError
      )
    });
```

10.4 回顾测试脚本的编写

现在，你已看到了 2 个例子，让我们来回顾一下测试脚本的结构和编码的方法。测试脚本的一般结构如图 10-4 所示。让我们将这些概念应用于另一个智能合约——盲拍，并进一步熟悉测试脚本的编写技巧。

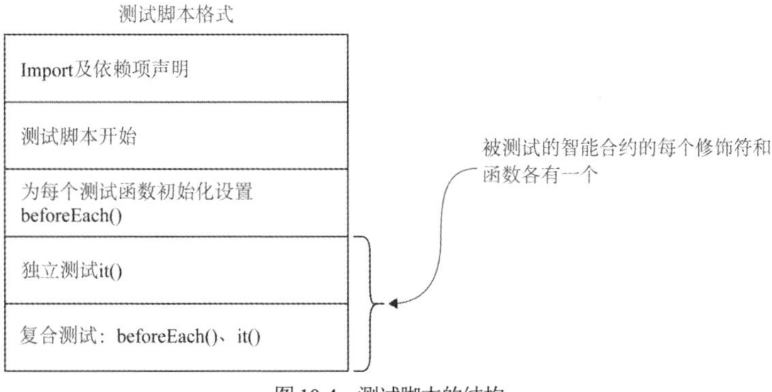

图 10-4　测试脚本的结构

10.5　盲拍测试脚本

你已看到了 2 个编码测试脚本的例子。同时，你也对测试脚本的结构和可用于编码的条目进行了回顾。现在，让我们用另一个例子：我们所熟悉的盲拍示例来巩固这些概念。该智能合约是一个涉及面更广的智能合约，其测试脚本同样复杂。用图 10-4 作为指导来理解测试脚本。该测试脚本所需的依赖项如下：

```
const BlindAuction = artifacts.require('../contracts/BlindAuction.sol')
const truffleAssert = require('truffle-assertions');
```

下一步，是将盲拍的诸多变量初始化。你需要设置最低的竞标者人数和竞标金额：

```
const success = '0x01'
let blindAuction
const onlyBeneficiaryError = 'Only beneficiary can perform this action'
const validPhaseError = 'Invalid phase'
const badRevealError = 'Not matching bid'

// Bidding amount placeholders in ether for fast modification.
let BID1 = 1
let BID2 = 2
let BID3 = 3

// Account placeholders for user accounts for testing
let BEN = accounts[0]
let ACC1 = accounts[3]
let ACC2 = accounts[4]
let ACC3 = accounts[5]
```

完成这些数据定义之后，就可以开始编写测试函数了(代码清单 10.4)。注意，这些函数比计数器和投票智能合约的函数都要复杂。盲拍代表了一种实际应用，其中包含加密和哈希算法。

代码清单 10.4　blindAuctionTest.js

```
beforeEach('Setup contract for each test', async function () {
```

```
describe('Initialization and Phase Change.', async ()=>{
  it('Success on initialization to bidding phase.',async function() {…
  it('Success on phase change by beneficiary.', async function() {…
     it('Success on change from DONE phase to INIT phase.',
                                                     async function()
     …}

  describe('Bidding Phase.', async ()=>{
 it('Success on single bid.', async function () { …
 it('Failure on bid in invalid state.', async function () { …
 }

   describe('REVEAL Phase.', async ()=>{
         it('Success on refund of difference when sent value is >
                                                        bid amount.',
     it('Success on refund when sent value is less than bid amount.',…{
     it('Success on refund if bid amount is less than highest bid.', …{
     it('Failure on incorrect key for reveal.', async function () {
     it('Failure on incorrect bid value for reveal.', async function () {
     it('Failure on reveal in invalid state.', async function () {
 … }

 describe('Withdraw.', async ()=>{
    it('Success on withdraw on loosing bid.', async function () {
 …}

 describe('Auction end.', async ()=>{
 it('Success on end of auction on single bid.', async function () {
 it('Failure on end of auction in invalid phase.', async function () {
 …}

 describe('Full Auction Run.', async ()=>{
 it('Success on run with 3 accounts.', async function () {
 …}
```

让我们来看看代码清单 10.4 所示的盲拍的测试脚本。该测试脚本有常见的 beforeEach()，它允许在执行 describe()描述的每个测试之前部署盲拍合约。现在，从计数器和投票智能合约的例子来看，describe-it 的组合，你应该相当熟悉了。每个 describe()函数都包含多个 it()测试用例，每个测试用例都测试某个条件是成功还是失败。测试类型则反映在 it()测试的字符串信息中，以 'Success on' 条件开头的为正面测试，以 'Failure on' 条件开头的则为负面测试。如代码清单 10.4 所示，由 describe()定义的 6 个测试中，有 5 个用来测试盲拍函数的状态：

- 启动及阶段改变
- 竞价阶段
- 揭晓阶段
- 撤回
- 拍卖结束

每个 describe()都是由数个 it()基于各自的操作和相应的测试进一步定义的。代码清单 10.4 中的第 6 个 describe()，完成了盲拍的整个端到端操作。

对于 withdraw()函数还可以有 2 个测试：一个是竞标赢家试图退出失败，另外一个则是 withdraw()

在不正确状态下失败。这些测试可以留作练习，由你亲自去尝试。

10.5.1　分析 describe()和 it()的代码

从代码库中下载 blindAuctionTest.js，并检查其内容。让我们研究一下竞价阶段的 describe()的 it()，以了解如何定义和编写 describe()测试：

```
describe('Bidding Phase.', async ()=>{
    it('Success on single bid.', async function () {
         // Before bidding
    let balanceBefore = Number(web3.utils.fromWei(await
                   (web3.eth.getBalance(ACC1), 'ether'));
         // Bidding
    let bidInWei = web3.utils.toWei(String(BID1), 'ether');
    let valueInWei = web3.utils.toWei(String(BID1+1), 'ether');
    let hashValue = web3.utils.keccak256(..);
    await blindAuction.bid(hashValue, {from: ACC1, value: valueInWei});
         // After bidding
    let balanceAfter = Number(web3.utils.fromWei(await
                      web3.eth.getBalance(ACC1), 'ether'));
    assert.isAbove(balanceBefore - balanceAfter, BID1+1);
    assert.isBelow(balanceBefore - balanceAfter, BID1+2);});
```

该竞价函数包含 3 个部分：

1. 竞价前的设置或者初始化。
2. 输入竞价用的语句。
3. 等待竞价完成，并检查结果。

这些操作的实际代码段可以从盲拍代码中提取。注意 let 语句所执行的初始化操作。竞价操作本身是异步的，因为交易需要时间来运行并被记录在区块链上。所以你要等待竞价操作完成。当竞价操作完成后，你可以使用 assert 语句(本示例中为 assert.isAbove()和 assert.isBelow())来评估结果。

10.5.2　执行盲拍测试脚本

现在，你已准备好运行测试脚本并观察运行情况了。运行测试脚本的命令，与计数器和盲拍智能合约用过的命令相同。从代码库中下载代码 blindAuction-contract。单击 Ganache 图标，然后单击 Quickstart，启动 Ganache 测试链。之后导航到 blindAuction-contract 目录。使用以下命令来执行测试脚本：

```
npm install
truffle test
```

测试运行后显示了 6 组输出结果，并形成了 16 个测试案例：启动和改变阶段、竞价、揭晓、拍卖结束，撤回以及完整的拍卖执行。每个测试条目都由 describe()表示。每个 describe()都有 1 个 beforeEach()(用于设置测试)和多个 it()测试。每个 describe()都有 1 个有意义的字符串参数，用于指定测试的性质，该字符串的输出如图 10-5 所示，用于识别测试。

```
Contract: BlindAuction
  Initialization and Phase Change.
    ✓ Success on initialization to bidding phase.
    ✓ Success on phase change by beneficiary. (177ms)
    ✓ Success on change from DONE phase to INIT phase. (233ms)
    ✓ Failure on phase change by a non-beneficiary. (64ms)
  Bidding Phase.
    ✓ Success on single bid. (1049ms)
    ✓ Failure on bid in invalid state. (117ms)
  Reveal Phase.
    ✓ Success on refund of difference when sent value is greater than bid amount. (215ms)
    ✓ Success on refund when sent value is less than bid amount. (170ms)
    ✓ Success on refund if bid amount is less than highest bid. (297ms)
    ✓ Failure on incorrect key for reveal. (165ms)
    ✓ Failure on incorrect bid value for reveal. (171ms)
    ✓ Failure on reveal in invalid state. (108ms)
  Withdraw.
    ✓ Success on withdraw on loosing bid. (349ms)
  Auction end.
    ✓ Success on end of auction on single bid. (272ms)
    ✓ Failure of end of auction in invalid phase. (49ms)
  Full Auction Run.
    ✓ Success on simulated auction with 3 bidders (accounts). (754ms)


16 passing (6s)
```

图 10-5 盲拍测试的输出结果

10.5.3 完整的拍卖流程

盲拍智能合约的测试脚本，包括 1 个完整的拍卖测试流程。该自动测试脚本相当于手动对部署的智能合约进行一遍测试。可以打开 blindAuctionTest.js 并按照这里提供的描述操作。脚本中包含了如下测试：

- 盲拍的全面测试，涉及 3 个竞标者账户之间的模拟拍卖。受益人部署智能合约。在竞标过程开始之前，所有 3 个竞标者的余额都被保存起来，以备日后核对。
- 在竞标阶段，每个竞标者决定一个投标值。该值的字符串表示和密码的十六进制值将被哈希，使用 keccak256 函数和一次性密码。竞标中的存款金额将比实际的竞标金额多 1 个 ETH。受益人将进程推进至揭晓阶段。
- 在揭晓阶段，所有竞标者向智能合约发送他们的投标金额和密钥。合约会评估出价的有效性及来源。然后拍卖进入完成阶段。受益人结束拍卖，并将中标金额转入他们的账户。拍卖的结果可被获取。
- 竞标者可以撤回竞标金额。如果投标不成功，该金额将被退回。
- 所有账户的余额会再次被提取。拍卖结果包含赢家的地址(本示例中为 ACC3)和中标金额(BID3)。结束时的余额会被检查。输掉的竞标者的账户余额将接近初始余额，因为只支付了交易费用。赢得拍卖的人所减少的余额，则为投标金额加上交易费用。

在这个完全集成的自动化运行中，脚本在一次测试中使用了盲拍的所有函数，并验证了智能合约能否如预期的那样工作。

10.6 回顾

在所有的 3 个示例中，智能合约的测试都很成功。这种情况在开发阶段可能不会出现，因为团队正处于开发智能合约函数的阶段。在本章讨论的任何一个智能合约中改变一些数值，你就有可能得到一个或者多个测试失败的结果(测试结果输出中出现 X，而非对勾)。因此建议你多尝试。

在测试驱动的开发中，首先要编写测试脚本，然后开发智能合约，以满足测试中指定的要求。当多个开发人员同时开发代码库的各个部分时，就可以将测试作为维护代码库完整性的一种手段。在这种场景下，测试脚本就可以用来确保提交的代码能够符合要求。

测试脚本看起来很复杂，但是这些测试程序都是可执行的脚本，它们能涵盖你在前面几章所做的手工输入测试。本章介绍的测试也是一个正式流程，在将智能合约投入生产环境之前务必要完成。

10.7　最佳实践

测试是基于区块链的去中心化应用开发的一个重要阶段。以下是一些最佳实践：

- 决定要测试的函数。
- 确定要测试的修饰符。
- 编写因正确输入而成功的正面测试代码。
- 编写失败或者回退的负面测试代码(通常是在修饰符或者是 require 语句上)。
- 对测试使用有意义的、简明的描述，并注意这些描述在测试过程中会输出。
- 使用‘Success on’和‘Failure on’来作为正面和负面测试的前缀，以确定测试的类型。
- 对测试文件使用标准的命名约定(<智能合约名称>Test.js)。

10.8　本章小结

- 本章讨论的 3 个测试脚本——counterTest.js、ballotText.js 和 blindAuctionTest.js——演示了如何为智能合约编写测试脚本。
- 测试脚本的主要构建模块或者编码元素是 beforeEach()、it()和 describe()。
- beforeEach()函数由代码定义，用于建立每个测试的初步条件(执行之前)。
- async()、await()和 assert()，有助于在测试期间管理函数的执行。完成测试设置的命令很简单：初始化 Ganache 测试链，使用 npm install 安装所需的模块，然后使用 truffle test 执行测试代码。

第 11 章

Dapp 开发路线图

本章内容：

- 在路线图的指导下浏览端到端的 Dapp 开发
- 设计和开发一个教育认证的应用
- 在本地测试链上开发一个测试驱动的原型
- 配置和转换原型 Dapp 以进行公开部署
- 创建一个可分发的网络应用，以支持分散的参与者

本章提供了一个从头到尾的 Dapp 开发路线图。在前面的章节中，你学习了如何设计、开发、部署和测试智能合约及去中心化的网络应用(Dapp)。你了解了区块链技术的核心理念及其应用，也探索了各种各样的应用，从一个简单的计数器到资产代币化等。你还学习了用于智能合约编程的新语言 Solidity，以及用来处理和测试合约的 Remix、Truffle 等工具。但区块链编程不适用于数据密集型的图像处理，也不适用于计算密集型的科学计算。以智能合约为例，使用智能合约来存储多维图像的处理操作，或者进行长时间的复杂计算，都不是好的做法。

在本章，我们会将所有这些概念都放到一起，不仅能加深对所探讨概念的理解，还能理解区块链编程与传统网络应用开发的不同之处及其原因所在。

区块链编程，并非是将任何用高级语言(如 Java)编写的程序移植到用 Solidity 或者类似语言编写的智能合约中。区块链编程需要仔细选择要记录的数据和交易，以及要验证和确认的规则。你将研究一个真实的教育证书应用。你可以应用之前学到的知识和技能来设计、开发、本地部署、公开测试，并与去中心化的解决方案进行交互。本章将使用一个真实世界的用例来总结端到端的开发，为基于以太坊的去中心化应用开发提供详尽的开发路径，并以路线图为指导。你可以下载包含了相关步骤全部说明的完整代码库，并按照说明操作。

下面，我们从选择教育认证场景的动机开始讲起。

11.1 激励场景：教育证书

教育资格认证是一个涉及较多问题的领域，受到全世界人民的高度关注。它在各个层面上都有着不同的利益相关者，从政府机构到在线教育提供商、传统大学、学生注册者等。如此庞大的问题

通常由许多小问题组成，而其中一些问题可以从区块链解决方案中受益。本章介绍的基于区块链的解决方案适用于大型传统系统，可提高特定子系统的可扩展性和效率。

你可能想知道教育证书或者其他证书与区块链有什么关系。关系有很多。现如今，人们很幸运地借助各种数字媒体和课堂来享受许多学科和技能的在线课程。虽然在过去的十年里，教育交付的手段已多种多样，但是评估这些证书和进行学位审计的大多数方法，却依然要靠手工完成，或者是由传统的应用，使用存储在传统的学生数据库中的记录完成。我们需要这样一个独立的应用，学生和其他关键的利益相关者(顾问)能在没有集中式数据库的帮助下验证证书，例如通过一个证书或者学位课程项目跟踪学习进度。

你可以编写一个传统的网络应用，通过使用来自中心化学生数据库的数据来解决这一问题。但也要考虑到以下情况：

- 该计划的参与者是分散的。
- 课程或者证书来源于许多教育资源(如在线课程和工作经验)。
- 参与者和任何传统的机构(如大学)没有关系。

这些特点催生了去中心化的应用，它可以独立验证学生是否达到了学位或者证书的要求。该应用是一个自助工具，供学位或者认证路径中的关键利益相关者监控项目的进展。

本章的用例是布法罗大学的一个真实证书项目。该证书项目是针对数据密集型计算设计的(网址见链接[1])。这里使用这一场景，是为了激励你在自己的环境中寻找可通过区块链解决的问题。并从基于区块链的方法中受益。这是本章要达到的基本目标。

11.2 路线图

第 2~10 章介绍了基于区块链的 Dapp 开发中的各个要素。在本章中，所有这些要素将被组合起来解决一个单一的问题。将这些概念放在一起是一个挑战，所以这里提供一张路线图来指导你完成本章的内容和 Dapp 的开发过程。图 11-1 所示的内容与本章各节完全对应，每一节都展示了路线图中的一项任务。在开始下一节之前，可先回顾一下该路线图。

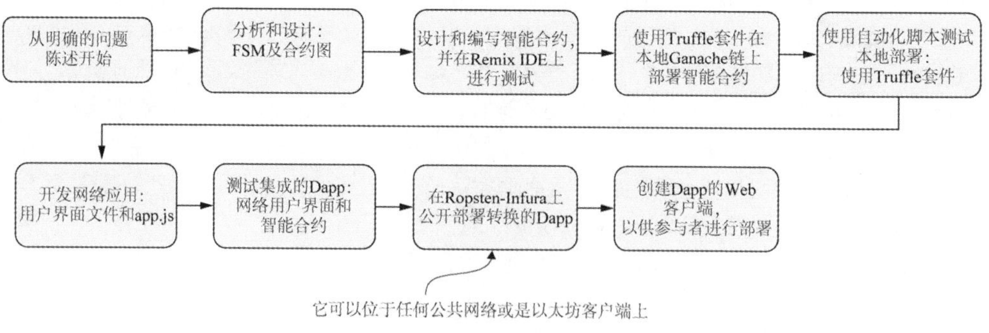

图 11-1 为以太坊区块链开发 Dapp 的路线图

图 11-1 显示了从 Ganache 测试链上的部署到公共实现的路线图(使用公共网络 Ropsten 和将 Infura 作为 web3 提供商)。虽然本章使用 Ropsten 网络，但你依然可以选择使用其他公共以太坊网络，包括主网，只需要配置你的部署即可。路线图将帮助你了解本章内容，也有助于你清楚未来的 Dapp 开发。

11.3　问题描述

让我们首先阐明要解决的问题。

问题陈述　该项目是一个本科级的数据密集型计算认证(Data-intensive Computing Certificate，DCC)，要求注册者完成 4 类课程，并且这些课程的平均分(GPA)至少达到 2.5。虽然该项目的细节在本科招生页面中已有说明，但是没有传统的工具来验证证书的完成情况。该项目的目的是建立一个独立的基于区块链的工具，以便任何对该认证项目感兴趣的学生都可使用该工具。参加认证项目的学生可以在任何地方通过应用程序自行检查他们的认证进度。

换言之，任何本科生都可以评估他们

- 是否有资格注册该证书，并计划他们未来的课程
- 在完成课程后，他们在认证项目中的进展情况
- 认证的完成情况，包括要满足的 GPA 需求和完成所有课程的需求

注意　这种情况下，学生并没有违反家庭教育权利和隐私法(FERPA)的法律或是任何其他规定，因为他们只会处理自己的成绩，不会访问中央学生数据库。

按照传统的办法，学生必须安排一个一对一的顾问，以核实他们对认证的履行情况。如果有成千上万的学生想报名参加认证课程，那么这种模式就不是一种可扩展的解决方案了。而 DCC-Dapp 将为学生和顾问节省时间，并简化部分人员的认证过程。更重要的是，记录在区块链上的凭证可成为宝贵的资源和机构数据，用于未来的课程规划、咨询和资源规划分析。

11.3.1　DCC 应用的背景

该问题有一个具体的背景，而我掌握了第一手的资料，因此很幸运地能提供一些具体的细节。图 11-2 给出了认证项目的概况。该认证项目需要认证 4 类课程和这些课程的最低 GPA。任何利益相关者，无论是学生还是顾问，都可以在第一次使用应用程序时以分散的身份注册，然后在随后的时间内登录，添加课程，并请求验证。如果输入的课程符合要求，GPA 将被计算和验证。该 DCC 系统与大学的中央数据库完全不同，所以不会对后者构成任何安全或者法律威胁。

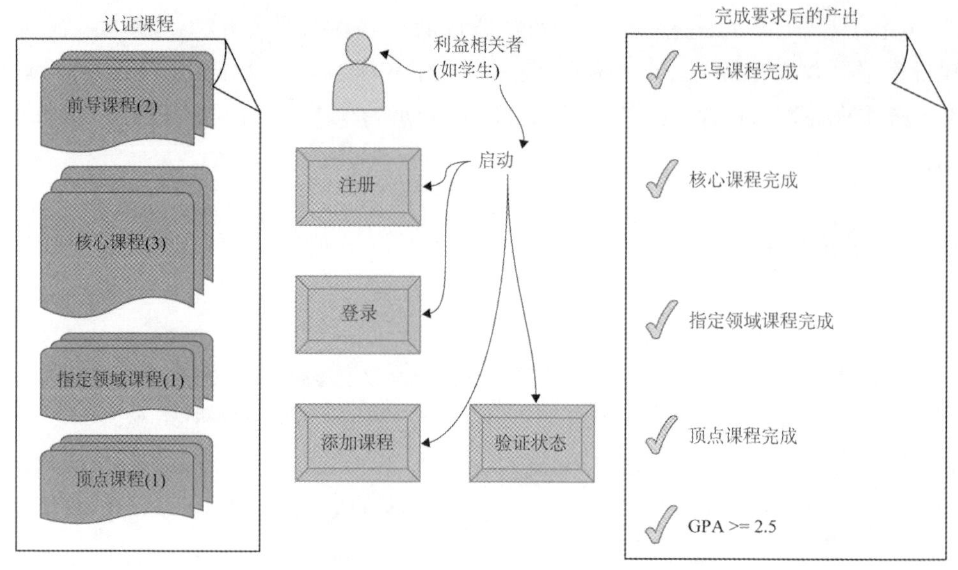

图 11-2　DCC 概念：认证课程、利益相关者函数及输出

回顾图 11-2，想象一个用户(如一名学生)使用该独立于中央系统的自助服务工具。该工具将决策过程交由学生来处理，这样便消除了中间人(顾问)。这种情况能够鼓励更多的参与者加入，因为信息对于潜在的参与者而言都是透明的。区块链记录提供了有价值的额外数据，包括时间线和交易细节。这些数据可用于对由许多分散的用户发起的操作进行数据分析，从而提供更好的服务。

让我们来设计该问题的解决方案，以下简称 DCC-Dapp(数据密集型计算认证 Dapp)。

11.3.2　设计选择

为解决这个问题，你可选择：

- 一个独立于中央系统的移动应用
- 一个与中央学生管理系统整合的网络或者企业级应用
- 一个独立于中央系统的基于区块链的去中心化应用

前两种选择是传统的，最后一种提供了移动应用的独立性，同时可在区块链的不可变账本上跟踪交易。这就是你将在下面章节中探索的设计。

11.4　分析与设计

现在，让我们应用你到目前为止所学的设计原则来设计一个解决方案。以图 11-2 所示的 DCC-概念为指导，确定角色、规则、资产和函数。这一步将帮助你思考问题，并设计出合约图及其要素：

- **角色**——DCC 的角色由学生、顾问和任何想了解 DCC 认证项目的人定义。这些人是该大学的相关人员，可通过学生管理系统中的个人编号识别其身份。需要注意的是，我们希望该工具是为对 DCC 项目感兴趣的学生或者在读学生准备的，将由学生使用。大学系统中的个人编号身份，是连接 DCC 应用和更大的大学管理软件的纽带。DCC 的每个用户都拥有一个 256 位的去中心化的(自助生成的)全球唯一的身份，该身份与他们所在大学的个人号码对应(回顾第 8 章中使用网络工具生成的去中心化身份)。

- **规则**——第一条规则是关于用户身份的。学生用个人号码进行自助注册，个人号码是大学系统分配的身份。该规则允许将注册用户的去中心化区块链身份映射到中心化系统的个人编号上。第二条规则是，只有注册用户(validStudent)才能在 DCC 应用中添加课程。

注意　区块链交易的 msg.sender 属性会存储交易发送者的 256 位去中心化身份。

- **资产**——资产包括课程类别、每个类别的课程要求，以及 GPA 数据。每个拥有(基于区块链的)去中心化身份的学生用户都有自己的一组数据：
  - 有效的课程和成绩的数据结构
  - 关联他们的 256 位地址与相应的个人号码的映射
- **事件**——用户是否满足课程类别的要求，是通过发出一个事件来表示的。发出的事件被记录在区块中。这些日志被用来通知用户以及进行分析。事件可以在完成每一类课程时发出，也可以在完成认证时发出。发出的事件可以采用通知的形式在用户界面上显示认证状态。

11.4.1　操作流程及有限状态机

让我们使用一个有限状态机(FSM)图来研究 DCC 的操作及其流程(见图 11-3)。该图也能够让你对用户的交互顺序有一个大致的了解。

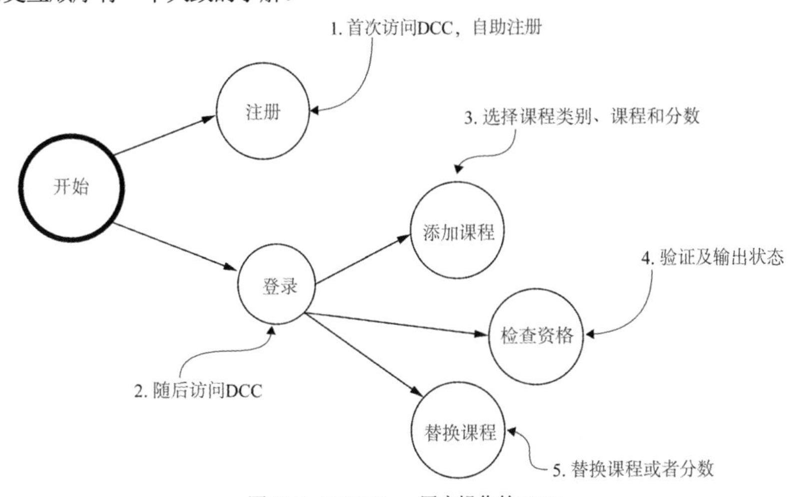

图 11-3　DCC-Dapp 用户操作的 FSM

该 DCC-Dapp 是一个长期运行的项目，因为完成所需课程可能需要 4 年之久。更重要的是，大学可能需要一个关于 DCC 时间线和参与度的历史分类账本。用户可使用该 DCC-Dapp 查看他们通过认证项目的进度。在这种背景下，需要以下函数，与图中的编号顺序对应，如图 11-3 所示：

(1) **注册**。用户通过一个 256 位的去中心化账号地址注册他们与大学或者机构相关的个人号码。该操作只在流程开始时执行一次。

(2) **登录**。对于后续访问 DCC-Dapp，需要使用个人编号和匹配的去中心化身份登录。否则，登录将被拒绝。

(3) **添加课程**。为添加一门课程，以加入认证项目，用户需要在课程中输入类别、课程和分数。

(4) **检查资格**。该函数按照5个标准来确定用户在认证项目中的进度：4个课程类别和总的GPA。

(5) **更换课程**。该函数用于更换认证项目中的一门课程。用户可能会增加一门不同的课程，以提高他们的 GPA，或者在重修课程之后更新他们的成绩。

这些操作将指导 DCC-Dapp 的智能合约设计。完成智能合约的设计可能还需要其他支持函数。

11.4.2　合约图

考虑到图 11-3 中描述的函数并结合对角色、资产和事件的讨论，就可以得到合约图，如图 11-4 所示。合约图列出了数据结构、事件、修饰符和合约的函数头。

可以根据问题陈述(见 11.3 节)中的细节来设计 DCC 合约图。

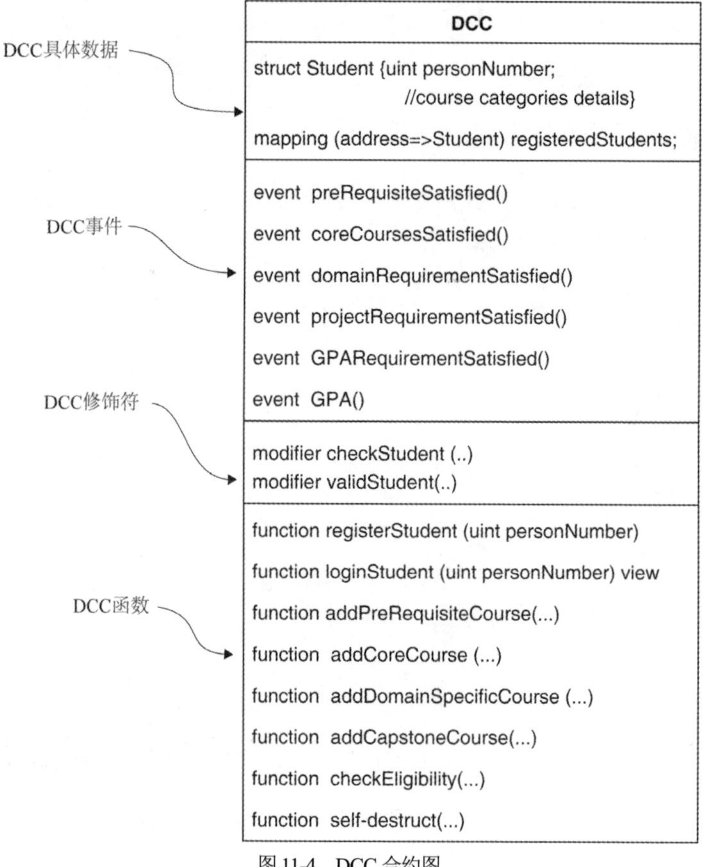

图 11-4　DCC 合约图

11.5　开发智能合约

使用合约图，开发智能合约，并在 Remix IDE 中进行快速测试。在 Remix 中测试成功之后，打开 DCC-Dapp 代码库，查看 DCC-contract 目录下的智能合约。接下来将详细解释这些步骤。

11.5.1　数据结构

代码清单 11.1 显示了存储学生课程数据的数据结构、修饰符、事件，以及函数。这些条目的名称是不言自明的，它们也遵循了驼峰命名法则。

11.5.2　事件

这里定义了 6 个事件，每个类别的课程各有 1 个。当 1 个类别的课程完成时，就会发出 1 个事件。代码中还包含了其他 2 个事件：1 个是当 GPA 满足时发出的事件，1 个是显示当前 GPA 值的事件。

11.5.3　修饰符

这里有 2 个修饰符。checkStudent 只允许学生注册一次，validStudent 只允许拥有有效身份的学生添加课程。换言之，在学生添加任何课程之前，他们的个人号码(大学系统中的身份)和去中心化系统中的身份(256 位的账号)，应该在 DCC 中已注册。

11.5.4　函数

在代码清单 11.1 中，你还可以看到，合约图有添加课程的函数，而不会删除课程。删除一门课程有可能是出于以下情况：

- 对于先导课程和核心课程，可以用较好的成绩来替换当前成绩。
- 用另一门成绩较好的课程来替换当前课程。成绩替换适用于任何课程类别，课程替换则仅适用于特定领域课程和顶点课程。

添加课程的函数本身可以被重用以执行删除或者替换操作。也就是说，如果一名用户在已有的课程类别中添加了一门课程，则原来的课程就会被覆盖。这样，该操作就完成了对课程的删除和替换。当你实施解决方案时，你应该考虑到有可能以这种方式重用函数。还要注意加入自毁函数，这对取消合约很有用，尤其是在公共网络的测试阶段。

在上述这些函数中，addCoreCourse()的代码显示在代码清单 11.1 中。它很简单：如果课程的参数值为 115 或者 116(核心课程)，那么课程的成绩就会更新。课程 115 和课程 116 的变量，除了保存成绩之外不包含任何其他数据，从而最大限度地减少存储。每名学生需要的存储量约为 9 个单词。

代码清单 11.1　DCC.sol

```
contract DICCertification{
    uint constant private MINIMUM_GPA_REQUIRED = 250;
```

每名参与学生的数据结构

```
    struct Student {
        uint personNumber;

        uint prereq115;
        uint prereq116;

        uint core250;
        uint core486;
        uint core487;

        uint domainSpecificCourse;
        uint domainSpecificGrade;

        uint capstoneCourse;
        uint capstoneGrade;
    }
```

从账号地址到学生数据结构的映射

```
    mapping(address => Student) registeredStudents;
```

事件定义

```
    event preRequisiteSatisfied(uint personNumber);
    event coreCoursesSatisfied(uint personNumber);
    event GPARequirementSatisfied(uint personNumber);
    event projectRequirementSatisfied(uint personNumber);
    event domainRequirementSatisfied(uint personNumber);
    event GPA(uint result);
```

修饰符定义

```
//------------------------------------------------
// Modifiers
//------------------------------------------------
    modifier checkStudent(uint personNumber) {
         require(registeredStudents[msg.sender].personNumber == 0,
                                    "Student has already registered");
         _;}
    modifier validStudent(){ //#D
       require(registeredStudents[msg.sender].personNumber > 0,
                                    "Invalid student");
       _;}
```

增加一名学生用户的函数

```
//------------------------------------------------
// Functions
//------------------------------------------------
    function registerStudent(uint personNumber) public
                                 checkStudent(personNumber) {
       registeredStudents[msg.sender].personNumber = personNumber;
    }

    function loginStudent(uint personNumber) public view
                                              returns (bool){
       if(registeredStudents[msg.sender].personNumber == personNumber){
          return true;
       }else{
          return false;
       }
    }
```

```
function addPreRequisiteCourse(uint courseNumber, uint grade)
                                    public validStudent {

   if(courseNumber == 115) {
      registeredStudents[msg.sender].prereq115 = grade;
   }
   else if(courseNumber == 116) {
     registeredStudents[msg.sender].prereq116 = grade;
      }
   else {
      revert("Invalid course information provided");
   }

   ... }

function addCoreCourse(uint courseNumber, uint grade) public
                                            validStudent {
{ ...}

function addDomainSpecificCourse(uint courseNumber, uint grade) public
                                     validStudent {
     ...}

function addCapstoneCourse(uint courseNumber, uint grade) public
                                     validStudent {

   ... }

function checkEligibility(uint personNumber) public validStudent
                                     returns(bool) {
   ...
// courses in each category are examined and event emitted if satisfied
// overall GPA computed if all course requirements are satisfied
  if(registeredStudents[msg.sender].prereq115 > 0 &&
      registeredStudents[msg.sender].prereq116 > 0) {

          preRequisitesSatisfied = true;
          emit preRequisiteSatisfied(personNumber);
          totalGPA += registeredStudents[msg.sender].prereq115 +
                        registeredStudents[msg.sender].prereq116;
...
...
          }}
```

添加课程的函数

确定认证资格的函数

函数编程

从代码库中下载 DCC.sol，并查看它。观察这个简单的数据结构和函数。这里只讨论两个代码段：

- 添加一门先导课程(115 或者 116)。
- 检查 DCC 的先导课程要求的资格。

如下是添加先导课程的函数：

```
function addPreRequisiteCourse(uint courseNumber, uint grade) public
     validStudent
{
       if(courseNumber == 115) {
            registeredStudents[msg.sender].prereq115 = grade;
       }
       else if(courseNumber == 116) {
            registeredStudents[msg.sender].prereq116 = grade;
       }
       else {
            revert("Invalid course information provided");
       }
```

在该函数的标题中，修饰符 validStudent 强制要求该函数的调用者(交易的发送者：msg.sender)必须有一个已注册的身份。传递给该函数的参数为课程编号和该门课程的成绩。函数的主体负责检查课程编号并更新课程成绩，就是这么简单。该代码用于添加一门新的课程(115 或者 116)和替换课程的成绩。最后的 revert 语句用于处理任何特殊或者无效的输入。

在其他类别中添加课程的代码是类似的。以下是测试核心课程完成情况的代码段：

```
if(registeredStudents[msg.sender].prereq115 > 0 &&
      registeredStudents[msg.sender].prereq116 > 0) {

          preRequisitesSatisfied = true;
          emit preRequisiteSatisfied(personNumber);
          totalGPA += registeredStudents[msg.sender].prereq115 +
               registeredStudents[msg.sender].prereq116;
```

在本示例中，代码通过检查记录的成绩是否大于 0 来检查课程 115 和课程 116 的情况。如果这两个课程有成绩，则将标志 preRequisiteSatisfie 设置为 true，然后发出一个事件表明这一事实，并将成绩加起来计算整个认证的 GPA。另外，注意发出的事件以个人编号为参数，这就使得外部应用能够访问发出的事件。

设计选择

智能合约的设计中可使用的数据结构和方法有很多。可在仔细考虑各种选择后，为当前的设计选择最佳的实现方式。以下是为 DCC 智能合约推荐的一些设计：

- **学生数据采用链上结构**——代表该数据的结构可以定义为链下数据，但是为了保证 DCC 数据的安全性和不可变性，链上只存储该数据结构的哈希值。如果数据是链下的，那么验证数据的规则必须是链下操作，而验证也不会被记录在区块链上。所以，应选择在链上保存关于认证课程的最小数据。该数据是较大系统的外部数据库中学生数据的一个小(9 个单词)子集。
- **个人编号与 256 位账号作为事件的参数**——所有发出的事件的参数，都是个人编号与 256 位的账号地址，因为大学以外的更大系统是通过个人编号来识别用户的。尽管这两个选项都可以作为交易发送者的标识，但是在大学系统中，个人编号是一个典型的标识符。从一个非开发者的角度看，如果需要显示出交易细节，那么大学背景下的个人编号更容易让人理解。这就是为什么设计上选择将个人编号作为发出事件的参数。

- 理论上，我们应该在对智能合约进行编码前先创建测试案例，但为了理解 DCC 的概念我们选择先关注智能合约的设计。因此，使用脚本的正式测试是在使用 Remix IDE 进行探索之后进行的。这是我们做出的另外一个设计选择，以帮助更好地理解 DCC 问题。

渐进式添加代码

可通过对函数进行调整来添加本章前面讨论的先导课程，从而逐步地添加其他类别课程的代码。同时，也可以在 checkEligibility()函数中添加代码，以验证课程类别的完成情况，然后发出事件，并按照同一章节中的第二个代码段中探讨的模式计算 GPA。

在 Remix IDE 中进行测试

将智能合约 DCC.sol 载入 Remix IDE 的编辑器中，并调试所有的编译错误。在 JavaScript 虚拟机中部署智能合约，并观察部署后出现的用户界面(如图 11-5 所示)。可以看到一个与合约图中的函数一对一映射的界面，以及代码。可以模拟一名学生执行注册、登录、添加课程和检查资格等操作，以确保所有函数都能够按照预期工作。这个 DCC.sol 的 Remix IDEX 用户界面将作为以后 Web 用户界面设计的指导。

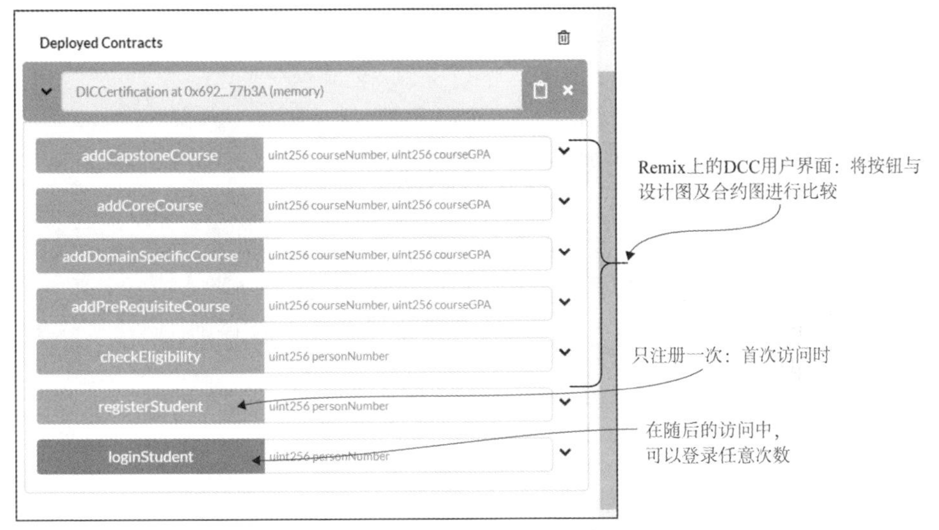

图 11-5　DCC.sol 智能合约在 Remix IDE 上的用户界面

注意，loginStudent()函数就像是一个看门人，它只允许注册的学生添加课程。它是一个视图函数，因此不会被记录在链上。出于审计的目的，也可以保留登录活动的痕迹。那么对于本示例，从函数头的定义中删除关键字 view 即可。

11.6　本地部署

路线图中的下一步，就是从 Remix IDE 导航到本地的 Ganache 测试链上对 DCC.sol 进行测试。现在，你应该已熟悉了这些步骤。单击 Ganache 图标，然后单击 Quickstart，并等待它启动。从本章的代码库中下载 DCC-Dapp-local.zip。解压之，然后导航到 DCC-contract。

执行以下命令：

```
cd DCC-contract
truffle migrate --reset
```

编译和部署 contract 目录中的合约。这里有两个合约：DCC.sol 和 Migrations.sol。当它们被编译和部署时，你会看到几条消息，最后的消息显示两个合约被部署，如图 11-6 所示。这些消息表明两个智能合约——DCC.sol 和 Migrations.sol——已被成功部署。回顾一下，迁移过程本身也被编写成为一个 Solidity 智能合约。下一步，就是测试部署在 Ganache 测试链上的 DCC.sol。

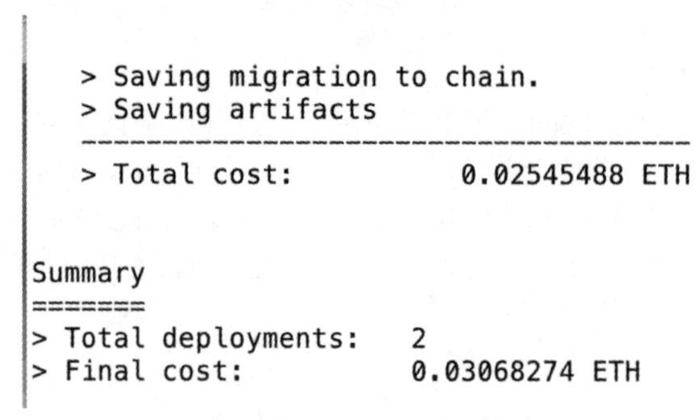

图 11-6 本地部署成功时的输出

11.7 使用 truffle 进行自动化测试

路线图中的下一步，是对智能合约进行自动化测试。在继续开发 DCC-Dapp 的 Web 应用之前，可使用第 10 章中探讨的 JavaScript 来测试 DCC 智能合约(可回顾第 10 章有关自动化的测试驱动开发的内容)。DCC.sol 的自动化测试脚本，在本章代码库的 DCCTest.js 中提供。检查目录结构和 test 目录的内容。在这一步，目录结构应该如图 11-7 所示。

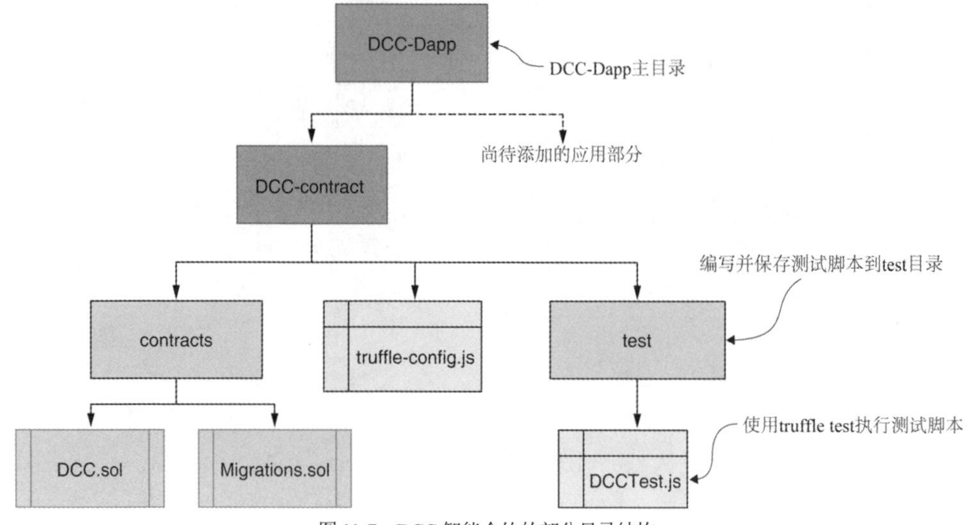

图 11-7 DCC 智能合约的部分目录结构

现在，你已准备好运行测试了。浏览 DCC-contract 目录。确保 Ganache 测试链已准备好。然后运行 truffle test 命令。下面重复这些命令：

```
cd DCC-contract
npm install
truffle test
```

输出显示出了正面和负面的测试。图 11-8 只显示了类别为顶点课程的 38 个测试的部分列表，有些是正面测试，有些是负面测试。DCCTest.js 还包括其他 3 个类别(先导课程、核心课程和特定领域的课程)的测试脚本。试想一下，如果是让你手动运行这 38 个测试会是什么感觉。

```
      Capstone Project
        ✓ Success on adding grade for a capstone course. (52ms)
        ✓ Success on adding grades for 2 different capstone courses. (104ms)
        ✓ Success on adding grade for a capstone course twice. (100ms)
        ✓ Failure on adding grades for invalid capstone course. (96ms)
        ✓ Failure on adding grades for invalid student. (185ms)
    Events and Eligibility
      ✓ Success on capturing emitted event preRequisiteSatisified. (154ms)
      ✓ Success on capturing emitted event coreCoursesSatisfied. (225ms)
      ✓ Success on capturing emitted event domainRequirementSatisfied. (100ms)
      ✓ Success on capturing emitted event projectRequirementSatisfied. (107ms)
      ✓ Success on capturing emitted event GPARequirementSatisfied. (526ms)
      ✓ Success on capturing emitted event GPA. (485ms)
      ✓ Success on capturing emitted event GPA even if GPA < 2.5. (466ms)
      ✓ Success on eligibility criteria. (447ms)
      ✓ Failure on capturing emitted event preRequisiteSatisified with partial data. (158ms)
      ✓ Failure on capturing emitted event coreCoursesSatisfied with partial data. (251ms)
      ✓ Failure on capturing emitted event domainRequirementSatisfied with no data. (49ms)
      ✓ Failure on capturing emitted event projectRequirementSatisfied with no data. (42ms)
      ✓ Failure on capturing emitted event GPARequirementSatisfied with GPA lower than 2.5. (
ms)
      ✓ Failure on eligibility criteria. (254ms)
    Complete runs
      ✓ Success on run with 3 concurrent users. (1461ms)


  38 passing (12s)
```

图 11-8　自动测试 DCC.sol 的输出

回顾一下第 10 章，正面测试的输出信息以‘Success on’开头，负面测试则以‘Failure on’开头。可查看 test 目录中提供的大量 DCCTest.js，并将其作为你未来测试脚本的模型。该脚本包含了单个测试，以及测试整个智能合约流程的完整运行。在对 Web 应用和用户界面进行编码之前，对智能合约进行测试是一个很好的做法。关于编写测试脚本的更多细节，请参考第 10 章。

11.8　开发 Web 应用

现在，你已完成了智能合约的编码和测试，准备好开发 DCC 应用了。关于开发 Dapp 的 Web 应用部分的详细信息，请参阅第 6~10 章。Dapp 包含安装所需模块(package.json)和设置 Web 用户界面(index.js，src)的相关文件。将 Web 用户界面连接到智能合约的 web3 API 调用和代码位于 app.js 中，可以在本章提供的 DCC-app 代码中找到。你可以查看这些文件，并将其用作 Web 应用开发的基础。比较图 11-9 和代码库的目录结构。用户界面设计和智能合约函数决定了 app.js 的编码。智能合约的详细内容在 11.5 节已介绍。现在，让我们先讨论用户界面设计，然后讨论 app.js 代码。

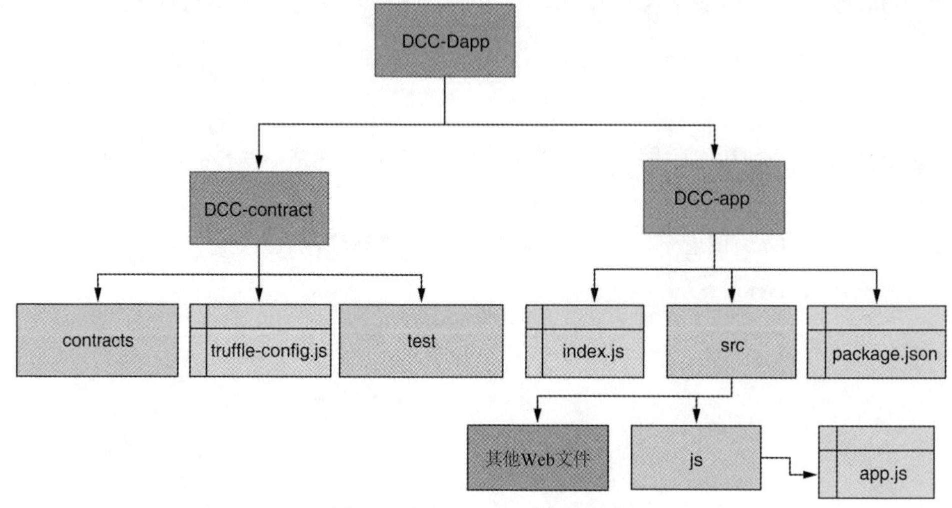

图 11-9　包含 DCC-app 的目录结构

11.8.1　用户界面设计

DCC-app 的打开界面有两个功能——注册和登录，如图 11-10 所示——并且都与相应的智能合约函数同名。初次访问的用户，通过在出现的文本框中提供个人编号来进行注册。后续访问时，用户将再次使用登录功能，并以个人号码为参数。届时，输入的参数值应该已被注册。否则，登录将回退。

图 11-10　DCC-Dapp 的打开界面

注册成功后会打开课程添加界面，如图 11-11 所示。这些界面是仅有的两个用户界面。应保持用户界面设计简约直观。

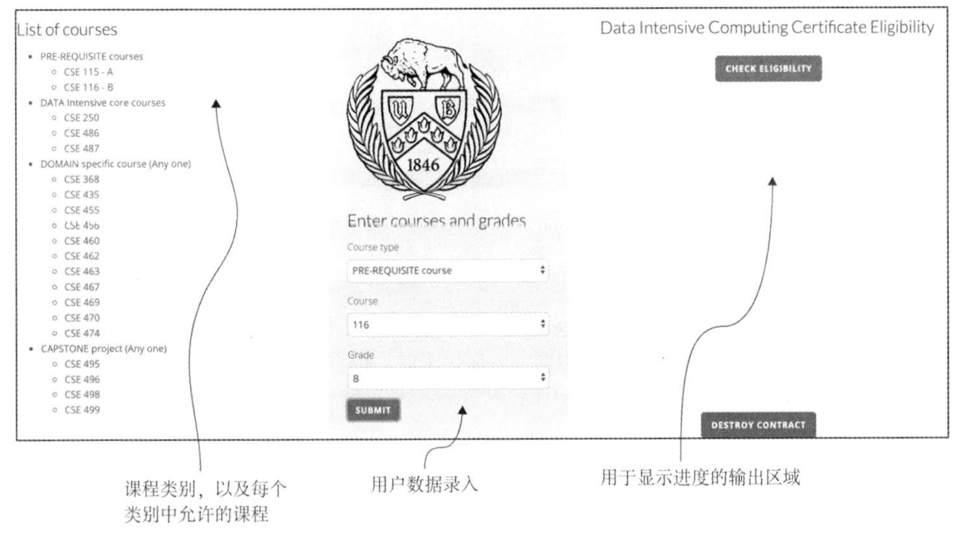

图 11-11　添加课程的用户界面

添加课程的用户界面包含 3 个面板：

- 第 1 个面板列出了课程类别，以及每个类别中允许的课程列表——先导课程、核心课程、特定领域课程和顶点项目课程。
- 第 2 个面板显示大学的标志，下面是用于选择课程类别和每个类别中课程的下拉框。
- 第 3 个面板显示了用于检查资格的按钮和另外一个用于取消合约部署的按钮(销毁合约)。销毁合约只在测试版中出现，不在用户界面的生产版中出现。
- 第 3 个面板的空白处，会显示各个类别课程的完成情况和 DCC 项目的 GPA 要求。

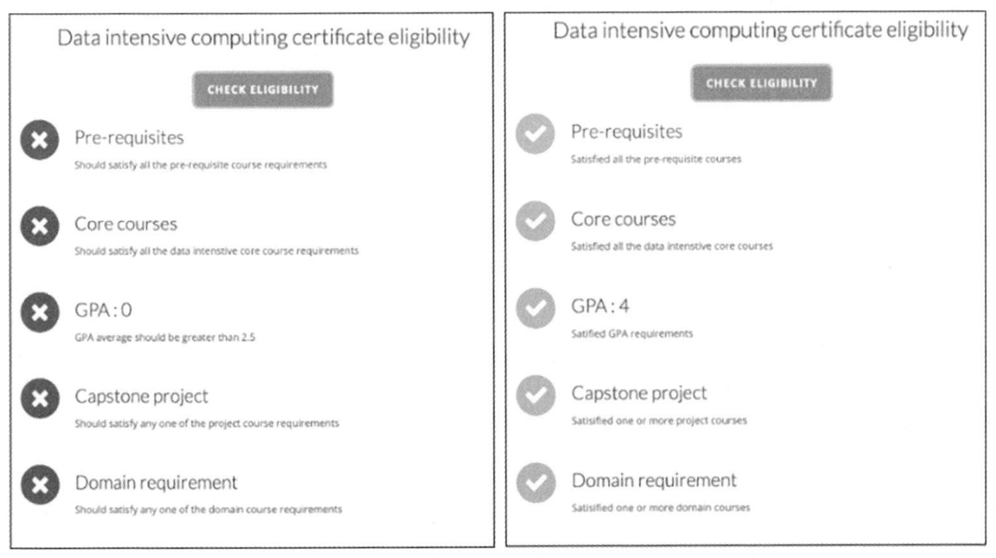

图 11-12　用户界面会显示所有课程要求满足或不满足

现在，如果你在添加课程之前单击 Check Eligibility 按钮，你将看到图 11-12 所示的界面，其中显示认证的所有条件都不满足。最初，当没有满足任何要求时，所有的条目都会显示 X 标记，如图 11-12 左侧所示。当满足所有的要求后，你就会看到对勾标记。当只满足部分要求时，面板中会显示 X 和对勾的组合。如果满足所有课程要求，GPA 就会被计算、验证并显示出来。这些细节如图 11-12 所示。

11.8.2 编写 app.js

你可以为用户界面的结构元素添加代码，并编写代码 app.js，将用户请求链接到智能合约函数上。添加课程和课程类别的用户界面操作，决定了从 app.js 调用的智能合约函数。将添加课程的两个输入作为参数传递给调用的函数。可以在 app.js 代码段中查看这一逻辑：

```
...
else if (course_type == "core") {
      App.contracts.Certification.methods.addCoreCourse(course, grade).send(option).
        on('receipt', (receipt) => {
        App.courseGrades(course, grade);
        })
        .on('error', (err) => {
           console.log(err);
        });
      }
```

该代码段显示了智能合约对 addCoreCourse 的调用，其中课程编号和成绩被用作参数。确认此交易后，成绩将保存在 Web 上下文中以更新用户界面。该代码段是其他 3 类课程编码的模板。还需要 2 个数据文件支持 app.js 代码：data.json 文件维护用户成绩以供显示；grades.json 则将数字映射为字母表示的成绩。你可以找到并查看这些文件。也可使用 JSON 格式将本地数据保存在网络上，这种格式也可以很好地映射到许多数据库中，如 MongoDB。

11.9 测试 DCC-Dapp

我们在前面测试时已部署了智能合约，但为了完整性可重新部署它。确保 Ganache 本地测试链正常运行。现在，在 Node.js 服务器上部署 DCC-Dapp 并测试集成系统。至此，你已熟悉这些步骤：

```
cd ../DCC-app
npm install
npm start
```

打开 Chrome 浏览器(localhost:3000)，使用 MetaMask 恢复账户，使用 Ganache 测试链的助记符。重启浏览器，执行如下操作：

(1) 将 13567890 作为个人编号进行注册。

(2) 使用同一号码登录。

(3) 在界面(中间面板)中为每个类别添加课程和成绩。

(4) 添加课程时，可以随时单击 Check Eligibility 按钮来检查资格。

(5) 可以再次添加课程，之前的条目就会被覆盖。课程的替换就是这样实现的。

(6) 输入所有课程后检查资格。

(7) 对于其他人，你可以注册、登录并输入 C 或者更低的课程成绩。可以观察到 GPA 资格检查失败。

这样就完成了最小测试。相信这个 DCC-Dapp 提供的信息能让学生用户找到创新性的方法来使用该工具规划他们的课程。你可以对 Dapp 进行其他组合的测试，并改进本章提供的基本用户界面设计。

11.10　公开部署

至此，你已完成了在本地测试链上部署和测试 Dapp。现在是时候进入路线图中的下一步了：在公共链上进行部署。我们在第 8 章中探讨了公开部署的细节。你将使用公共链 Ropsten 来部署托管在 Infura 上的基础设施(web3 供应商节点和网关)。在开始公开部署之前，你需要完成如下几个步骤。如果你已准备好了第 8 章中所有这些条目，就可以重用它们。有关 Ropsten 和 Infura 公共基础设施的详细信息，可以参考第 8 章：

- 你需要一个 Ropsten 账户地址和 seed 助记符来恢复该账户(见第 8 章)。将 256 位账号和助记符保存在一个文件(如 DCCEnv.txt)中，以便部署和交互时使用。
- 你必须在 Ropsten 账户中有以太币余额，这可通过 Ropsten faucet 获取(见第 8 章)。
- 你必须拥有 Infura 账户。在 Infura 中进行注册，并创建一个项目，然后记下 Ropsten 端点号码。将端点也保存在 DCCEnv.txt 文件中。图 11-13 显示了一个示例 Infura 端点。

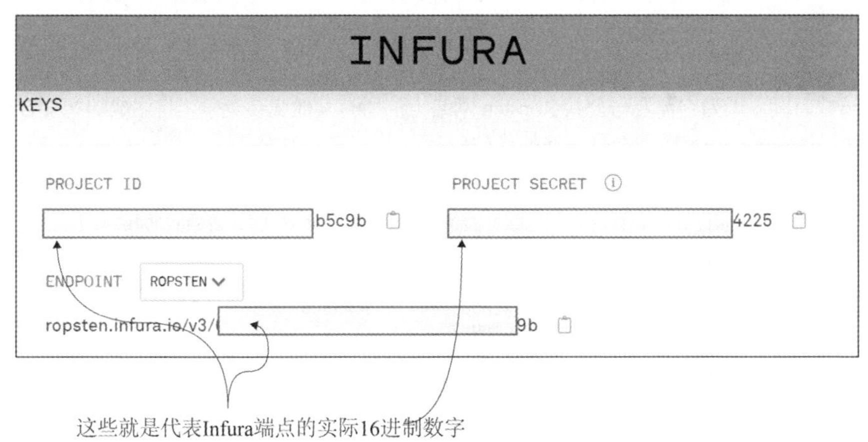

图 11-13　Infura 上的 Ropsten 端点

11.10.1　在 Ropsten-Infura 上部署

在本节中，你将学习转换经过本地环境测试的 Dapp，以在公共基础设施上进行部署。在本示例中，Dapp 即为 DCC-Dapp，web3 提供商和区块链网络分别为 Infura 和 Ropsten。从代码库中下载 DCC-Dapp-public.zip。以下是在 Ropsten 上部署的步骤。解压或者提取 DCC-Dapp-public.zip 中的所有文件，然后导航到 DCC-Dapp 主目录，并使用 DCC-contract 和 DCC-app 执行如下步骤：

(1) 在 DCC-contract 目录中，更新 truffle-config.js 以包含用于账户管理的 HDWalletProvier 和 Infura 项目上的 Ropsten 端点值(如图 11-13 所示)。将 Ropsten 账户的账户助记符保存在名为 mnemonic.secret 的文件中。你可以下载代码清单 11.2 中的 truffle-config.js。查看其更改，并使用特定于你的部署的值对其进行更新。你需要更改两项：助记符和 ropsten-infura 端点。

代码清单 11.2 truffle-config.js

truffle 中的 HDWalletProvider 用于账户管理

```
const HDWalletProvider = require('@truffle/hdwallet-provider');
// file mnemonic.secret contains the ropsten mnemonic for connecting and deploying.
const fs = require('fs');
const mnemonic = fs.readFileSync("mnemonic.secret").toString().trim();

module.exports = {

    networks: {
      ...

      ropsten: {
        provider: () => new HDWalletProvider(mnemonic,
                                `https://ropsten.infura.io/v3/...`),
        ...
```

从 secret 文件中获取助记符

在此处填写 ropsten-infura 端点

(2) 导航回 DCC-contract，并运行命令在 Ropsten 上部署该合约：

```
npm install
truffle migrate --network ropsten
```

注意到消息中高亮显示已部署的智能合约地址(图 11-14)。务必耐心等待，DCC 智能合约的部署需要一些时间，因为它需要与公共 Ropsten 网络上的所有其他交易竞争。将生成的智能合约地址保存在 DCCEnv.txt 文件中(或者你选择的任何位置)，以供下一步使用。

```
1cbe9fe4e101
   > Blocks: 1            Seconds: 4
   > contract address:    0x08E20bf72087aCb5a8F59e8E52d3638DE526e490
   > block number:        7114375
   > block timestamp:     1578857671
   > account:             0x02812c612a84ACbc6EF82878d8645112964843A9
   > balance:             44.000187612995945396
   > gas used:            2513062
   > gas price:           20 gwei
   > value sent:          0 ETH
   > total cost:          0.05026124 ETH


   > Saving migration to chain.
   > Saving artifacts
   -------------------------------------
   > Total cost:          0.05026124 ETH


Summary
=======
> Total deployments:   2
> Final cost:          0.0547271 ETH
```

图 11-14 在 Ropsten 上部署的输出结果

(3) 现在，智能合约已成功部署，接下来导航到 Web 应用部分 DCC-app，并更新 app.js。app.js 使用部署的智能合约地址和应用二进制接口(ABI)来访问智能合约函数。在 app.js 文件的顶部，找到智能合约的地址，并将其替换为新部署的智能合约地址。我们已在 app.js 代码中添加了 DCC 智能合约的 ABI。

(4) 执行命令以部署 Web 应用来访问智能合约。Web 应用将位于你的本地计算机上，但将访问 Ropsten 网络上的智能合约：

```
npm install
npm start
```

(5) 现在，你已准备好使用你的网页、MetaMask 和 Ropsten 账户来与应用进行交互。确保使用 DCCEnv.txt 文件中的助记符在 MetaMask 中恢复你的 Ropsten 网络账户。在开始测试公开部署之前，需要重置账户并重新加载网页。之后，与 Dapp 的交互和之前与本地部署的交互相同。在与 DCC-app 进行交互时，请参考用户界面图(图 11-10 和图 11-11)作为指导。

(6) 需要注意的是，交易需要时间来确认。要有点耐心。你的交易与 Ropsten 上许多其他公共 Dapp 及其参与者的交易并存于网络中。可通过单击 MetaMask 来观察你所发起的交易的状态，它会指示交易是待处理、已确认，还是失败。

这样，就完成了管理员、部署人员或者测试人员对公开部署的测试。但是学生、用户，或者是分散的参与者不必担心智能合约的部署(如步骤 1~3 所示)。他们只需要部署 Dapp 中的 Web 应用的 Dapp-app 部分。这将在下一节介绍。

11.10.2 创建用于分发的 Web 客户端

智能合约仅由管理员部署一次，但被许多人使用。这些参与者和学生用户，只需要部署 Web 应用界面，即可与已部署的智能合约进行交互。该客户端模块位于 DCC-Dapp-app-only.zip 文件中。你可以解压或者提取其中的所有组件。它只有 DCC-app。当你开发一个区块链应用时，你只需要将这一部分分发给用户即可，用户甚至可能不知道这是一个基于区块链的去中心化应用。用户需要安装所需的模块并启动 Web 客户端进行交互。执行 DCC-app 的先决条件是安装 Node.js 和 npm：

(1) 下载 Dapp-app-only 并解压，在 src/js/app.js 中，将智能合约地址更新为 DCCEnv.txt 文件中新部署的智能合约地址，并保存(智能合约应由管理员部署，如 11.10.1 节所述，所以你应该知道智能合约的地址)。

(2) 导航至 DCC-app，并执行如下命令以安装所需的 Node 模块并启动 Node.js 服务器：

```
npm install
npm start
```

(3) 与 11.10.1 节中部署的智能合约进行交互。尝试将该代码库(仅 Dapp-app-only.zip)分发给你的朋友，让他们与你部署的智能合约进行交互。

也可以对已开发或者将来可能开发的其他应用的 Web 客户端使用这些步骤。此外，你只需要将 Dapp 的应用部分——在本示例中为 DCC-Dapp-app——分发给分散的参与者即可。

11.11　回顾

这个基于区块链的项目的代码不仅需要开发许多部分，还要正确地使用技术、工具及配置。这是一个复杂的过程，因此你需要一个带有明确方向的路线图来导航至各个部分。本章提供了该路线图，以及示例代码，来说明路线图中的路径，展示了一个完整的开发流程，从问题陈述到原型的本地部署、测试、公开部署，直至可分发的客户端应用。它将第 2~10 章中探讨的概念集中在一个应用程序中。因此本章可以作为你的 Dapp 开发项目的一站式模型。

11.12　最佳实践

开发 Dapp 时要遵循的最佳实践：

- 仔细检查问题，评估背景，分析传统的解决方案，并讨论任何替代方案(如果有的话)。
- 在开始开发解决方案之前进行设计。使用合约图和状态图等标准图来表示设计。
- 使用 FSM 图和合约图作为开发智能合约和用户界面的指导。
- 对关键文件使用标准的目录结构和位置。对于 XYZDapp，使用 XYZ-contract、XYZ-app、XYZ.sol 和 app.js。
- 使用修饰符来表示规则。修饰符能够回退不符合规则的交易，因此它们有助于防止在区块链上记录不必要的交易。
- 使用和发出事件定义来指示重要的里程碑。这些发出的事件会记录在区块上，可用于用户界面通知，或者是后期的数据分析。
- 仅使用所需的数据结构和操作来设计智能合约。智能合约必须简明扼要，逻辑简单明了。通过创造性地将这些操作移到 Dapp 的非区块链组件(如 app,js)上，可以避免循环和复杂的计算。
- 在将 Dapp 部署到 Ropsten 等公共网络上之前，使用 Truffle 和 Ganache 测试环境测试智能合约的运行情况。
- 在 Infura 等云环境中的区块链客户端节点上部署 Dapp。
- 针对开发目的设计一个简单、直观的用户界面。这种设计能使团队在以后开发出生产质量的用户界面(该主题已超出本书的范围)。
- 在将集成的 Dapp 分发给利益相关者之前，对其进行彻底的测试。只向使用轻量级 Web 客户端或者移动客户端的对等参与者分发客户端应用部分。

11.13　本章小结

- 基于区块链的解决方案，通常是更大的系统的一部分。在本章中，用于推动认证课程的 DCC-Dapp 是更大的大学系统的一部分。
- 路线图有助于针对某个问题分析、设计和开发基于区块链的去中心化应用解决方案。
- 分析问题的角色、规则、数据结构、函数，以及触发的事件，可以指导智能合约的开发。

- 用于添加课程的单个复杂的链下操作被拆分为 4 个较小的智能合约函数(添加先导课程、添加核心课程等)，以便将更简单的交易记录在链上。
- JavaScript 测试脚本和 Truffle 测试工具可帮助实现自动化智能合约测试。
- Dapp 开发包括智能合约开发、本地部署和测试，将合约迁移到生产基础设施上，以及为参与者创建一个可部署的模块。
- 事件、链下/链上数据和操作，以及用于验证和确认的修饰符等技术，有助于设计有效的基于区块链的解决方案。
- Remix IDE、Truffle 套件、基于 Node.js 的包管理、Infura web3 提供商、Ropsten 公共网络，以及 MetaMask 钱包等工具，有助于组织代码库，和实现标准部署和测试的有效代码库配置。
- DCC-Dapp 代码库为你的 Dapp 开发项目提供了一站式的工具、技术和最佳实践。

第 12 章 区块链：未来之路

本章内容：

- 探索去中心化的身份管理
- 理解去中心化参与者之间的共识
- 审查可扩展性、隐私、安全以及机密性
- 分析公共、私有以及许可的区块链网络
- 捕捉区块链概念背后的科学研究

任何新兴的技术在其成熟的过程中都会遇到挑战，区块链也不例外。目前该领域正在开展各种活动和举措，以寻求技术的持续改进。尽管区块链是一项用于可信交易、社交互动和商业的卓越技术，但它也是开放和去中心化的。去中心化参与者的开放性和包容性，是采用该技术要面临的诸多障碍中的两个。部署在区块链上的 Dapp 通过启用可信交易来解决这些问题。现在，你已掌握了前面章节中的内容，可以继续研究区块链栈各个层面的挑战，包括去中心化应用开发、对协议改进的贡献等。

在本章，你将了解一些与区块链应用相关的非功能性属性。在设计和开发 Dapp 时需要注意这些属性。本章将对这些属性、挑战、现有解决方案、潜在机会，以及未来发展方向进行概述。

12.1 去中心化身份

你叫什么名字？你的身份是什么？身份是你与任何系统交互的基本要求，无论是计算机系统还是非计算系统都是如此。在许多日常活动中，例如兑现大额支票，或者是乘坐飞机，你都需要诸如驾照等工具来识别你的身份。你可使用学生证来享受大学的服务。但这些身份往往是由中央机构在验证完你的凭证(例如你的社保号码)后颁发的。对于去中心化的应用，没有为参与者认证身份的中央机构。去中心化系统由未知的参与者组成，他们可能来自世界各地。在这样的系统中，挑战在于如何解决以下难题：

- 为参与者定义唯一标识
- 创建身份标识并分配给参与者
- 让每个参与者都独一无二

- 管理(恢复并记住)身份

在解决上述问题时，区块链依赖于两个基本概念：加密算法和更大的地址空间(256 位和 64 位)。记得第 5 章，参与者的以太坊身份为 160 位。它源自一对 256 位的私钥-公钥，使用哈希算法来确保其唯一性，并且可以自动生成。这种自我管理的身份，表明了传统的中心化应用和基于区块链的去中心化应用之间的重要区别。

12.2 自我管理身份

为理解自我管理身份的概念，让我们创建一个身份并用它来完成一些区块链操作。你还将使用它来收集以太坊加密货币。首先，你需要生成一个私钥-公钥对，并为其生成助记符，然后使用该助记符来提取账户地址以填充 MetaMask 钱包。该助记符代表了你的数字钱包(如 MetaMask)的一组确定的账户地址(确定性意味着给定某私钥的助记符能生成相同的唯一账户)。在第 5 章和第 8 章，你在开发的 Dapp 的环境中执行了如下步骤：

(1) 打开 Chrome 浏览器。

(2) 登录网页(网址见链接[2])。

图 12-1 展示了该网页的截图。可以看到该网络工具也可以为其他代币(加密货币)生成地址。

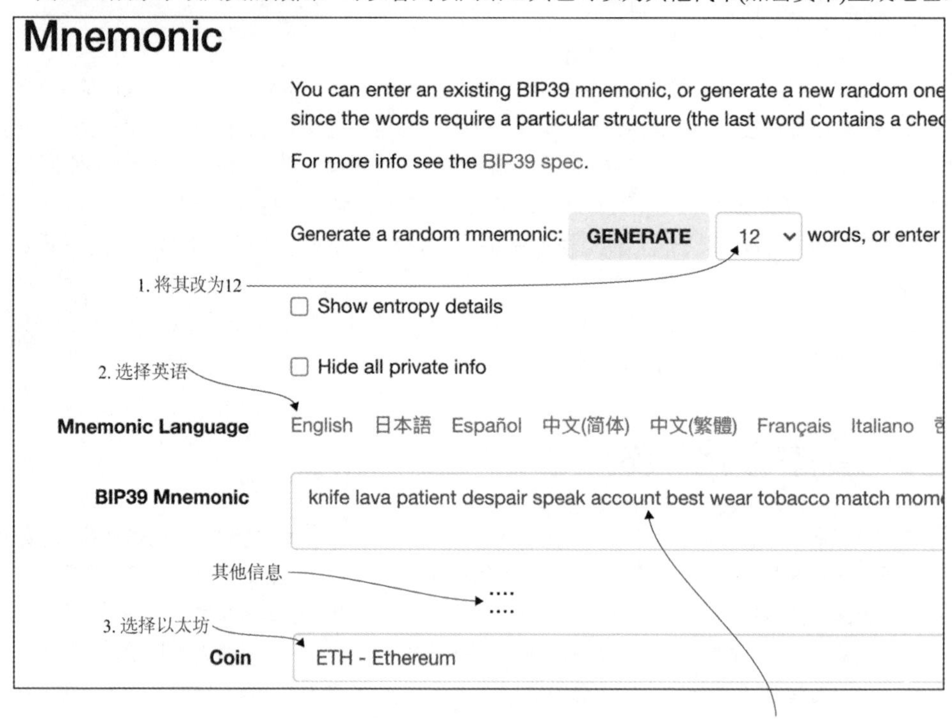

图 12-1 用于从私钥生成 seed 短语/助记符的 BIP39 界面

(3) 做出如下 3 个选择，如图 12-1 所示：

- 选择生成包含 12 个单词的助记符。
- 选择英语作为助记符的语言，然后按回车键。
- 选择 ETH(以太坊)作为代币或者加密货币。

(4) 助记符将出现在 BIP39 的助记符框中。复制它并妥善保管之。

你可使用该助记符来检索账户及其余额。接下来，让我们获取 seed 短语。

保护你的 seed 短语　seed 短语就代表了你的私钥。如果 seed 短语泄露(被盗或者被公开)，那么相当于你的钱包里丢失了一张信用卡。一旦 seed 短语被别人掌握，他人就可以恢复钱包中的账户，并将资金转移。

在接下来的步骤中，你将创建一个账户地址来代表你的去中心化身份。有了这个身份，你就可以收集试用的以太坊加密货币并在 Ropsten 网络上交易。

(5) 单击 Chrome 浏览器中的 MetaMask 图标。

(6) 选择 Ropsten 网络，如图 12-2 所示。

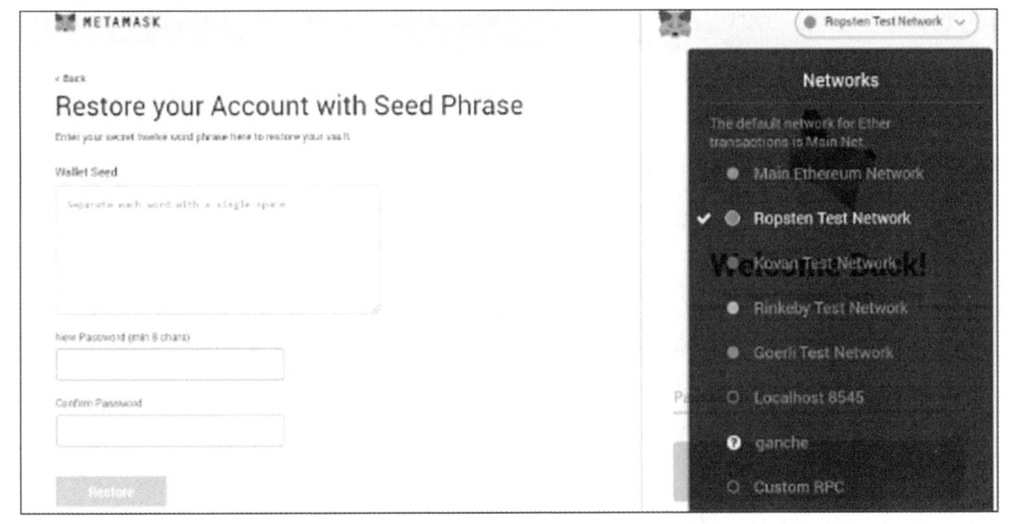

图 12-2　在 MetaMask 钱包中使用助记符来恢复账户

(7) 也可选择其他网络以进一步探索。

(8) 单击 MetaMask 下拉框底部的 Import Account Using Seed Phrase。

(9) 在图 12-2 所示的画面中，输入之前生成的助记符。

(10) 输入密码，重复密码以确认，然后单击 Restore 按钮。你就会在 MetaMask 的下拉框中看到你的账户。

此处显示的账户地址为 0xCbc16bad0bD4C75Ad261BC8593b99c365a0bc1A4。0x 表示后面为十六进制，后面跟着 20 字节或者 160 位的地址。该地址就是你的去中心化身份，你可以与任何应用共享它以与之交互。你可以给出账号，但不能给出代表私钥的助记符。也可创建许多类似于支票账户、储蓄账户、大学账户和家庭账户等的账户号码。

(11) 在 MetaMask 中，单击 Account1 标识，在出现的下拉框中选择创建账户，为自己创建不同的账户或者身份。MetaMask 下拉框类似于图 12-2 中的下拉框，但是带有账户的详细信息。

MetaMask 钱包显示你的余额为 0。你需要一些试用的以太币才能够在 Ropsten 以太坊测试网络上进行交易。让我们从专为此设计的加密货币 faucet 中收集以太币。

(12) 复制你的账户地址，如 MetaMask 所示。你需要该地址来为你的账户收集试用的以太币。

(13) 打开 Ropsten faucet(网址见链接[1])以接收 1 个试用的以太币。

(14) 在出现的框中，输入你在第 10 步中获得的测试网络账户地址，然后单击 Send Me Test Ether 按钮。你需要使用 MetaMask 账户上的连接选项，将账户连接到 Ropsten faucet 上。

账户中将添加 1 个 ETH。你可以在 MetaMask 钱包中查看该余额。

每隔 24 小时你可以领取 1 个 ETH。不断地收集以太币，以方便你继续探索你可能创建的各种 Dapp。

本节前面生成的助记符为你的钱包定义了一组唯一的账户。通过支持 MetaMask 的浏览器和助记符，你可以在任何地方访问这些账户。本节所讨论的解决方案适用于单个用户自助生成身份。

这个生成的账户地址，可以用作任何基于以太坊的区块链网络上的身份。问题在于，用户必须确保密钥短语的安全，就像爱护自己的社保号码一样。因此，管理身份是生产环境中的一个重要概念。为了管理身份，Sovrin 组织定义了一个完整的、自我主权的身份框架，它通过使用你所拥有的数字凭证来提供一个开放的身份管理框架(网址见链接[2])。Sovrin 使用的是一种发行者-验证者-所有者模型来管理身份和信任。

12.3　共识与完整性

共识模型是区块链技术中的热门话题。自我分配的身份使得参与者可以发送交易，这些交易会被区块链(矿工)节点收集到不同的区块中，如图 12-3 所示。在形成的众多区块中，其中之一会被附加到链上。而这一个区块必须是网络中利益相关者都一致认可的区块。接下来我们将探讨这方面的内容。

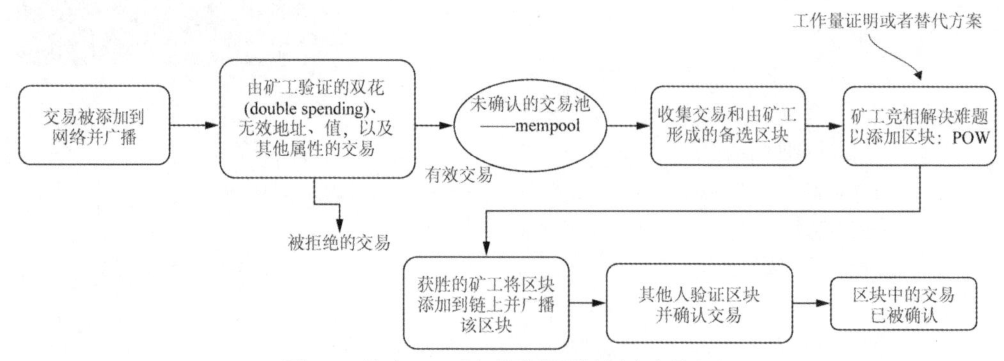

图 12-3　基于 POW 共识模型的区块创建和交易确认

共识，意味着对等参与者意见的一致。这种共识是所有节点就下一个要添加到链上的区块达成的协议，这是一个确保链完整性的过程。为了解决这一问题，人们提出并尝试了不同的共识模型，例如工作量证明(Proof Of Work，POW)、权威证明(Proof Of Authority，POA)，以及权益证明(Proof Of Stake，POS)。

比特币使用工作量证明(POW)来达成共识。图 12-3 显示了 POW 的高级描述。该图显示矿工们纷纷参与竞争(通过解决计算难题)来将下一个区块添加到链上。POW 是计算密集型的，这就导致用于解决 POW 难题以获得下一个区块开采权的大量专用计算机机架上会产生巨大的功耗。据估计，比特币挖矿所消耗的能源，与爱尔兰整个国家每天消耗的能源一样多。这就是问题所在。下面探讨 POW 方法及两种替代方法。

12.3.1 POW

POW 算法从十多年前问世以来一直在比特币中发挥作用，以太坊自发布以来也一直使用 POW。POW 是许多正在提出的共识算法的基准，因此本节先回顾一下 POW。POW 的工作原理：计算区块头元素(固定值)和 nonce(可变值)的哈希值 H。

(1) H = hash (header, nonce)，其中，nonce 是区块头中的一个可变参数。

(2) 对于以太坊来说，如果 H < = function(difficulty)，表明矿工已解决了这一难题，跳转到第 4 步。其中，difficulty(难度)是区块头中的一个可变参数。

(3) 否则更改 nonce，并重复步骤 1 和步骤 2。

(4) 难题已解决。

虽然在第 2 步中很难找到解决问题的组合(header, nonce)，但是验证却很容易。假设 2^{128} 为 function(difficulty)，那么你如何验证哈希值 H<= 2^{128}？检查 H 的前导 128 位(即 256-128=128)是否为 0。注意，所有的数据和计算都是 256 位的。在以太坊的较新版本 Istanbul 中，计划是使用 POS(见 12.3.2 节)。

12.3.2 POS

在权益证明(POS)中，由拥有最多权益或者账户中拥有最多代币的节点选择下一个要添加到链上的区块，因此称为权益证明。POS 的理念是权益最大的节点不会有恶意行为，不会冒风险来分化网络。相反，轮询策略用于避免权益最大的节点实现垄断。同 POW 一样，交易费用会支付给矿商(是的，是矿商，而非矿工)，而没有矿工费用。POS 方法有望实现环保和高效。

12.3.3 拜占庭容错共识

实用拜占庭容错(Practical Byzantine Fault Tolerance，PBFT)已被证明可以容忍随机或者拜占庭节点故障(包括恶意节点)。在 PBFT 中，节点会选出一个领导者，该领导者将下一个区块添加到链上。节点之间会交换消息。这些消息与保存的状态一起，用于在出现随机独立故障，或者是坏节点时达成共识。选中的节点会添加下一个经过验证的交易区块。PBFT 在 Hyperledger Fabric 等许可区块链中很流行。

如你所见，共识是区块链协议中的核心组成部分，高效的共识算法对于区块链的完整性和可扩展性至关重要。可扩展性是我们要讨论的下一个挑战。

12.4 可扩展性

可扩展性是阻碍区块链广泛应用于商业应用的瓶颈。许多企业担心区块链协议、基础设施、网络和节点能否提供与信用卡交易类似的成功交易率。要知道，平均交易确认时间取决于平均区块时间，即区块确认时间。如图 12-3 所示，交易被打包在一个区块中，区块被附加到链上。已确认的区块中，所有交易都有该区块的时间戳。在应用中使用交易确认时间进行验证时，必须注意这一点。

定义 可扩展性是系统在任何负载水平下都能够令人满意地执行的能力。在区块链中，负载(load)可以是交易时间、交易率、节点数量、参与者及账户数量、交易数量，或者其他属性。

就区块链而言，从业者关心的是交易率或者是每秒交易数量。该指标对于从支付系统到供应链管理的许多应用都至关重要。因此，我们将每秒交易数量作为可扩展性的指标。

区块链承担了中介机构的责任，包括交易确认、验证，以及记录。区块链完整性的共识过程，是另一个耗时的功能。与集中式系统相比，所有这些功能都需要花费时间，导致交易确认时间剧增。交易按顺序执行，而全部节点要存储整个链。因此，与中心化应用相比，区块链的交易率并不令人满意，这就会影响到可扩展性。在本节中，我们将研究一些解决可扩展性问题的方案。

图 12-4 显示了 etherscan.io 从 2016 年 1 月到 2020 年 7 月的平均交易时间，平均区块时间从 2020 年的 12 秒到 2017 年的最长 30 秒不等。信用卡交易可以在不到 1 秒的时间内确认，而以太坊平均需要 10 秒。预计在最新版的以太坊中，每秒的交易数量可以达到 3 000。但是 Visa 信用卡网络每秒能处理 65 000 笔交易。因此，可扩展性是一个需要被重视的领域，这也是你能够贡献创造性解决方案的机会。

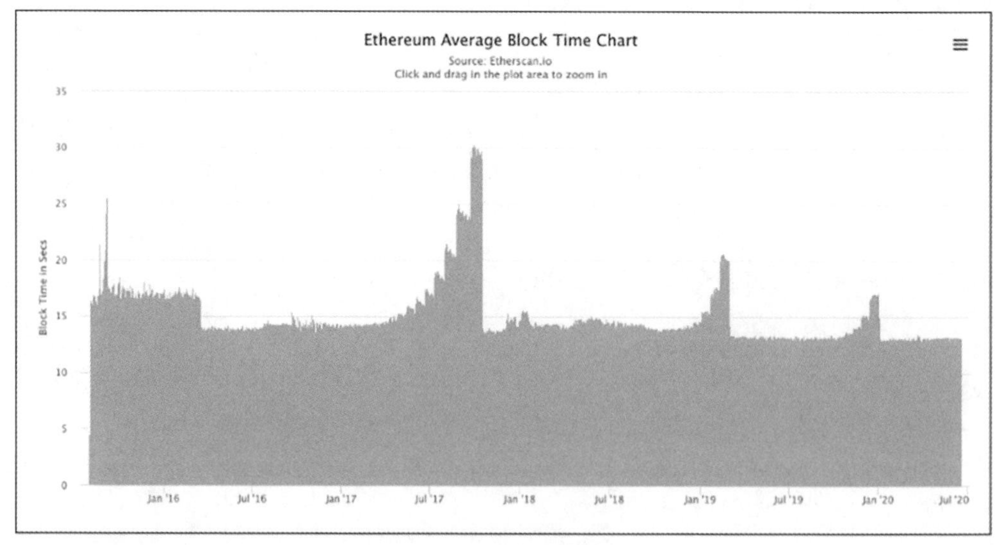

图 12-4 以太坊平均区块时间图

12.5　可扩展性解决方案

对此，人们提出了很多解决方案，其中不少已在生产网络中投入运行。可以说，以太坊社区正在努力解决可扩展性问题，所提议的解决方案已涵盖栈的所有级别。

12.5.1　旁路通道

旁路通道(Side Channel)是区块链应用层面的解决方案。例如以太坊的状态通道和比特币的闪电通道。其理念是只在链上保留相关交易，以便确认和记录。可信方之间的其他交易则存放到旁路通道上，从而减少主通道上的交易负载。链下事件的概要信息周期性地与主通道上的交易保持同步。链下通道的交易速度比区块链网络上的交易速度快很多，因为不需要在区块链的分布式账本上达成共识或者记录。

回想一下，你在第 7 章中使用了 MPC-Dapp 的旁路通道。该 Dapp 在一定程度上解决了应用层面的可扩展性问题。至此，你已掌握了在开发 Dapp 时应用旁路通道概念的知识和技能，如 MPC-Dapp 中所示。可以尝试在与 Dapp 开发相关的地方使用旁路通道模型。

12.5.2　区块大小

增加区块的大小是一种协议层面的解决方案。既然交易时间取决于区块时间，那么为何不增加区块的大小来容纳更多交易，从而增加每个区块的交易数量呢？其理念是将区块大小增加一倍，并将区块头中的数据隔离存储(Segwit2X)，以便在一个区块内容纳更多交易。

12.5.3　网络速度

提高网络速度是网络层面的解决方案。研究人员认为，可扩展性是一个网络层面的问题，增加互联网的带宽将有所帮助。其理念是，更高的网络速度可能会导致更快的交易和区块中继，从而实现更快的共识和区块选择。你有很多机会可以在网络和协议层面为现有的或者新的可扩展性解决方案做出贡献。

12.6　隐私

当我向任何人介绍区块链时，最常被问到的问题就是关于隐私的。公共区块链是一个开放的网络，任何人都可以加入和离开，那么如何保持其私密性呢？我经常用另一个问题来回答：你如何在现实生活中保护隐私？方法是，不允许别人看到。

解决隐私问题的一线解决方案，是对加入区块链并在区块链中交易的人进行限制和控制。这也是区块链的解决方案。以区块链上的民主投票系统为例，国家的投票区块链网络没有必要向全世界开放，该网络应该为该国家/地区的合法或者许可的公民所私有。因此，我们就有了许可区块链，这引入了支持隐私的第一道防线，即区块链的 3 种主要模型：公共、私有和许可。

12.7　公共、私有和许可网络

比特币(也称为无许可区块链)是公共区块链的一个示例。比特币区块链的主要目的，是支持去中心化的点对点支付系统。它旨在成为一个透明的、不需要许可的公共系统，任何人都可以按照自己的意愿加入和离开，就像其他不记名支付系统一样，如现金交易等。例如，如果你在商店购买的商品用现金支付，那么就没有人要求你签名，或需要你授权。同样，比特币支持点对点数字支付系统，而不需要任何中介机构。

当区块链的用例从简单的支付系统扩展到个人医疗保健系统和金融系统等业务领域时，隐私和限制访问就变得很有必要。即使在公共支付系统中，很明显整个链条也不必与所有的参与者都相关。例如，布法罗学区的商业交易，可能就与内罗毕旅游局无关。这些想法和思路就导致了许可区块链的创建(图 12-5)，其中只有获得许可的参与者才能够进行交易并参与区块链的操作。

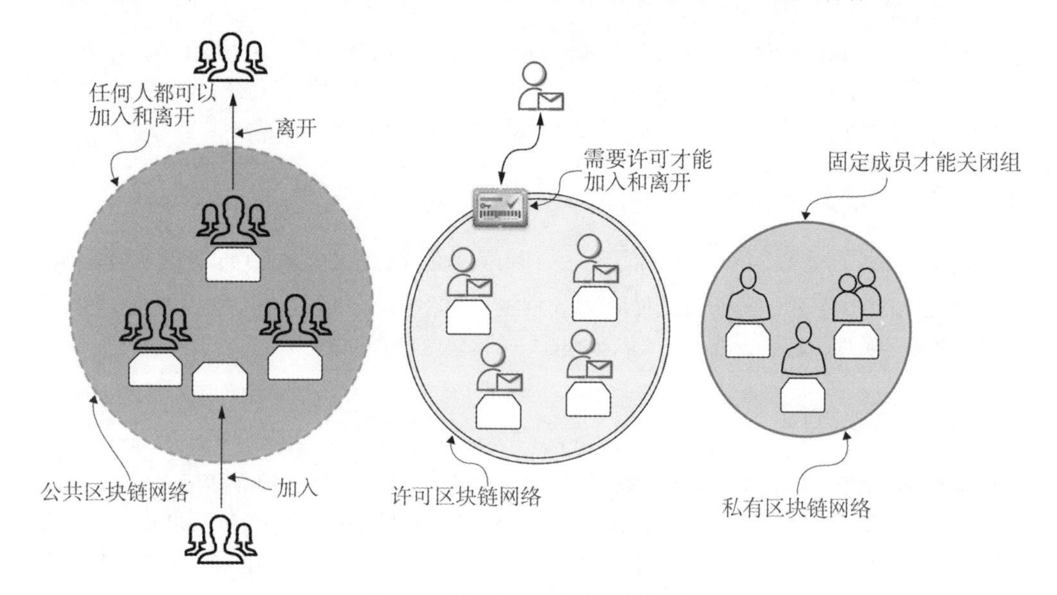

图 12-5　公共、许可和私有区块链网络

基于其在特定垂直业务领域(如汽车或者食品服务联盟)的日常用例，许可区块链也被称为联盟区块链。第 2 章和第 6 章介绍了 ASK 航空公司联盟，这就是一个适合许可区块链的 Dapp。对于第 7 章的微支付通道，公共区块链就更为合适。

第 3 种类型，私有，是许可网络的极端情况，其中的成员经过高度筛选，通常是有限且永久的。尽管专家声称私有区块链与已知参与者的中心化系统没有什么两样，但是它依然具有实用价值。有时，信任非常重要，即使是在已知的或者相关的同行之间，例如家庭成员、公司董事会，或者是从事国家安全敏感问题的一组研究人员之间也是如此。例如，你可以在一组封闭的实体中开发一个私有区块链来记录审议和决定，以便稍后使用，或在某些情况下用于诉讼。当会员人数较少，且为私有区块链时，最重大的问题莫过于 51%攻击。此时，少数成员可能更容易勾结从而使得链条出现不一致现象。

所有这 3 种类型的公共区块链——无许可、许可和私有——都与区块链应用领域息息相关。它们的主要区别在于确定成员资格的方式。通过采用封闭成员制，有可能实现比比特币的 POW 更高效的共识机制，而 POW 需要消耗大量的电力。但是在一个封闭的、私有的系统中，你就又回到了信任少数指定参与者的状态，就像在一个中心化系统中一样。在决定哪类区块链适合于给定问题时，你必须权衡这些事实。但无论区块链是公共的、私有的，还是许可的，你都需要一定的安全机制来保护数据。

12.8　保密性

许多人将隐私等同于保密性。保密性不同于隐私，是指对交易的细节(或元信息)进行保密。在某些情况下，交易必须保密。例如医患关系。如果某一天内患者和医疗服务提供者之间有 10 笔交易，那么这些信息可能会传达一些内容，即使交易的内容是保密的。双方之间发生了 10 笔交易这一事实，就暗示了一些事情。

我们来探讨一下你用于部署 Dapp 的 Ropsten 网络中交易的保密性如何。

12.8.1　开放信息

无论是公共链还是私有链，都可通过一个账号来搜索区块链账本，以找到与该地址关联的所有交易，如图 12-6 所示。你还可以按交易哈希、区块变化或者其他过滤条件进行搜索。如果你有账号，可以在 Etherscan for Ropsten 站点(网址见链接[3])上亲自尝试。

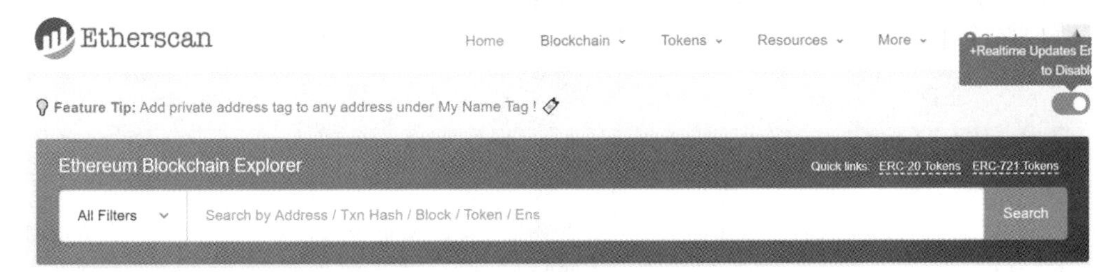

图 12-6　通过特定过滤器来搜索区块链记录

例如，如果想知道源于某个身份的所有交易，就可使用其账户地址来进行搜索，如图 12-7 所示。你意识到可通过使用加密来保护所有数据，但是交易发生的事实并不会保密。这里显示了来自账号 0x28……的交易以及其他细节。即使交易内容被加密，交易本身也并不保密。如果这是我的地址，你就会知道，我一直在通过地址 0x1e……频繁地调用智能合约，这一信息就能够向你传达一些内容。如果智能合约是我的股票经纪人，那么你可能会推断我一直在考虑一些财务措施。换言之，虽然我的交易是安全的，但它们却并不保密。

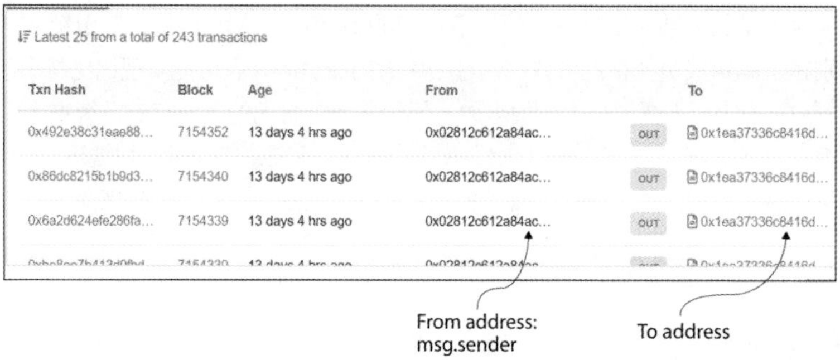

Latest 25 from a total of 243 transactions

Txn Hash	Block	Age	From		To
0x492e38c31eae88…	7154352	13 days 4 hrs ago	0x02812c612a84ac…	OUT	0x1ea37336c8416d…
0x86dc8215b1b9d3…	7154340	13 days 4 hrs ago	0x02812c612a84ac…	OUT	0x1ea37336c8416d…
0x6a2d624efe286fa…	7154339	13 days 4 hrs ago	0x02812c612a84ac…	OUT	0x1ea37336c8416d…

From address:
msg.sender

To address

图 12-7 Ropsten 公链上账户 0x2812c……的交易

12.8.2 解决方案

如何在区块链应用中实现保密？为了保证数据的机密性，这里提出一种被称为零知识证明(Zero-Knowledge-Proof)的新概念。Zcash(网址见链接[4])是一种用于实现加密货币传输保密性的有效解决方案。它通过实施一种被称为屏蔽交易或者 Z 交易的新型交易来实现保密性。在该领域中，未被屏蔽的交易称为 T 交易。Zcash 有着强大的科学背景，它提供 4 种类型的交易：

- 发送方(z)和接收方(z)都被屏蔽(完全私密)。
- 只有发送方(z)被屏蔽，接收方(t)未屏蔽。
- 只有接收方(z)被屏蔽，发送方(t)未屏蔽。
- 接收方和发送方均未屏蔽(公共)。

在这里，z 指的是屏蔽或者隐藏，t 指的是常规的非屏蔽实体。尽管此解决方案仅适用于 Zcash 等数字货币，但类似的解决方案也适用于其他领域，如医疗保健、金融、军事，等等。

12.9 安全性

安全对于任何计算机系统和网络而言都是一个挑战，尤其是在参与者未知的开放的、去中心化的系统中。多年来，人们通过提高网络级别(从 http://到 https://)、基础设施级别(防火墙)、系统级别(双重身份验证密码)等安全标准，提高了网络系统的整体安全性。通常，基于区块链的应用是此类系统的一部分。此外，强大的密码算法和哈希算法也有助于在协议级别和应用级别保护区块链。以下是一些常用方法：

- **256 位处理器和区块链操作计算**——256 位地址空间是 64 位地址空间的 4 的指数倍，更大的地址空间意味着哈希冲突的可能性更低，从而保持区块链操作的完整性和安全性。
- **私钥-公钥对**——私钥-公钥对是参与区块链交易的隐秘口令。与你使用、隐藏，以及保护信用卡的方式类似，你需要保护私钥和代表它的助记符，以保护你的资产安全。
- **椭圆曲线密码学(ECC)**——在协议层，区块链协议使用 ECC 算法来代替传统的 RSA(Rivest-Shamir-Adleman)算法。为什么是 ECC，而非 RSA？对于给定的位数，ECC 比 RSA 更强。256 位的 ECC 密钥对的强度，相当于一个 3072 位的 RSA 密钥对。

- **交易和区块哈希**——交易哈希和区块哈希在创建时计算。对交易或者区块的任何修改(即便是一个 bit)都将导致不匹配的哈希值，从而导致拒绝交易和区块，以确保链的完整性。
- **链下数据安全**——链下应用数据可通过对数据进行哈希处理，并将哈希值存储在链上来确保安全。该概念在第 2~6 章中已讨论，其中航空公司的链下数据可通过链上数据的哈希值加以保护。
- **链上数据安全**——在应用层面，加密、哈希和一次性密码的组合有助于保护交易中传输的数据。在第 7 和第 8 章中，你已使用了一次性密码进行哈希和加密来确保 MPC-Dapp 中的投标安全。

因此，哈希和密码学的结合，在区块链创建过程以及交易的完整性和数据的安全性中起着至关重要的作用。开发人员在开发中通常会使用密码学和哈希算法。正如你在第 9 章中所了解到的，web3 API 提供了 Keccak 和 SHA3 函数来促进 Dapp 的安全性。

你想知道加密货币在典型的 Dapp 中的作用吗？你是否可以在不使用加密货币的情况下开发并只专注于区块链上的业务逻辑？这是接下来要探索的内容。

12.10　使用加密货币进行保护

区块链应用中的另一个重要因素是加密货币，这在常规网络计算中并不常见。区块链的起源，是随着比特币的出现而出现的加密货币转移。通过本书的探索，你可能已意识到，部署 Dapp、交易和执行智能合约函数，都需要 ETH 加密货币。加密货币、矿工费、交易费、gas 费和激励措施等都是正常运行和实现信任的保障。也就是说，这些费用都是信任的成本。区块链平台正是使用加密货币和协议逻辑来实现信任。基于这一点，可以根据平台主要用途对平台进行分类。比特币、以太坊和 Linux 基金会的 Hyperledger(见图 12-8)是 3 个不同的平台。当然还有许多其他平台可用，这里强烈建议你探索适合你应用领域的平台。

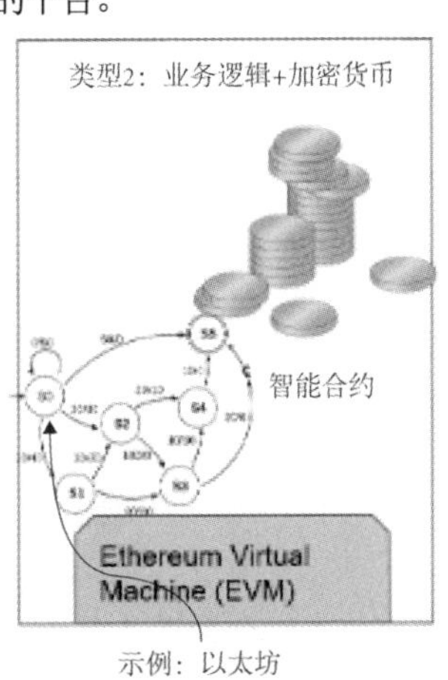

图 12-8　区块链的类型，从纯加密货币到纯逻辑

以下是几个推荐的应用程序平台：

- 比特币，用于加密货币传输，不支持智能合约等工具中的任何逻辑。比特币协议支持有条件传输加密货币的最小脚本。
- 以太坊主网是一个公共网络，但是以太坊可以用于私有、公共和许可网络。企业以太坊联盟(Enterprise Ethereum Alliance，EEA)的创建，是为了满足联盟或者许可以及私有以太坊网络的需求。以太坊支持加密货币以及智能合约中的计算逻辑。
- Hyperledger 框架专注于计算逻辑，目前尚不支持加密货币。Hyperledger 框架有很多，包括 Iroha、Intel 的 Sawtooth、Fabric、Indy、Burrow，以及 IBM 的 Fabric(版本 2)等。目前，这些平台纯粹是基于逻辑的。不涉及加密货币。

因此在图 12-8 中，你可以看到区块链的两端，从真正的加密货币推动者到纯业务逻辑推动者。在设计基于区块链的解决方案时，你必须将加密货币视为不可或缺的一部分。区块链可能不仅仅用于发送和接收价值。你可以创建涉及参与者的激励模型、各种活动的费用、行星级问题的创造性解决方案(例如第 7 章中讨论的 MPC)以及有效的以数字货币为中心的新经济模型。由此产生的加密货币，就是基于去中心化区块链应用的信任成本。

12.11 访问链下数据(预言机)

你是否想知道智能合约是如何访问外部数据的？智能合约在沙箱中运行。它不能调用外部函数或者是链接到外部资源。为何智能合约不能访问外部资源？根据调用的来源，来自智能合约的外部数据访问可能会影响区块链的全局一致性。区块链上的任何操作的结果都必须是确定性的。这些问题限制了智能合约在许多现实世界应用中的适用性，这些应用可能涉及从外部现实世界来源获取事实、数据和资产。此外，数据可能必须在执行时获取，并且在部署合约时可能不可用。让我们来看一些例子：

- **乞力马扎罗山某一天的温度**——温度是普遍存在的事实，但是必须从真实的外部天气来源获得。
- **股票市场数据**——该数据可能是在纳斯达克市场某一特定日期某只股票的最高价和最低价。该条件能够确保链上的所有参与者在智能合约操作中获得相同的一致性结果。

如何访问外部资源？访问智能合约外部的数据源，由称为预言机(oracle)的概念来解决。预言机服务为智能合约获取外部数据。韦氏词典(Merriam-Webster)将**预言机**定义为“权威或者明智的表达或者答案”。该定义就揭示了预言机服务在智能合约开发中的作用。

定义 预言机服务是网络资源(API 和 URL)和智能合约之间的数据桥梁。预言机服务位于区块链协议之外。

预言机是一个很有用的组件，可以为某些智能合约的运行提供现实世界的可用资源。Provable(网址见链接[5])是预言机服务的一种实现，可用来将外部数据输入智能合约。Chainlink(网址见链接[6])则是一个更新的预言机服务，以帮助智能合约访问外部数据源、API、支付等。

预言机服务以智能合约的方式实现，它提供查询函数以访问外部资源。预言机智能合约可以被导入调用它的智能合约并被继承，然后使用一个查询来访问具有所需数据的预言机。所请求的数据通过回调函数返回，因为访问数据和验证可能需要等待一段时间。图 12-9 显示了一个与智能合约、预言机服务以及外部数据源相关的简单类图。

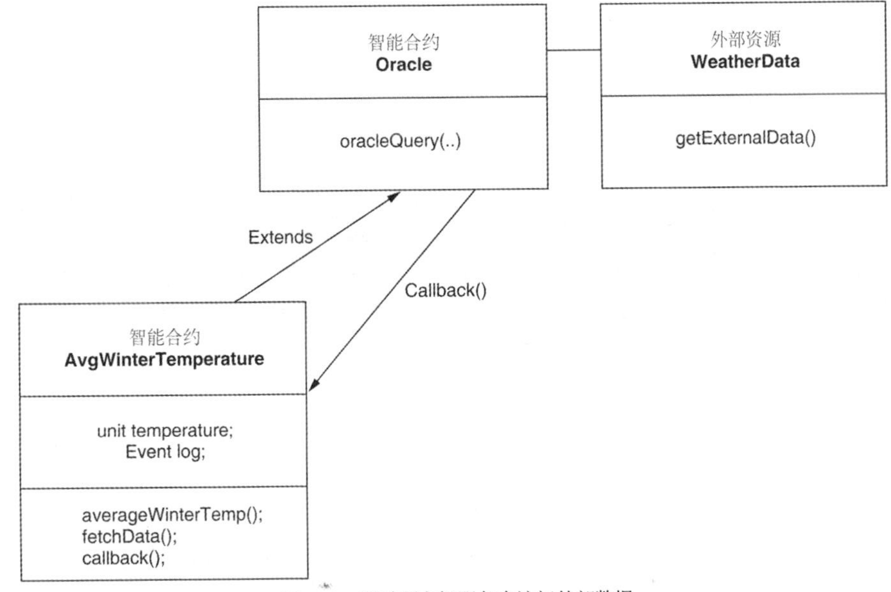

图 12-9　通过预言机服务来访问外部数据

在部署智能合约 AvgWinterTemperature 时，它会调用 fetchData()，后者会使用数据源的 URL 来调用预言机服务的查询。获取数据可能需要一些时间，因此也提供了一个回调函数，可以在获取所需数据时调用该回调函数。预言机服务能够访问外部数据源，验证请求的数据，并将其发送给原始的智能合约。此外，该服务也可能会提供方法来验证所获取数据的真实性。

12.12　从基础到实用系统

区块链是基于近 40 年的密码学和数学算法的科学研究。蝴蝶效应被定义为对初始态的微小扰动，最终产生重大结果。这一概念是在混沌理论中被定义的。比特币的出现，也对技术产生了蝴蝶效应。它创造性地综合了过去 40 年的科研成果，并发布了一个创新的点对点数字支付系统工作模型，如图 12-10 所示。它展示了公钥密码学和安全性的基础研究如何导致互联网和安全分布式系统的发现。这些发现，连同哈希和加密算法，构成了比特币和区块链的基础。所有这些概念最终催生了区块链的分布式账本、去中介化、智能合约、去中心化应用，以及行星级包容系统。

图 12-10 中的智能合约概念，由区块链提出。智能合约代表了一种代币。换言之，智能合约可以在物理世界或者数字世界中优雅地呈现资产：股票、房地产(如第 9 章所述)或者是数字游戏奖金。这种代币化资产，可以交易、打折、分割、存档以及销毁。代币(或者部分)可用于激励，如购物券和参与式报酬等。从资产创建以来的整个历史记录，可以记录在一个可信的分布式不可变账本中，该账本可以推动审计和身份验证。而这些功能有可能催生新的代币经济。

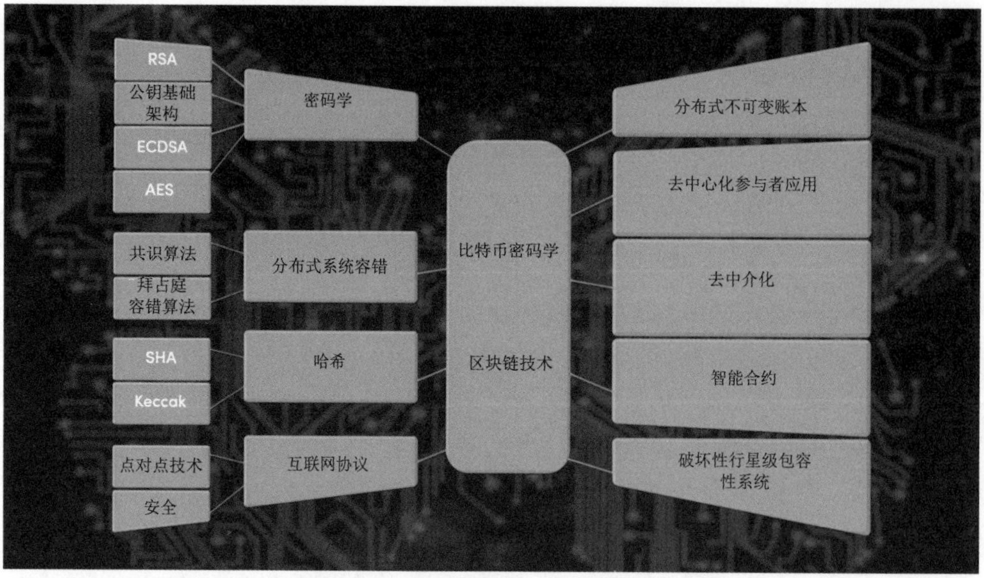

图 12-10　区块链的蝴蝶效应：贡献的基础

从图 12-10 可以看出，区块链这一单一的理念正在引发一场技术和社会变革。你正在见证区块链技术和加密货币实现的从集中式应用到去中心化应用的转变。这些新兴技术预计将在打破人口和国家边界的新应用中达到顶峰。正如本章所述，该领域正在不断变化，因此还有很多工作要做。将这种强大的基础知识转化为实用且有用的 Dapp，需要重构传统应用以包含信任组件。作为这场革命的参与者、合作者以及贡献者，你完全可以发挥重要作用。

12.13　展望未来

在全球层面上，像联合国这样的组织有机会成为许多区块链应用的测评平台，例如可验证的救灾、疫苗分发、通过信任维护国际和平，以及执行民主进程等。第 7 和第 8 章展示了一个大规模的全球塑料清理的问题。

在任何国家，政府官员和政策制定者都可以制定政策和法规来简化区块链的应用。美国纽约州和特拉华州正在考虑制定有助于广泛采用区块链解决方案的法规。与其他传统技术不同，政府可以托管一个或者多个完整节点以促进去中心化的操作。该功能还提供全节点存储完整的带时间戳的交易账本的额外优势。账本上的信息可用于审计和审查。例如，教育部可能在将区块链用于教育目的(如全国范围的认证)方面发挥重要的领导作用(第 11 章探讨了认证原型 DCC-Dapp)。

在应用层面，车间和家庭护理中的自动驾驶汽车以及机器人已成为现实。用区块链增强这些创新，可以建立一个信任层来监控这些自主行为。为这些自治实体启用加密货币功能，你可以设计自我支付和自我管理的机器。也可发送加密货币来支付这些机器的服务费，它们可使用自有的加密货币余额来自行安排修复、补货和支付。

你是否对存储在区块链分布式不可变账本上的数据感到疑惑？这种带时间戳的数据确实是一种宝贵的资源，可用于事后分析以发现一些模式、可采取的操作和异常。

希望更多的开发人员和从业者关注本章中讨论的诸多挑战。快速原型设计和测试需要更多的工具、框架和测试平台。培训各级利益相关者、用户和开发人员正确使用区块链技术是重要的一步。因此，需要具备区块链知识的思想家和设计师创造性地使用区块链解决问题。

12.14　最佳实践

以下是你在本章中学到的一些最佳实践：

- 根据应用的成员要求选择区块链的类型：私有、公共(无许可)或者许可(联盟)。
- 根据你是否需要加密货币，确定适合你环境的区块链平台。
- 仔细审视问题，因为有时可能不需要使用区块链。
- 为支持 Dapp 开发，需要选择智能合约语言、前端框架、工具(例如 Remix 和 Truffle)、测试链(Ganache)、云支持(Infura)以及测试计划。
- 先设计再开发。使用测试驱动的开发方法(如第 4、第 6 和第 10 章所述)。
- 请务必注意本书中讨论的开发 Dapp 的最佳实践。

12.15　回顾

区块链将继续存在。比特币就是一个很好的例子，它已自主运行并得到了开发者社区的支持。由于区块链(如本书中讨论的以太坊)添加了执行逻辑，因此能够解决业务问题。随着区块链生态系统的不断发展和壮大，区块链也面临着挑战。本书涵盖了相当多的去中心化应用和支持概念。下面是 7 个成功的例子：

- 多功能计数器(Counter-Dapp)
- 数字民主(Ballot-Dapp)
- 未使用的航空公司座位市场(ASK-Dapp)
- 盲拍框架(BlindAuction-Dapp)
- 微支付的激励模型和旁路通道(MPC-Dapp)
- 房地产交易的代币模型(RES4-Dapp)
- 教育认证模型(DCC-Dapp)

这些 Dapp 均提供了带有说明的应用模型，以支持你的学习和开发工作。本书也涵盖了支持这些 Dapp 开发的相关概念，包括

- 信任和完整性
- 安全和隐私
- 链下和链上数据
- 本地和公开部署
- 自动化测试

所有的概念都有代码支持，以说明它们在开发过程中的应用。希望这些概念能帮助你更好地理解和使用区块链技术进行开发。

12.16 本章小结

- 去中心化身份、共识，以及加密货币是与区块链相关的独特问题，传统的网络系统中不会涉及。
- 可扩展性是区块链网络面临的主要挑战。需要创新的解决方案来解决可扩展性问题并鼓励更广泛地采用区块链。
- 在区块链支持的系统中，隐私、保密性以及安全性至关重要，因为不再有中央机构来监督或管理这些交易。
- 近 40 年的数学和科学研究为区块链打下了深厚而坚实的基础。
- 区块链提供了一个信任层来支持自主应用。这些应用将迎来新一轮的创新浪潮，必将引领我们走向互联网技术的另一场变革。

附录 A

UML 区块链设计模型

软件应用开发应始终以一个清晰的问题陈述开始，描述要解决的问题，包括其要求、范围、限制、例外情况以及预期结果。你需要分析问题陈述以提出设计表示。应用的设计表示就像在建造房屋之前创建蓝图，或者是在加工产品之前创建工程设计图。

软件应用开发人员通常急于在设计之前就开始编码，但这并不是好的做法。最佳实践是以标准格式分析和设计问题的解决方案，以便使用设计组件的可视化表示，以独立于实现的方式与利益相关者讨论所有参数。统一建模语言(UML，网址见链接[1])为设计表示提供了多种图表模型。

UML 设计方法是在大约 30 年前引入的，目的是解决随着软件规模和复杂性的增加以及小型系统被大型多模块系统取代而出现的开发挑战。UML 建模已被许多组织广泛采用，UML 已成为设计软件的可视化模型的标准。UML 模型和文档，由非营利性的对象管理组(OMG)进行维护。最新版本的 UML 2.0 有 13 种图表，分为 3 组：结构图、行为图和交互图。很有可能你已经在使用这些图表中的一个或多个。本附录回顾了一组精选的 UML 图，这些图可用于本书中的去中心化区块链应用的设计。许多免费或者付费的 UML 工具都可以用来绘制 UML 图。draw.io(网址见链接[2])就是免费软件之一，可用来开发本书中应用的设计。

A.1　问题分析与设计

你会在没有蓝图的情况下开始建造房子吗？不会！你不仅需要一个计划，而且还需要一个标准格式的计划，该格式可以由授权机构审查、理解和批准。类似的，UML 图是一组图，可帮助你直观地表示问题的解决方案的设计，以便你在开始开发和编码解决方案之前与利益相关者讨论和批准它。

让我们来看一下本书中用于设计去中心化应用的行为图、结构图和交互图。

A.2 行为图

在本书中，我们使用了 2 个 UML 行为图：用例图的需求收集作为设计过程中的第一步；还有有限状态机(FSM)图，在设计过程中定义区块链上可执行代码的状态转换(智能合约)。

A.2.1 用例图

用例图能帮助你分析问题陈述，识别问题定义的系统参与者或者用户，并确定这些参与者使用系统的方式。参与者角色不必只局限于人类。例如，可以是人、应用，或者设备。参与者是一种激活问题陈述用例的角色，可以是提供刺激的任何事务或者任何人。因此，用例图中定义了 3 项，如图 A-1 所示：

- 系统的参与者
- 系统用例
- 角色提供的刺激

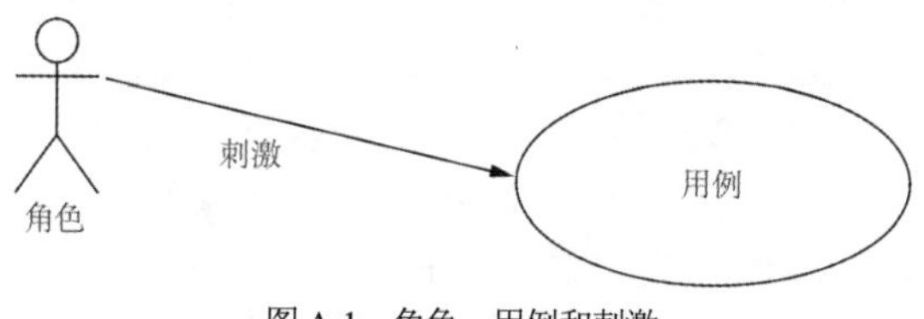

图 A-1　角色、用例和刺激

参与者是与你正在设计的系统进行交互的人或者物。**用例**则为参与者提供了一些价值。我们来分析一个问题。然后为它设计用例图来阐明这一过程。

问题陈述　设计一台自动售货机：顾客投入硬币并选择购买的饮料。为简单起见，仅考虑这一情况，没有例外，只需要考虑投入的硬币的确切数量。

自动售货机硬币计数器和饮料分配器的用例如图 A-2 所示。它在第一层有 4 个用例：投币、查看饮料、选择饮料，以及拿饮料——这些都是由客户直接调用的刺激或操作。接下来，投币操作调用硬币计数用例，查看饮料调用显示饮料用例，选择饮料调用提供饮料用例。客户不直接调用或者使用这些次级用例。重要的一点是，用例图不同于传统的流程图。它只是简单地在椭圆形用例符号中列出操作。这里不定义操作流程。

你可以使用 draw.io、Microsoft Visio 或者你选择的其他工具来创建用例图，并进行一些练习。

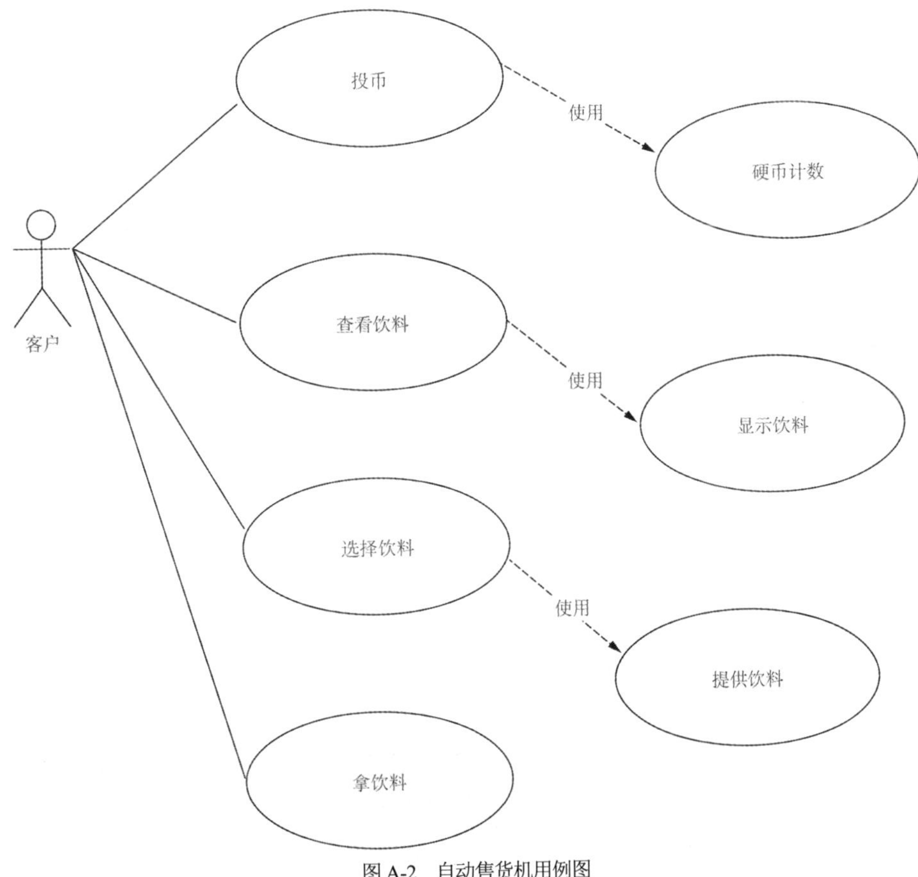

图 A-2　自动售货机用例图

A.2.2　有限状态机图

FSM 图定义了状态，这些状态又定义了代码执行时的操作流程以及它们之间是如何转换的，这是一种基于数学和计算机科学理论的经典图。在区块链中，FSM 图用来定义智能合约执行时的状态和状态转换，它是表达智能合约行为的便捷工具。

定义 有限状态机由一组状态(一个初始状态和一个或者多个终止状态)、从一个状态到另一个状态的转换，以及导致这些转换的事件组成。

让我们使用一个示例问题及其有限状态机表示来探索 FSM 的相关元素。我们将根据 A.2.1 节的自动售货机用例图中的硬币计数用例，以 FSM 的形式来设计其逻辑。为简单起见，我们假设自动售货机最多可以累计 25 美分，并且只接受 5 美分和 10 美分的硬币作为输入。计算累积值 25 美分的 FSM 如图 A-3 所示。

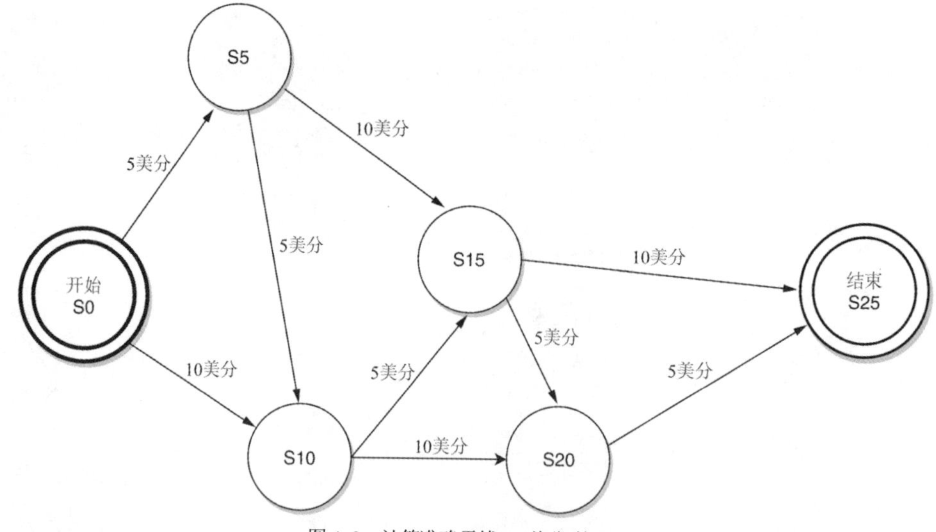

图 A-3　计算准确零钱(25 美分)的 FSM

FSM 设计图的起始状态为 S0，结束状态为 S25。也就是说，从 0 开始，使用 5 美分和 10 美分的硬币，你想到达 S25 状态。可能的状态为 S5、S10、S15 和 S20。你可以看到客户投入 5 美分和 10 美分硬币时导致的状态转换，最终以 S25 结束。图 A-3 中的 FSM 详尽地列举了所有的逻辑可能性。当然，假设客户已知道投入零钱的具体要求。

你可使用所选择的任意工具来绘制这一图形。这里的版本是使用 draw.io 工具提供的小部件创建的。draw.io 没有显式提供 FSM 图，但是你可使用其通用模板中的圆圈和箭头。

A.3　结构图

这类 UML 图可以帮助你定义解决方案的静态结构设计。我们这里只研究其中之一：类图。你将学习使用标准符号来表示多个类及其关系。类图对于定义模块或智能合约解决方案的整体结构非常有用。

A.3.1　类图

引入类图是为了在解决方案的面向对象设计中表示类，但它也可以用来表示问题中的任何对象类。你可通过在问题陈述中给名词下面画线并列出这些名词来发现问题陈述中的类。然后检查名词的复杂性，以确定一个名词或者对象是否复杂到足以成为一个类，还是应该成为一个类中的结构或一个简单的标量变量。

如图 A-4 中的模板所示，类图包含 3 个部分：类的名称、数据区域(包含每个数据项的字段和类型)和函数区域。该模板来自 draw.io 工具，你也可使用你熟悉的任何 UML 工具或者绘图包来创建类图。

我们来定义一个简单的类图，以汽车为例。

类名
+ field: type
+ method(type): type

图 A-4　类图模板

问题陈述 设计一个代表通用汽车的类图。

为该类选择一个简单的名称 Auto，然后设计类图的其他部分。发现数据项的一个经验法则是提问并回答如下问题：“这类对象的特征是什么？什么数据定义了汽车？”想象自己在一家汽车经销店，并尝试列举所有你希望购买的汽车所具备的特征。特征可以有很多，但是对于这个例子，我们选择的特征为颜色、每加仑汽油能够行驶的英里数，以及制造年份。你可以在图 A-5 所示的第一栏看到这些特征。

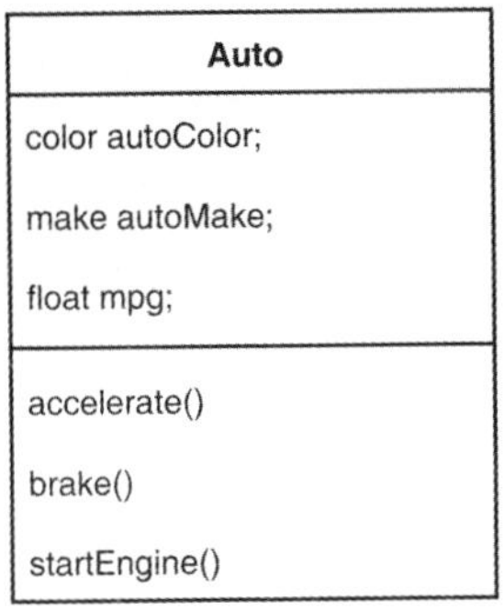

Auto
color autoColor; make autoMake; float mpg;
accelerate() brake() startEngine()

图 A-5 汽车的类图

接下来，添加函数。这次要问的问题是“这类对象的行为是什么？”同样，也可想象该问题的诸多答案，根据你是汽车的普通用户，还是修理汽车的机械师(他们会关注燃油喷射或其他细节)，答案又有所不同。汽车的简单函数在图 A-5 的第二栏中已列举。同样，这些也都是一些有代表性的例子。

类的数据字段则可通过回答这样的问题得到：该类的对象有哪些属性？函数可以通过回答以下问题获得：该类的对象可以做什么？接下来，我们将研究如何通过它们之间的关系来关联多种类型的对象。

A.3.2 类和关系

问题的设计可以使用不同类型的类之间的关系来定义，例如

- 继承(泛化/特化)
- 组合
- 关联

当然其他关系也是可能的，但是这些关系在智能合约和基于区块链的去中心化应用中更有用。

继承

类的泛化和特化，称为继承层次，用于表示类的层次结构，如图 A-6 所示。继续以汽车为例，我们可通过使用各种特征和行为来特化基础设计。在本示例中，你可以看到 Auto 被特化为 Sedan、Truck 和 Van 类。此处，每个类的数据字段中各添加了一项(门的数量、是否存在货仓，以及乘客数量等参数)，你也可以添加其他有助于细化类的项。这里，类之间的关系表述得很清晰。这些类扩展了基础的 Auto 设计，如图中的 Extends 箭头所示。在这种关系中，箭头使用未填充的三角形来表示。此时，Sedan、Truck 和 Van 具有与基类 Auto 相同的特征，并且均继承自 Auto 类，但是它们

也有各自特殊的特性，这些特征使它们有资格拥有自己的类定义。

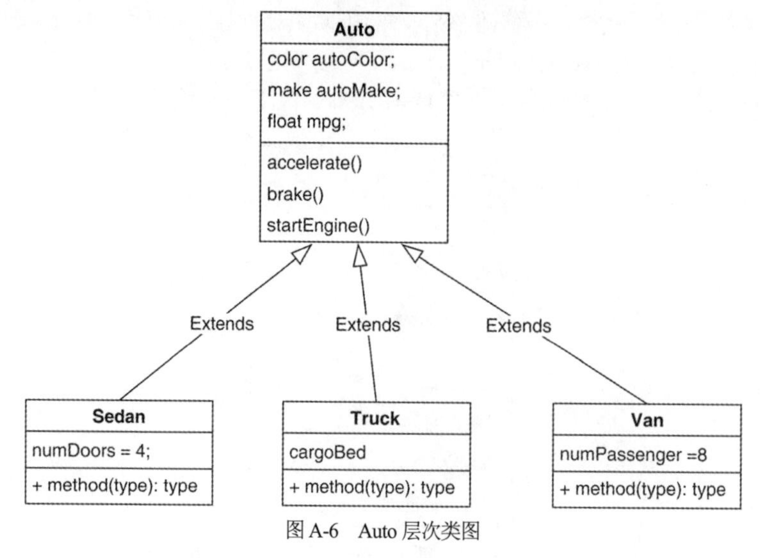

图 A-6　Auto 层次类图

组合

当一个类由一个或者多个其他类的对象组成时，可以使用组合或者聚合关系。对于同样的示例，Auto 由许多其他类的对象或者对象的集合组成，如图 A-7 所示。这里使用箭头头部为实心的菱形来表示这种关系。这些类包括 FuelInjection、CruiseControl 和 AntiLockBrakes。注意，这里没有在类定义中填写任何字段或函数，因为我不是该领域的专家。如果你的团队中也没有领域专家，那么需要与专家合作来填写此类详细信息。

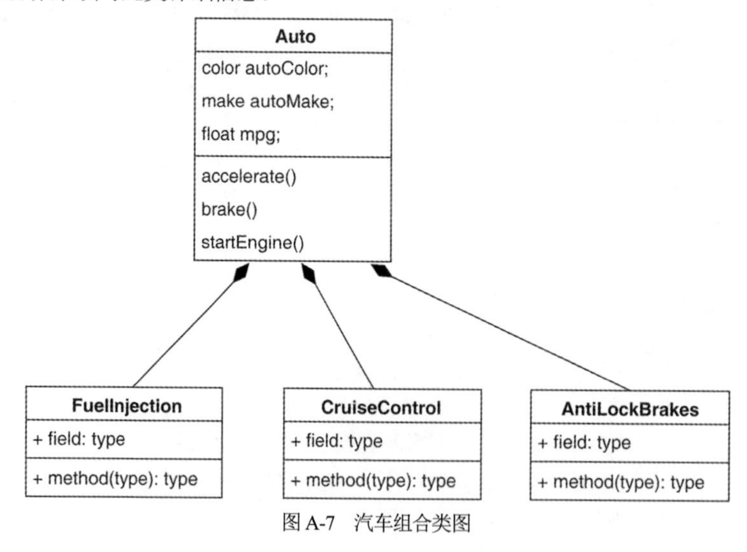

图 A-7　汽车组合类图

关联

当一个类需要另外一个类的函数时，使用类之间的关联关系。例如 Teacher 和 GradingSheet 类，如图 A-8 所示。这两个类之间的关系是 Teacher 使用 GradingSheet。这种关系不是继承，因为

GradingSheet 不是 Teacher 的一种，显然，一个 Teacher 也不能由 GradingSheet 组成。所以它们之间的关系就是关联。在本示例中，关联是使用和被使用，如图 A-8 所示。此外，还要注意连接两个班级之间的箭头，上面有一对多标记(1…n)，这表示一名 Teacher 可能会有多个 GradingSheet。

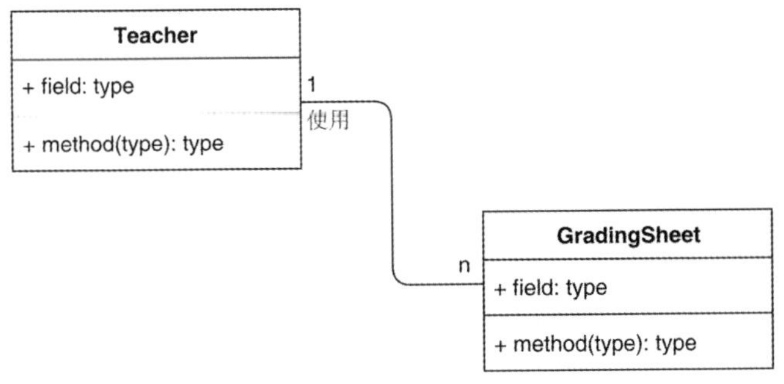

图 A-8　Teacher-GradingSheet 关联图

A.4　交互图

在此类别中，你将了解序列图，可将其作为设计和分析区块链应用的各种软件组件之间交互的一种方式。序列图在设计中添加了时间元素，这就意味着它允许你指定调用函数的时间和顺序。图中的垂直线表示时间轴/进度。在图 A-9 中，你可以看到气象站与现场数据源之间的交互，用于计算平均温度。这里显示的两个类为 WeatherStation 和 WeatherSource。序列图显示了交互及时间轴。这种类型的图可用于解释使用智能合约时的操作时间顺序。

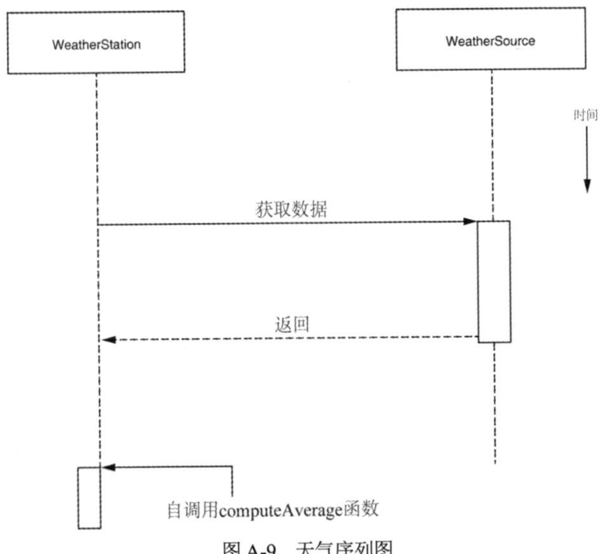

图 A-9　天气序列图

附录B

设 计 原 则

设计原则 1　在测试链上编码、开发和部署智能合约之前，应先进行设计。然后在将智能合约部署至生产区块链之前对其进行彻底的测试。因为当智能合约被部署后，它是不可改变的。(第 2 章)

设计原则 2　定义系统的用户和用例。用户是产生操作和输入的实体，并从你将要设计的系统中接收输出。(第 2 章)

设计原则 3　为你将要设计的系统定义数据资产、对等参与者及其角色、要执行的规则以及要记录的交易。(第 2 章)

设计原则 4　定义一个合约图，其中规定合约的名称、数据资产、函数，以及函数执行和数据访问的规则。(第 2 章)

设计原则 5　使用有限状态机 UML 图来表示系统动态，如智能合约内的状态转换等。(第 3 章)

设计原则 6　通过使用修饰符指定智能合约中的规则和条件，可实现信任中介所需的验证和确认。通常，验证会涵盖关于参与者的一般性规则，而确认会涵盖检查特定应用数据的条件。(第 3 章)

设计原则 7　通过对参数和一次性保密密码使用安全哈希算法，确保函数参数的隐私及安全。(第 5 章)

设计原则 8　在设计智能合约时，只涵盖必要的函数和数据，包括执行规则、合规性、监管、出处、实时通知的日志，以及有时间戳的 footprint 和离线操作消息。(第 6 章)

设计原则 9　使用 UML 顺序图来表示智能合约中的函数可能(和可以)被调用的顺序。顺序图捕捉系统的动态操作。(第 6 章)

设计原则 10　区块链应用的一个重要设计决策，就是确定哪些数据和操作应该在链上编码，哪些数据和操作应该在链下实现。(第 7 章)